"十四五"国家重点图书
出版规划项目

中国南药资源研究与应用图鉴

Research and Application of Southern Chinese Medicinal Materials

Volume ❷

中卷

主编
杨得坡 叶华谷 张丽霞
付 琳 邓家刚

SPM 南方传媒
广东科技出版社
全国优秀出版社
·广州·

图书在版编目（CIP）数据

中国南药资源研究与应用图鉴．中卷 / 杨得坡等主编．—广州：广东科技出版社，2022.12
ISBN 978-7-5359-7966-7

Ⅰ．①中…　Ⅱ．①杨…　Ⅲ．①药用植物—植物资源—中国—图集　Ⅳ．①S567-64

中国版本图书馆CIP数据核字（2022）第182267号

中国南药资源研究与应用图鉴（中卷）
Zhongguo Nanyao Ziyuan Yanjiu yu Yingyong Tujian (Zhongjuan)

出 版 人：严奉强
策　　划：王　蕾　黎青青
责任编辑：黎青青　方　敏　贾亦非
责任校对：李云柯　于强强　廖婷婷　陈　静　曾乐慧
责任印制：彭海波
装帧设计：张志奇工作室
排　　版：柏桐文化
出版发行：广东科技出版社
（广州市环市东路水荫路11号　邮政编码：510075）
销售热线：020-37607413
https://www.gdstp.com.cn
E-mail：gdkjbw@nfcb.com.cn
经　　销：广东新华发行集团股份有限公司
印　　刷：广州市岭美文化科技有限公司
（广州市荔湾区花地大道南海南工商贸易区A幢　邮政编码：510385）
规　　格：889 mm × 1 194 mm　1/16　印张 125　字数 2 400千
版　　次：2022年12月第1版
2022年12月第1次印刷
定　　价：2800.00元（全三卷）

古柯（古柯科）

Erythroxylum novogranatense (D. Morris) Hieron.

药 材 名　古柯。

药用部位　叶。

功效主治　可作为兴奋剂和强壮药；治疲劳。

化学成分　可卡因、桂皮酰古柯碱等。

东方古柯（古柯科）

Erythroxylum sinense C. Y. Wu

药 材 名　东方古柯、古柯、滇缅古柯。

药用部位　叶。

功效主治　定喘，止痛；治哮喘，骨折疼痛，疟疾，疲劳。

化学成分　可卡因等。

铁苋菜（大戟科）

Acalypha australis L.

药 材 名　铁苋菜。

药用部位　全草。

功效主治　清热解毒，消积，止痢，止血；治肠炎，细菌性痢疾，小儿疳积，肝炎。

化学成分　生物碱、黄酮苷类、酚类等。

裂苞铁苋菜（大戟科）

Acalypha brachystachya Hornem.

药 材 名　短穗铁苋菜。

药用部位　全草。

功效主治　清热解毒，止血，消积；治痢疾，泄泻，吐血，尿血，小儿疳积。

化学成分　大黄酚、大黄素甲醚、大黄素等。

红桑（大戟科）

Acalypha wilkesiana Müll. Arg.

药 材 名　红桑。

药用部位　全草。

功效主治　清热消肿；治跌打损伤。

化学成分　没食子酸、没食子酸甲酯、原儿茶酸等。

喜光花（大戟科）

Actephila merrilliana Chun

药材名　喜光花。

药用部位　叶。

功效主治　消炎；治痔疮。

化学成分　对羟基苯甲醛、丁香酸、硬脂酸等。

山麻杆（大戟科）

Alchornea davidii Franch.

药材名　山麻杆。

药用部位　茎皮及叶。

功效主治　驱虫，解毒，定痛；治蛔虫病，毒蛇咬伤，腰痛。

化学成分　三萜类、黄酮类、鞣质等。

红背山麻杆（大戟科）

Alchornea trewioides (Benth.) Müll. Arg.

药材名　红背叶。

药用部位　叶及根。

功效主治　清热利湿，散瘀止血；治痢疾，小便不利，血尿，尿路结石，红崩，带下，腰腿痛，跌打肿痛。

化学成分　生物碱、黄酮苷类、酚类等。

石栗（大戟科）

Aleurites moluccanus (L.) Willd.

药材名　石栗。

药用部位　叶。

功效主治　全草有小毒；止血；治外伤出血。

化学成分　脂肪酸类、萜类等。

西南五月茶（大戟科）

Antidesma acidum Retz.

药 材 名　西南五月茶、酸叶树、冒毫山（傣药）。

药用部位　嫩尖、叶、根。

功效主治　祛风止痒，消肿止血，敛脓生肌，舒筋活络；治各种皮肤痒疹，外伤出血，月经不调，崩漏，吐血，肢软骨痛。

五月茶（大戟科）

Antidesma bunius (L.) Spreng.

药 材 名　五月茶。

药用部位　根、叶或果。

功效主治　收敛，止泻，止渴，生津，行气活血；治津液不足，食欲不振。

化学成分　硫胺素、核黄素、三萜类等。

黄毛五月茶（大戟科）

Antidesma fordii Hemsl.

药 材 名　五月茶。

药用部位　叶。

功效主治　清热解毒；治痈疮。

方叶五月茶（大戟科）

Antidesma ghaesembilla Gaertn.

药 材 名　方叶五月茶。

药用部位　叶。

功效主治　拔脓止痒；治小儿头疮。

化学成分　Betulinic acid、alkyl trans-ferulates、*β*-谷甾醇等。

酸味子（大戟科）

Antidesma japonicum Siebold et Zucc.

药 材 名　酸味子、日本五月茶。

药用部位　全株。

功效主治　清热解毒；治蛇咬伤。

化学成分　长春花苷、八角枫香堇苷A、蛇葡萄素紫罗兰酮苷、北升麻瑞等。

山地五月茶（大戟科）

Antidesma montanum Blume

药 材 名　山地五月茶、酸叶树、冒毫山（傣药）。

药用部位　果实、根、嫩叶。

功效主治　果实、嫩叶：杀虫止痒，止咳；治荨麻疹。根：止咳；治咳嗽。

化学成分　黄酮类、萜类、生物碱类、酚类、蒽醌类、挥发油等。

小叶五月茶（大戟科）

Antidesma montanum Blume var. **microphyllum** (Hemsl.) Petra Hoffm.

药 材 名　小杨柳、沙潦木、水杨梅。

药用部位　根、叶。

功效主治　祛风湿；治吐血，风湿痛。

木奶果（大戟科）

Baccaurea ramiflora Lour.

药 材 名　木奶果、大连果、锅麻飞（傣药）。

药用部位　树皮、果实、树叶。

功效主治　清火解毒，杀虫止痒，涩肠止泻；治小儿高热抽搐，脚癣，脚气，过敏性皮肤炎，皮肤瘙痒，腹痛，腹泻，泻下红白，食物中毒，蕈子中毒。

化学成分　挥发油等。

浆果乌桕（大戟科）

Balakata baccata (Roxb.) Esser

药 材 名　浆果乌桕、哈忍、埋希里藤（傣药）。

药用部位　根。

功效主治　活血调经，消食化积；治消化不良，食积腹泻，月经不调，体弱消瘦。

化学成分　香豆素类、鞣质类、萜类、甾体类、蒽醌类等。

云南斑籽木（大戟科）

Baliospermum calycinum Müll. Arg.

药 材 名　薇籽、小花斑籽、保冬电（傣药）。

药用部位　根、皮、叶。

功效主治　祛风解毒，通气活血；治跌打损伤，骨折肿痛，风湿骨痛，肢体麻木，黄疸，蛔虫病。

秋枫（大戟科）

Bischofia javanica Blume

药 材 名　秋枫。

药用部位　根、树皮及叶。

功效主治　行气活血，消肿解毒；治风湿骨痛，食道癌，胃癌，传染性肝炎，小儿疳积。

化学成分　3,4-二羟基苯乙醇、儿茶素等。

重阳木（大戟科）

Bischofia polycarpa (H. Lév.) Airy Shaw

药 材 名　秋枫。

药用部位　根、树皮及叶。

功效主治　行气活血，消肿解毒；治风湿骨痛，食道癌，胃癌，传染性肝炎，小儿疳积。

化学成分　丁香酚、糠醛、环己酮等。

黑面神（大戟科）

Breynia fruticosa (L.) Hook. f.

药 材 名　黑面叶。

药用部位　根、叶。

功效主治　有小毒；清热解毒，散瘀止痛，止痒；治急性胃肠炎，扁桃体炎，支气管炎，尿路结石。

化学成分　酚类、三萜类等。

钝叶黑面神（大戟科）

Breynia retusa (Dennst.) Alston

药 材 名　小面瓜、跳八丈、帕弯藤（傣药）。

药用部位　根。

功效主治　清热解毒，止血镇痛；治急性胃肠炎，腹痛，泄泻，痢疾，感冒发热，外伤出血，疮疡，湿疹。

喙果黑面神（大戟科）

Breynia rostrata Merr.

药 材 名　小面瓜、芽晚卖（傣药）。

药用部位　根、叶。

功效主治　调补水血，清火解毒，消肿止痛；治产后腹痛，月经不调，痛经，闭经，感冒发热，跌打损伤，瘀血肿痛。

化学成分　生物碱、三萜类及酚苷类等。

小叶黑面神（大戟科）

Breynia vitis-idaea (Burm. f.) C. E. C. Fisch.

药 材 名　黑面神、小黑面叶、红仔仔。

药用部位　全株。

功效主治　清热解毒，消肿止痛；治感冒发热，气管炎，肠炎腹泻，蛇咬伤。

化学成分　黄酮类、还原糖、多糖等。

禾串树（大戟科）

Bridelia balansae Tutcher

药 材 名　禾串树。

药用部位　叶。

功效主治　消炎；治慢性气管炎。

土密树（大戟科）

Bridelia tomentosa Blume

药 材 名　土密树。

药用部位　根皮、茎、叶。

功效主治　清热解毒，安神调经；治神经衰弱，月经不调。

化学成分　黄酮苷类、无羁萜等。

白桐树（大戟科）

Claoxylon indicum (Reinw. ex Blume) Hassk.

药 材 名　丢了棒。

药用部位　根及叶。

功效主治　有小毒。祛风除湿，消肿止痛；治风湿性关节炎，跌打肿痛，脚气，水肿。

化学成分　β-香树脂醇、熊果酸、无羁萜等。

长叶白桐树（大戟科）

Claoxylon longifolium (Blume) Endl.ex Hassk.

药 材 名　长叶白桐树、长叶咸鱼头、抱摆莱（傣药）。

药用部位　枝叶。

功效主治　有小毒。祛风除湿；治风湿骨痛，屈伸不利。

蝴蝶果（大戟科）

Cleidiocarpon cavaleriei (H. Lév.) Airy Shaw

药 材 名　蝴蝶果。

药用部位　果实。

功效主治　清热解毒，利咽；治咽喉炎，扁桃体炎。

化学成分　山柰酚、β-谷甾醇等。

棒柄花（大戟科）

Cleidion brevipetiolatum Pax et K. Hoffm.

药 材 名　大树三台。

药用部位　树皮。

功效主治　利湿解毒，清热解表；治风热感冒，咽喉肿痛。

化学成分　亚油酸、油酸、花生油酸、硬脂酸、棕榈酸等。

变叶木（大戟科）

Codiaeum variegatum (L.) Rumph. ex A. Juss.

药 材 名　洒金榕、变叶木。

药用部位　叶、根、根茎。

功效主治　有毒。散瘀消肿，清热理肺；治跌打肿痛，肺热咳嗽。

化学成分　阿魏酸、原儿茶酸、绿原酸等。

银叶巴豆（大戟科）

Croton cascarilloides Raeusch.

药 材 名　银叶巴豆、芽扎乱（傣药）。

药用部位　根、叶。

功效主治　有毒。清火解毒，消肿止痛，敛水止泻，杀虫止痒；治腹痛，腹泻，呕吐，口角生疮，头癣，风湿痹症，关节疼痛，跌打损伤。

化学成分　二萜类等。

卵叶巴豆（大戟科）

Croton caudatus Geiseler

药 材 名　卵叶巴豆、麻荒扑、沙梗（傣药）。

药用部位　叶、全株。

功效主治　有毒。祛风止痛，退热镇痉，通气活血，泻下通便；治风湿病，风火偏盛所致的高热惊厥，胸胁满闷，便秘。

化学成分　二萜类、黄酮类等。

鸡骨香（大戟科）

Croton crassifolius Geiseler

药 材 名　鸡骨香。

药用部位　根。

功效主治　有毒。行气止痛，祛风消肿；治风湿性关节痛，胃痛，腹痛，疝气痛，痛经，跌打肿痛。

化学成分　山藿香定、石岩枫二萜内酯等。

石山巴豆（大戟科）

Croton euryphyllus W. W. Sm.

药 材 名　石山巴豆。

药用部位　种子、根、枝、叶。

功效主治　有毒。治恶疮，疥癣，风湿骨痛。

化学成分　异毛叶巴豆萜、东莨菪内酯、山藿香定等。

越南巴豆（大戟科）

Croton kongensis Gagnep.

药 材 名　越南巴豆、假弹草、芽扎乱（傣药）。

药用部位　根、叶。

功效主治　有毒。清火解毒，杀虫止痒，消肿止痛，敛水止泻。根：治急性胃肠炎，呕吐。叶：治头皮疹，口角生疮。

化学成分　贝壳杉烷类二萜等。

毛果巴豆（大戟科）

Croton lachnocarpus Benth.

药 材 名　小叶双眼龙。

药用部位　根、叶。

功效主治　全草有毒。祛风，散寒，活血，解毒；治寒湿痹痛，产后风瘫，血瘀腹痛，跌打肿痛，皮肤瘙痒，蛇咬伤。

化学成分　2β-hydroxyteucvidin、crotoeurin B、栗苷A等。

光叶巴豆（大戟科）

Croton laevigatus Vahl

药 材 名　龙眼叶、羊奶浆叶、保龙（傣药）。

药用部位　根、叶。

功效主治　有毒。消肿，退热，止痛，通经活血；治跌打损伤，骨折，疟疾，胃疼。

化学成分　克罗烷型二萜等。

海南巴豆（大戟科）

Croton laui Merr. et F. P. Metcalf

药 材 名　海南巴豆。

药用部位　种子、叶。

功效主治　有毒。镇痛祛风，退热止痛，舒筋活络；治头痛，胃痛，腹痛，寒积停滞，胸腹胀满；种子外用可治白喉。

化学成分　Crolaunine A、crolaunine B、launine C等。

巴豆（大戟科）

Croton tiglium L.

巴豆苷

药 材 名 巴豆、江子、双眼龙、巴豆叶、巴豆壳、巴豆油、巴豆树根。

药用部位 种子、叶、种皮、种仁的脂肪油（巴豆油）、根。

生　　境 栽培，生于丘陵山地、坡地或平地。

采收加工 秋季果实成熟时采收，堆置2～3天，摊开，晒干后，除去果壳，收集种子，晒干。根、叶全年可采，根切片，叶晒干备用。

药材性状 卵圆形，具3棱，表面粗糙，有纵线6条，顶端平截，基部有果梗痕，破壳可见三室，每室种子1粒，种子椭圆形，一端有种脐，另端有凹合点。

性味归经 辛，热。归胃、大肠经。

功效主治 种子泻下寒积、逐水消肿、祛痰利咽，叶祛风活血，种皮温中消积，前三者和根均杀虫解毒；巴豆油通关开窍，峻下寒积；根温中散寒，祛风镇痛。种子治寒邪食积所致的胸腹胀满急痛；叶和种皮治疟疾；巴豆油治厥证，喉痹；根治胃痛，寒湿痹痛。

化学成分 巴豆苷、巴豆油酸、肉豆蔻酸、巴豆毒素Ⅰ、巴豆毒素Ⅱ等。

核心产区 四川、湖南、湖北、云南、贵州、广西、广东、福建、台湾、浙江和江苏等。

用法用量 内服：0.1～0.3克，装胶囊或入丸散，不入汤剂；止泻必须炒炭用。外用：研末敷于患处（适量）。制成巴豆霜使用可降低毒性。

本草溯源 《神农本草经》《名医别录》《本草拾遗》《经史证类备急本草》《大观本草》《新修本草》《本草品汇精要》《本草从新》。

附　　注 果实、种子和根有大毒（巴豆油、巴豆毒蛋白）。为保健食品禁用的中药，孕妇禁用，不宜与牵牛子同用。

毛丹麻秆（大戟科）

Discocleidion rufescens (Franch.) Pax et K. Hoffm.

药 材 名　假奓包叶。

药用部位　根皮。

功效主治　有毒。清热解毒，泻水消积；治水肿，食积，毒疮。

化学成分　东莨菪内酯、胡萝卜苷、蓖麻碱、蒲公英赛醇等。

黄桐（大戟科）

Endospermum chinense Benth.

药 材 名　黄桐。

药用部位　树皮、叶。

功效主治　有毒。祛瘀定痛，舒筋活络，截疟；治骨折，跌打劳伤，风寒湿痹，疟疾。

化学成分　(+)-去氢催吐萝芙木醇、齐墩果酸等。

火殃簕（大戟科）

Euphorbia antiquorum L.

药 材 名　火殃簕。

药用部位　茎、叶、液汁。

功效主治　有小毒。茎、叶（去净液汁）：消肿，拔毒，止泻；治急性胃肠炎，疟疾，跌打肿痛。液汁：泻下，逐水，止痒；治肝硬化腹水，皮癣。

化学成分　20-deoxy-16-hydroxyingenol、agallochaol C等。

猩猩草（大戟科）

Euphorbia cyathophora Merr.

药 材 名　一品红。

药用部位　全草。

功效主治　有毒。调经止血，止咳，接骨，消肿；治月经过多，风寒咳嗽，跌打损伤，外伤出血，骨折。

化学成分　11-氧代-*β*-香树脂醇乙酸酯、日耳曼醇乙酸酯、棕榈酸等。

乳浆大戟（大戟科）

Euphorbia esula L.

药 材 名　乳浆大戟。

药用部位　全草。

功效主治　全草有毒。利尿消肿，散结，杀虫；治水肿，臌胀，瘰疬，皮肤瘙痒。

化学成分　3,20-dibenzoyloxyingenol、3,16-dibenzoyloxy-20-deoxyingenol等二萜类。

泽漆（大戟科）

Euphorbia helioscopia L.

药 材 名　泽漆。

药用部位　全草。

功效主治　有小毒。利水消肿，化痰止咳，解毒杀虫；治水气肿满，痰饮喘咳，疟疾，细菌性痢疾，瘰疬，结核性瘘管，骨髓炎。

化学成分　泽漆三环萜A、泽漆三环萜B、泽漆环氧萜等。

白苞猩猩草（大戟科）

Euphorbia heterophylla L.

药 材 名　叶象花。

药用部位　全草。

功效主治　有毒。凉血调经，散瘀消肿；治月经过多，外伤肿痛，出血，骨折。

化学成分　β-香树脂素乙酸酯、环木菠萝烯醇等。

飞扬草（大戟科）

Euphorbia hirta L.

药 材 名　飞扬草。

药用部位　全草。

功效主治　有小毒。清热解毒，利湿止痒；治细菌性痢疾，阿米巴痢疾，肠炎，肠道滴虫病，消化不良，支气管炎，肾盂肾炎。

化学成分：蒲公英赛酮、蒲公英萜醇、黑麦草内酯等。

地锦草（大戟科）

Euphorbia humifusa Willd.

药 材 名　地锦草。

药用部位　全草。

功效主治　有小毒。清热，利湿，退黄，止血；治痢疾，泄泻，脏毒赤白，黄疸，咳血，吐血，齿衄，尿血，便血，崩漏。

化学成分　没食子酸、山柰酚、槲皮素等。

通奶草（大戟科）

Euphorbia hypericifolia L.

药 材 名　通奶草。

药用部位　地上部分。

功效主治　清热利湿，收敛止痒；治腹泻，瘙痒性皮肤病。

化学成分　没食子酸、三没食子酰基葡萄糖苷等。

续随子（大戟科）

Euphorbia lathyris L.

药 材 名　千金子。

药用部位　种子。

功效主治　有毒。泻下逐水，破血消癥；治二便不通，水肿，痰饮，积滞胀满，血瘀经闭。

化学成分　黄酮苷类、大戟双香豆素、白瑞香素等。

铁海棠（大戟科）

Euphorbia milii Des Moul.

药 材 名　铁海棠、铁海棠花。

药用部位　茎、叶、根、乳汁、花。

功效主治　有小毒。茎、叶、根、乳汁：解毒排脓，活血，逐水；治痈疮肿毒，烫火伤，跌打损伤，横痃，肝炎，水臌，带下过多。花：凉血止血；治崩漏。

化学成分　β-香树脂醇乙酸酯、大戟醇、亭牙毒素等。

金刚纂（大戟科）

Euphorbia neriifolia L.

药 材 名 霸王鞭、五楞金刚。

药用部位 茎、叶、乳汁、花蕊。

功效主治 有小毒。祛风解毒，杀虫止痒。茎：治急性胃肠炎，疟疾，跌打肿痛，疥癞。叶：治热滞泄泻，疔疮，跌打积瘀。乳汁：治肝硬化腹水，皮癣。花蕊：清热消肿。

化学成分 二萜类、三萜类等。

京大戟（大戟科）

Euphorbia pekinensis Boiss.

药 材 名 京大戟。

药用部位 根。

功效主治 有毒。逐水通便，消肿散结；治肾炎水肿，血吸虫性肝硬化，结核性腹膜炎引起的腹水，胸腔积液，痰饮积聚。

化学成分 肉豆蔻酸、甘遂甾醇、大戟二烯醇等。

匍匐大戟（大戟科）

Euphorbia prostrata Aiton

药 材 名 铺地草。

药用部位 全草。

功效主治 清热凉血，解毒消肿；治痢疾，肠炎，白喉，咽喉炎，乳糜尿，乳汁稀少，子宫出血，小儿疳积，二便出血。

化学成分 没食子酸、牻牛儿素、皱褶菌素A、皱褶菌素E等。

一品红（大戟科）

Euphorbia pulcherrima Willd. ex Klotzch

药 材 名 一品红。

药用部位 全株。

功效主治 有毒。调经止血，活血定痛；治月经过多，跌打肿痛，骨折，外伤出血。

化学成分 5,7-二甲氧基香豆素、β-谷甾醇等。

霸王鞭（大戟科）

Euphorbia royleana Boiss.

药 材 名 金刚杵、金刚纂、刺金刚。

药用部位 全株、乳汁。

功效主治 有毒。祛风，消炎，解毒；治疮疡肿毒，皮癣。

化学成分 二萜类、三萜类等。

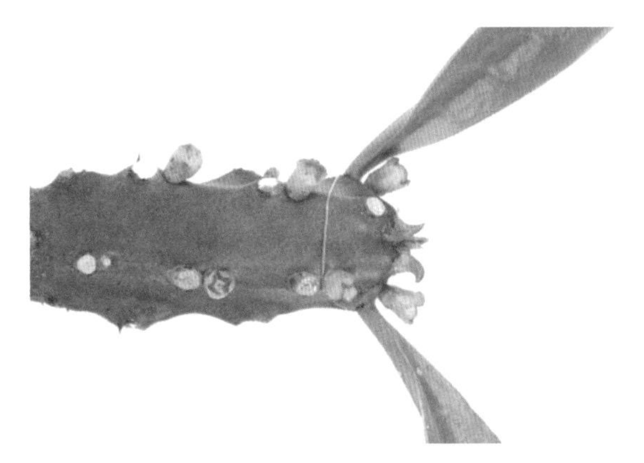

千根草（大戟科）

Euphorbia thymifolia L.

药 材 名 小飞扬草。

药用部位 全草。

功效主治 清热利湿，收敛止痒；治细菌性痢疾，肠炎腹泻，痔疮出血。

化学成分 Isoechinulin A、短叶苏木酚酸乙酯等。

绿玉树（大戟科）

Euphorbia tirucalli L.

药 材 名 绿玉树。

药用部位 全株。

功效主治 有小毒。催乳，杀虫，解毒；治产后乳汁不足，癣疮，关节肿痛。

化学成分 16β,17-二羟基-对映-贝壳杉烷-3-酮等。

云南土沉香（大戟科）

Excoecaria acerifolia Didr.

药 材 名 刮筋板、狭叶土沉香、奶浆果。

药用部位 全株。

功效主治 有小毒。治食积，黄疸，吐血，跌打肿痛，皮肤瘙痒，急性胃肠炎，牙痛，便秘，食物中毒。

化学成分 秦皮素 8-*O*-*β*-D-葡萄糖苷、秦皮素、异秦皮素、6-羟基-8-甲氧基-香豆素等。

红背桂（大戟科）

Excoecaria cochinchinensis Lour.

药 材 名 红背桂。

药用部位 全株。

功效主治 有小毒。祛风湿，通经络，活血止痛；治风湿痹痛，腰肌劳损，跌打损伤。

化学成分 浆果赤霉素、熊果酸、海漆素丁J、山柰酚、木犀草素等。

鸡尾木（大戟科）

Excoecaria venenata S. K. Lee et F. N. Wei

药 材 名 鸡尾木。

药用部位 全株。

功效主治 有大毒。杀虫止痒；治牛皮癣，慢性湿疹，神经性皮炎。

化学成分 没食子酸、槲皮素、山柰酚、(+)-儿茶素、秦皮苷、原儿茶酸、没食子酸甲酯、没食子酸乙酯、罗布麻酚A、巴卡亭等。

毛果算盘子（大戟科）

Glochidion eriocarpum Champ. ex Benth.

药 材 名　毛果算盘子、漆大姑。

药用部位　根、叶。

功效主治　清热利湿，解毒止痒。根：治肠炎，痢疾。叶：外用治生漆过敏，水田皮炎，皮肤瘙痒，荨麻疹，湿疹。

化学成分　Glochieriol、glochieriosides C-E等三萜类。

厚叶算盘子（大戟科）

Glochidion hirsutum (Roxb.) Voigt

药 材 名　毛叶算盘子、毛叶算盘子叶。

药用部位　根、叶。

功效主治　根：收敛，止痛，清热解毒；治痢疾，哮喘，脱肛，风湿骨痛。叶：祛风止痒，清热解毒；治牙痛，疮疡，荨麻疹。

化学成分　岩白菜素、异牡荆苷、3-*O*-甲基没食子酸等。

艾胶算盘子（大戟科）

Glochidion lanceolarium (Roxb.) Voigt

药 材 名 艾胶算盘子。

药用部位 根、茎、叶。

功效主治 清热解毒，消肿止痛；治黄疸，口腔炎，牙龈炎，跌打损伤。

化学成分 算盘子酮、羽扇豆醇、3-表羽扇豆醇等。

宽果算盘子（大戟科）

Glochidion oblatum Hook.f.

药 材 名 扁圆算盘子。

药用部位 叶。

功效主治 清热解毒。

算盘子（大戟科）

Glochidion puber (L.) Hutch.

药 材 名 算盘子、算盘子叶、算盘子根。

药用部位 果实、叶、根。

功效主治 有小毒。清热除湿，解毒利咽，行气活血；治痢疾，泄泻，黄疸，疟疾，淋浊，带下，咽喉肿痛。

化学成分 羽扇烯酮、算盘子酮、牡荆苷等。

圆果算盘子（大戟科）

Glochidion sphaerogynum (Müll. Arg.) Kurz

药 材 名 山柑算盘子、小甘淫、细甘淫。

药用部位 枝、叶。

功效主治 清热解毒；治感冒发热，暑热口渴，口疮，湿疹，疮疡溃烂。

化学成分 胡萝卜苷、没食子酸、丁香脂素、β-谷甾醇等。

白背算盘子（大戟科）

Glochidion wrightii Benth.

药 材 名 白背算盘子。

药用部位 根。

功效主治 清热，祛湿，解毒；治痢疾，湿疹，小儿麻疹。

化学成分 算盘子酮醇、白桦脂醇等。

香港算盘子（大戟科）

Glochidion zeylanicum (Gaertn.) A. Juss.

药 材 名 香港算盘子。

药用部位 根皮、茎、叶。

功效主治 根皮：治咳嗽，肝炎。茎、叶：治腹痛，衄血，跌打损伤。

化学成分 Glochiflavanosides A-D、异茳草苷等。

水柳（大戟科）

Homonoia riparia Lour.

药 材 名　水杨柳。

药用部位　根。

功效主治　清热解毒，利胆，利尿；治急慢性肝炎，胆囊炎，胆结石，膀胱结石，淋病，梅毒，痔疮。

化学成分　水柳皂苷、蒲公英赛酮、蒲公英赛醇等。

麻疯树（大戟科）

Jatropha curcas L.

药 材 名　麻疯树。

药用部位　树皮、叶。

功效主治　有毒。散瘀消肿，止血止痛，敛疮，杀虫；治跌打瘀肿，骨折疼痛，关节挫伤，创伤出血，麻风，湿疹等。

化学成分　Jatrophodione A、2-Hydroxy jatrophone等。

棉叶珊瑚花（大戟科）

Jatropha gossypiifolia L.

药 材 名　棉叶珊瑚花、棉叶膏桐。

药用部位　叶、树皮。

功效主治　全株有毒；杀虫止痒，调经；治疔疮，疥癣，湿疹，便秘，月经不调。

化学成分　Jatrogrossidione B、jatrogrossidione C、2-epi-jatrogrossidione等。

佛肚树（大戟科）

Jatropha podagrica Hook.

药 材 名　佛肚树。

药用部位　全株、根。

功效主治　清热解毒；治毒蛇咬伤，尿急，尿痛，尿血。

化学成分　Jatrogrossidion、scoparone、fraxidin等。

中平树（大戟科）

Macaranga denticulata (Blume) Müll Arg.

药 材 名　中平树、中平树皮。

药用部位　根、树皮。

功效主治　根：退黄，清热利湿；治黄疸性肝炎，胃脘疼痛。树皮：通便，清热利湿；治腹水，便秘。

化学成分　三十四烷酸、油酮酸-3-乙酯等。

草鞋木（大戟科）

Macaranga henryi (Pax et K. Hoffm.) Rehder

药 材 名 鞋底叶树、大戟解毒树。

药用部位 根。

功效主治 治风湿骨痛，跌打损伤。

化学成分 山楂酸甲酯、3β-羟基豆甾-5-烯-7-酮、丁香脂素等。

印度血桐（大戟科）

Macaranga indica Wight

药 材 名 盾叶木。

药用部位 枝、根。

功效主治 行气消胀，止痛；治腹胀，肝郁气滞之两胁胀痛。

化学成分 Macadenanthin A、glyasperin A、broussoflavonol等。

尾叶血桐（大戟科）

Macaranga kurzii (Kuntze) Pax et K. Hoffm.

药 材 名 团叶子。

药用部位 茎皮。

功效主治 清热消炎。

血桐（大戟科）

Macaranga tanarius L. var. **tomentosa** (Blume) Müll. Arg.

药 材 名 血桐、流血桐、帐篷树。

药用部位 叶、种子。

功效主治 泻下通便；治大便秘结，恶性肿瘤，神经系统及心血管系统疾病。

化学成分 苏门答腊酚、去氧鬼臼毒素等。

白背叶（大戟科）

Mallotus apelta (Lour.) Müll. Arg.

药 材 名 白背叶、白背叶根。

药用部位 叶、根。

功效主治 叶：止血，清热，祛湿；治疮疖，中耳炎，鹅口疮，湿疹。根：活血，清热，祛湿；治肝炎，肠炎，淋浊。

化学成分 蒲公英赛醇、洋芹素等。

毛桐（大戟科）

Mallotus barbatus (Wall.) Müll. Arg.

药 材 名 大毛桐子根。

药用部位 根。

功效主治 清热，利湿；治肺痨，泄泻，淋证，带下。

化学成分 1,1-氧代双(2,4-二叔丁苯)、蒲公英赛酮等。

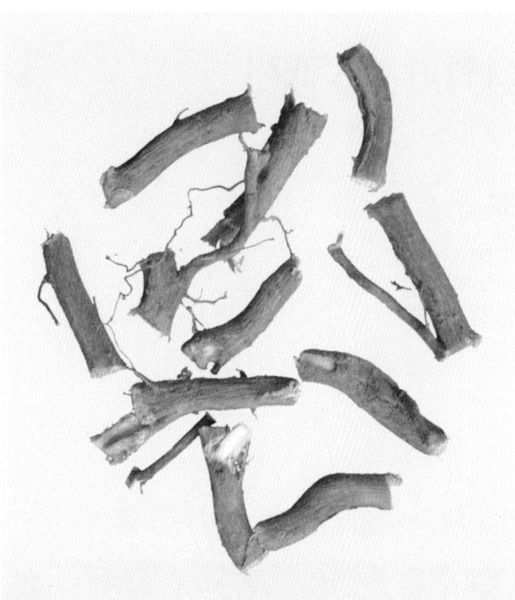

白楸（大戟科）

Mallotus paniculatus (Lam.) Müll. Arg.

药 材 名 白楸、白叶子、埋端倒（傣药）

药用部位 根。

功效主治 止咳；治咳痰不易或干咳无痰。

化学成分 槲皮素、山柰酚、橙皮素、7,3′-*O*-二甲基木犀草素、*β*-谷甾醇和丁香树脂醇等。

粗糠柴（大戟科）

Mallotus philippensis (Lam.) Müll. Arg.

药 材 名 粗糠柴、粗糠柴根、粗糠柴叶。

药用部位 根、叶、果实的腺毛及毛茸。

功效主治 有毒。根：清热利湿；治急性痢疾，慢性痢疾，咽喉肿痛。叶：清热利湿；治湿热吐泻。果实的腺毛及毛茸的干燥物：驱绦虫。

化学成分 苯甲醇、壬醛、苯乙醇、水杨酸甲酯等。

石岩枫（大戟科）

Mallotus repandus (Rottler) Müll. Arg.

药 材 名 山龙眼。

药用部位 根、茎、叶。

功效主治 祛风活络，舒筋止痛；治风湿性关节炎，腰腿痛，产后风瘫。

化学成分 6, 7-亚甲二氧基-5, 8-二甲氧基香豆素等。

木薯（大戟科）

Manihot esculenta Crantz

药 材 名　木薯。

药用部位　叶、根。

功效主治　有小毒。拔毒消肿；治疮疡肿毒，疥癣。

化学成分　槲皮素、山柰酚、芦丁、烟花苷等。

小盘木（大戟科）

Microdesmis caseariifolia Planch. ex Hook. f.

药 材 名　小盘木。

药用部位　嫩枝和树叶、树汁。

功效主治　有小毒。散瘀消肿，止痛；治顽癣，疣赘。树汁：治齿痛。

化学成分　小盘木素A-D等。

红雀珊瑚（大戟科）

Pedilanthus tithymaloides (L.) Poit.

药 材 名　扭曲草。

药用部位　全草。

功效主治　有小毒。清热解毒，散瘀消肿，止血生肌；治疮疡肿毒，疥癣，跌打肿痛，骨折，外伤出血。

化学成分　无羁萜醇、乙酸表无羁萜酯等三萜类。

苦味叶下珠（大戟科）

Phyllanthus amarus Shumach. et Thonn.

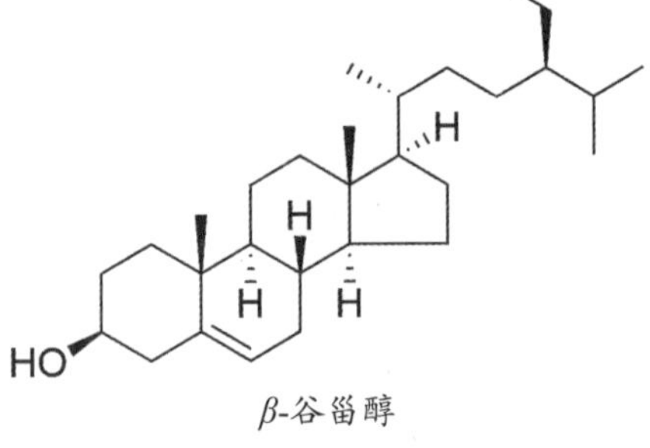

β-谷甾醇

药 材 名 珠子草。

药用部位 全草。

生　　境 野生或栽培，生于旷野草地、山坡和山谷向阳处。

采收加工 夏、秋二季采收全草，除去杂质，晒干。

药材性状 茎呈圆柱形，表面棕色、棕红色、紫红色或绿色，有纵皱纹；体轻，质脆，易折断，断面淡黄色或淡黄白色。气微，叶味苦涩，茎味淡、微涩。

性味归经 微苦，凉。归肝、脾经。

功效主治 清热解毒，利湿通淋；治黄疸，胁痛，泻痢，水肿，小便不利。

化学成分 β-谷甾醇、芦丁、羽扇豆醇等。

核心产区 云南、广东、广西等地。

用法用量 内服：煎汤，9～15克。外用：适量，鲜草捣烂敷伤口周围。

越南叶下珠（大戟科）

Phyllanthus cochinchinensis (Lour.) Spreng.

药 材 名　越南叶下珠。

药用部位　根、枝叶。

功效主治　清热利湿，解毒消积；治泄泻，痢疾，五淋白浊，小儿积热，烂头疮，皮肤湿毒，疥疮，牙龈脓肿。

化学成分　3,6′-di-*O*-benzoylsucrose、3-*O*-benzoyl-6′-*O*-(*E*)-cinnamoylsucrose等。

落萼叶下珠（大戟科）

Phyllanthus flexuosus (Siebold et Zucc.) Müll. Arg.

药 材 名　落萼叶下珠。

药用部位　全株。

功效主治　清热解毒，祛风除湿；治过敏性皮炎，小儿夜啼，蛇咬伤，风湿病。

化学成分　Spruceanol、cleistanthol、phyllanflexoid A等。

余甘子（大戟科）

Phyllanthus emblica L.

没食子酸

药 材 名 余甘子。

药用部位 成熟果实。

生　　境 山地疏林、灌丛、荒地或山沟向阳处。

采收加工 果实成熟时采收，除去杂质，干燥。

药材性状 球形或扁球形，表面棕褐色或墨绿色，有浅黄色颗粒状突起，内果皮黄白色，硬核样，干后可裂成6瓣。味酸涩，回甜。

性味归经 甘、酸、涩，凉。归肺、胃经。

功效主治 清热凉血，消食健胃，生津止咳；治血热血瘀，消化不良，腹胀，咳嗽，喉痛，口干。

化学成分 没食子酸、槲皮素、5,7,4′-三羟基黄酮醇、汉黄芩素、叶下珠苦素、一叶萩碱、β-谷甾醇、没食子鞣质、山柰酚、邻苯三酚等。

核心产区 广东、广西、福建、云南、四川等地。

用法用量 3～9克，多入丸、散服用。

本草溯源 《新修本草》《本草图经》《度母本草》《袁滋云南记（考略）》《本草衍义》。

附　　注 药食同源。

青灰叶下珠（大戟科）

Phyllanthus glaucus Wall. ex Müll. Arg.

药 材 名　青灰叶下珠。

药用部位　根。

功效主治　祛风除湿，健脾消积；治风湿痹痛，小儿疳积。

化学成分　岩白菜素等。

海南叶下珠（大戟科）

Phyllanthus hainanensis Merr.

药 材 名　海南叶下珠。

药用部位　全株。

功效主治　清肝明目，散结；治目赤肿痛，肝肿大。

化学成分　Phainanoids A-F等三萜类。

小果叶下珠（大戟科）

Phyllanthus reticulatus Poir.

药 材 名 小果叶下珠、烂头钵、龙眼睛、山丘豆。

药用部位 根、叶。

功效主治 消炎，收敛，止泻；治痢疾，肠炎，肠结核，肝炎，肾炎，小儿疳积。

化学成分 表木栓醇、算盘子酮醇等。

水油甘（大戟科）

Phyllanthus rheophyticus M. G. Gilbert et P. T. Li

药 材 名 水油甘。

药用部位 全株。

功效主治 解表通窍；治外感头痛，鼻塞，目赤肿痛，关节痛。

化学成分 闭花木烷型二萜类，羽扇豆烷型、木栓烷型、齐墩果烷型三萜类等。

叶下珠（大戟科）

Phyllanthus urinaria L.

药 材 名 叶下珠。

药用部位 带根全草。

功效主治 清热，利尿，明目，消积；治痢疾，黄疸，石淋，目赤，夜盲症，疳积，痈肿，毒蛇咬伤。

化学成分 鞣花酸、胡萝卜苷、山柰素等黄酮类。

黄珠子草（大戟科）

Phyllanthus virgatus G. Forst.

药 材 名　黄珠子草。

药用部位　全草。

功效主治　消积，通淋，解毒；治疳积，淋病，乳痈，牙疳，毒蛇咬伤。

化学成分　香草醛、*β*-胡萝卜苷、*β*-谷甾醇、芦丁等。

蓖麻（大戟科）

Ricinus communis L.

药 材 名　蓖麻子。

药用部位　种子。

功效主治　有毒。泻下通滞，消肿拔毒；治大便燥结，痈疽肿毒，喉痹，瘰疬。

化学成分　蓖麻碱、*N*-去甲基蓖麻碱、黄花菜木脂素A等。

山乌桕（大戟科）

Sapium discolor (Champ. ex Benth.) Müll. Arg.

药 材 名　山乌桕。

药用部位　根皮、树皮、叶。

功效主治　有小毒。泻下逐水，散瘀消肿。根皮、树皮：治肾炎性水肿，肝硬化腹水，大小便不通。叶：治跌打肿痛，毒蛇咬伤，过敏性皮炎。

化学成分　Sapiumin F、南五味子木脂素C、刺五加酮等。

白木乌桕（大戟科）

Sapium japonicum (Siebold et Zucc.) Pax et K. Hoffm.

药 材 名　白乳木。

药用部位　根皮、叶。

功效主治　散瘀血，强腰膝；治劳伤，腰膝酸痛。

化学成分　棕榈酸甲酯、硬脂酸甲酯等。

圆叶乌桕（大戟科）

Sapium rotundifolium Hemsl.

药 材 名　圆叶乌桕。

药用部位　叶、果实。

功效主治　解毒消肿，杀虫；治蛇咬伤，疥癣，湿疹，疮毒。

化学成分　桂皮酸、棕榈酸甲酯、棕榈酸等。

乌桕（大戟科）

Sapium sebiferum (L.) Dum. Cours.

药 材 名　乌桕。

药用部位　种子、叶、去掉栓皮的根皮或茎皮。

功效主治　有毒。泻下逐水，消肿散结，解蛇虫毒；治水肿，臌胀，大小便不通，湿疹，毒蛇咬伤。

化学成分　3,3′,4′-三甲基鞣花酸等鞣花酸衍生物。

守宫木（大戟科）

Sauropus androgynus (L.) Merr.

药 材 名　甜菜、越南菜、帕弯（傣药）。

药用部位　根。

功效主治　清火解毒，消肿止痛；治咽喉肿痛，扁桃体炎，疥疮。

艾堇（大戟科）

Sauropus bacciformis (L.) Airy Shaw

药 材 名　艾堇。

药用部位　全草。

功效主治　清热利尿，理气化痰；治肺热咳嗽，胸肋外伤，血尿，小便混浊。

化学成分　Lup-1,20(29)-dien-3-one等。

长梗守宫木（大戟科）

Sauropus macranthus Hassk.

药 材 名　长梗守宫木。

药用部位　全株、叶。

功效主治　清热解毒，利湿止痒；治皮肤病。

龙脷叶（大戟科）

Sauropus spatulifolius Beille

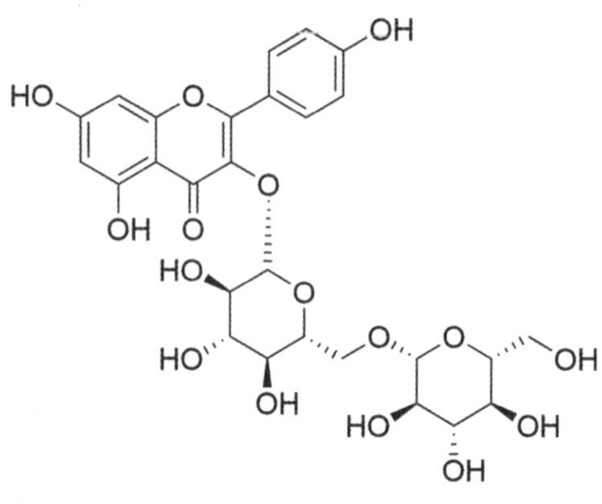

山柰酚-3-*O*-龙胆二糖苷

药 材 名 龙脷叶、龙舌叶、龙味叶。

药用部位 叶。

生　　境 栽培，生于药圃、平地。

采收加工 夏、秋二季采收，晒干。

药材性状 呈团状或长条状皱缩，展平后呈长卵形、卵状披针形或倒卵状披针形，下表面中脉腹背突出，侧脉羽状，5～6对，于近外缘处合成边脉，叶柄短。

性味归经 甘、淡，平。归肺、胃经。

功效主治 润肺止咳，通便；主治肺燥咳嗽，咽痛失音，便秘。

化学成分 山柰酚-3-*O*-龙胆二糖苷、2,4-二叔丁基苯酚、咖啡酸等。

核心产区 广西（宁明）、广东（罗定）。

用法用量 煎汤，9～15克。

本草溯源 《陆川本草》《岭南采药录》。

地杨桃（大戟科）

Sebastiania chamaelea (L.) Müll. Arg.

药 材 名　地杨桃。

药用部位　全草。

功效主治　祛风除湿，舒筋活血；治风湿痹痛。

化学成分　邻苯二甲酸二丁基酯、十六碳酸乙酯等酯类。

一叶萩（大戟科）

Securinega suffruticosa (Pall.) Rehder

药 材 名　叶底珠。

药用部位　叶、花。

功效主治　有毒。祛风活血，补肾强筋；治面神经麻痹，小儿麻痹后遗症，眩晕，耳聋，神经衰弱，嗜睡症，阳痿。

化学成分　右旋一叶萩碱、柯里拉京、芦丁、邻苯二甲酸二丁酯等。

白饭树（大戟科）

Securinega virosa (Roxb. ex Willd.) Baill.

药 材 名 白饭树。

药用部位 全株。

功效主治 有小毒。清热解毒，消肿止痛，止痒止血；治湿疹，脓疱疮，过敏性皮炎，疮疖，烧烫伤。

化学成分 一叶萩碱、(+)-phyllanthidine等。

广东地构叶（大戟科）

Speranskia cantonensis (Hance) Pax et K. Hoffm.

药 材 名 蛋不老、透骨草。

药用部位 全草。

功效主治 祛风湿，通经络，破瘀止痛；治风湿痹痛，癥瘕积聚，瘰疬，疔疮肿毒，跌打损伤。

化学成分 黄酮类等。

宿萼木（大戟科）

Strophioblachia fimbricalyx Boerl.

药 材 名 宿萼木叶。

药用部位 叶。

功效主治 解毒杀虫；治疥疮。

化学成分 Fimbricalyxoid A、13-*O*- methylfimbricalyx B等。

白树（大戟科）

Suregada multiflora (A. Juss) Baill.

药 材 名　白树、绿花白千层、埋路（傣药）。

药用部位　茎木、叶、树皮。

功效主治　清火解毒，收敛止痛；治烧烫伤，风湿骨痛，关节肿痛。

化学成分　α-高野尻霉素等。

滑桃树（大戟科）

Trevia nudiflora L.

药 材 名　滑桃树。

药用部位　种子、果实、茎皮。

功效主治　杀虫；治疥疮。

化学成分　豆甾-4-烯-6α-醇-3-酮、7β-羟基谷甾醇等。

异叶三宝木（大戟科）

Trigonostemon flavidus Gagnep.

药 材 名　异叶三宝木。

药用部位　根。

功效主治　化痰，止泻，防腐，杀菌。

化学成分　布卢门醇A、4,5-二氢布卢门醇A、sarmentol F等。

剑叶三宝木（大戟科）

Trigonostemon xyphophylloides (Croizat) L. K. Dai et T. L. Wu

药 材 名　剑叶三宝木。

药用部位　根。

功效主治　化痰，止泻，防腐，杀菌；解蛇毒，消炎，治痰多、便秘。

化学成分　Trigoxyphins O-T等。

油桐（大戟科）

Vernicia fordii (Hemsl.) Airy Shaw

药 材 名 油桐。

药用部位 根、叶、花、果壳、种子及种子油。

功效主治 有小毒。根：消积驱虫，祛风利湿；治蛔虫病。叶：解毒，杀虫；治疮疡，疥癣。花：清热解毒，生肌；治烧烫伤。果壳：消肿毒；治丹毒。种子及种子油：吐风痰，消肿毒，利二便；治风痰喉痹，痰火瘰疬，食积腹胀，大、小便不通，丹毒，疥癣，烫伤，急性软组织炎症，寻常疣。

化学成分 13-*O*-乙酰基-16-羟基佛波醇等。

木油桐（大戟科）

Vernicia montana Lour.

药 材 名 千年桐、木油桐、皱桐。

药用部位 叶。

功效主治 有毒。祛风湿；治风湿痹痛，水火烫伤。

化学成分 白桦脂醇、羽扇豆醇乙酸酯、3-乙酰伪蒲公英甾醇等。

交让木（交让木科）

Daphniphyllum macropodum Miq.

药 材 名　交让木。

药用部位　种子、叶。

功效主治　消肿拔毒，杀虫；治疮疖肿毒。

化学成分　Longistylumphylline A、paxiphylline E等生物碱。

牛耳枫（交让木科）

Daphniphyllum calycinum Benth.

药 材 名　牛耳枫。

药用部位　根、叶。

功效主治　有毒。清热解毒，活血舒筋；治感冒发烧，扁桃体炎，风湿性关节痛，跌打损伤，毒蛇咬伤，疮疡肿痛。

化学成分　没食子酸、原儿茶酸、芦丁等。

虎皮楠（交让木科）

Daphniphyllum oldhamii (Hemsl.) K. Rosenth.

药 材 名　虎皮楠。

药用部位　根、叶。

功效主治　清热解毒，活血散瘀；治感冒发热，咽喉肿痛，脾脏肿大，毒蛇咬伤，骨折创伤。

化学成分　Daphnioldhanins A、oldhamiphylline等生物碱。

鼠刺（鼠刺科）

Itea chinensis Hook. et Arn.

药 材 名 大力牛。

药用部位 根、叶。

功效主治 活血消肿，止痛；治风湿痹痛，跌打损伤。

峨眉鼠刺（鼠刺科）

Itea omeiensis C. K. Schneid.

药 材 名 矩形叶鼠刺。

药用部位 根、花。

功效主治 补虚，祛风湿，续筋骨；治身体虚弱，劳伤乏力，咳嗽，咽痛，产后关节痛，腰痛，跌打损伤。

四川溲疏（绣球科）

Deutzia setchuenensis Franch.

药 材 名 川溲疏。

药用部位 枝叶、果实。

功效主治 有小毒。清热除烦，利尿消积；治外感暑热，身热烦渴，热淋涩痛，小儿疳积，风湿痹证，湿热疮毒，毒蛇咬伤。

化学成分 β-谷甾醇、白桦脂醇、肉桂酸等。

常山（绣球科）

Dichora febrifuga Lour.

药 材 名　常山、黄常山、蜀漆、土常山、白常山。

药用部位　根、嫩叶。

功效主治　有小毒。截疟，劫痰；治疟疾。

化学成分　黄常山定碱、黄常山碱乙等。

罗蒙常山（绣球科）

Dichora yaoshanensis Y. C. Wu

药 材 名　罗蒙常山。

药用部位　根。

功效主治　祛风止痛；治风湿骨痛。

马桑绣球（绣球科）

Hydrangea aspera D. Don

药 材 名　卵叶柔毛绣球、八仙柔毛绣球。

药用部位　全株、根。

功效主治　全株：治外伤出血，疝气，乳痈，烧烫伤，风湿痛，带下。根：治疟疾。

中国绣球（绣球科）

Hydrangea chinensis Maxim.

药 材 名 中国绣球、绿瓣绣球、狭瓣绣球。

药用部位 根。

功效主治 活血止痛，截疟，清热利尿；治跌打损伤，骨折，疟疾，头痛，麻疹，小便淋痛。

西南绣球（绣球科）

Hydrangea davidii Franch.

药 材 名 云南绣球、滇绣球花。

药用部位 根、叶、茎的髓心。

功效主治 有小毒。透疹通淋，驱邪截疟。根、叶：治疟疾。茎的髓心：治麻疹，小便不通。

粤西绣球（绣球科）

Hydrangea kwangsiensis Hu

药 材 名 广西绣球、粤西绣球。

药用部位 根、叶。

功效主治 消肿镇痛，止血；治跌打损伤，刀伤出血。

绣球（绣球科）

Hydrangea macrophylla (Thunb.) Ser.

药 材 名　绣球花、八仙花、粉团花。

药用部位　叶。

功效主治　有小毒。抗疟，消热；治疟疾，心热惊悸，烦躁。

化学成分　山柰酚-3-*O*-*β*-芸香糖苷、龙胆酸等。

草绣球（绣球科）

Hydrangea moellendorffii Hance

药 材 名　人心药、草紫阳花。

药用部位　根茎。

功效主治　祛瘀消肿；治跌打损伤。

圆锥绣球（绣球科）

Hydrangea paniculata Siebold

药 材 名 土常山、腊莲、羊耳朵树。

药用部位 根。

功效主治 截疟退热，消积和中；治疟疾，食积不化，胸腹胀满。

化学成分 茵芋苷、伞形花内酯、6-甲氧基-7-羟基香豆素等。

蜡莲绣球（绣球科）

Hydrangea strigosa Rehder

药 材 名 土常山、大叶土常山、大叶老鼠竹。

药用部位 根。

功效主治 截疟，消食，清热解毒，祛痰散结；治瘿瘤，食积腹胀，咽喉肿痛，皮肤癞癣，疮疖肿毒，疟疾。

滇南山梅花（绣球科）

Philadelphus henryi Koehne

药 材 名 滇南山梅花。

药用部位 茎、叶。

功效主治 清热利湿；治小便淋痛，黄疸。

星毛冠盖藤（绣球科）

Pileostegia tomentella Hand. -Mazz.

药 材 名　青棉花藤、青棉花。

药用部位　根、藤、叶。

功效主治　祛风除湿，散瘀止痛，接骨；治腰腿酸痛，风湿麻木，跌打损伤，外伤出血。

化学成分　柏松苷、二氢柏松苷等。

冠盖藤（绣球科）

Pileostegia viburnoides Hook. f. et Thomson

药 材 名　青棉花藤、青棉花。

药用部位　根、藤、叶。

功效主治　祛风除湿，散瘀止痛，接骨；治腰腿酸痛，风湿麻木，跌打损伤，外伤出血。

化学成分　齐墩果酸、伞形花内酯、臭矢菜素A等。

钻地风（绣球科）

Schizophragma integrifolium Oliv.

药 材 名　迫地枫、桐叶藤、全叶钻地风、利筋藤。

药用部位　根、茎藤。

功效主治　舒筋活络，祛风活血；治风湿脚气，风寒痹症，四肢关节酸痛。

化学成分　(*E*)-1, 2-亚甲二氧基-4-丙烯基-苯、桉树脑等。

小花龙牙草（蔷薇科）

Agrimonia nipponica Koidz var. **occidentalis** Skalický ex J. E. Vidal

药 材 名　小花龙牙草。

药用部位　全草。

功效主治　收敛止血，消炎止痢；治呕血，咯血，衄血，胃肠炎，肠道滴虫；外用治痈疔疮，阴道滴虫。

龙牙草（蔷薇科）

Agrimonia pilosa Ledeb.

药 材 名　仙鹤草、龙牙草、瓜香草。

药用部位　全草。

功效主治　收敛止血，止痢，杀虫；治咯血，吐血，尿血，便血，赤白痢疾，崩漏，带下，劳伤脱力，痈肿，跌打损伤，创伤出血。

化学成分　鹤草酚、仙鹤草素等。

桃（蔷薇科）

Amygdalus persica L.

药 材 名　桃子、桃花、桃胶、桃仁、桃根、桃叶。

药用部位　果实、花、树皮中分泌出来的树脂（桃胶），未成熟的果实、嫩枝、叶、种子、根或根皮。

功效主治　果实：生津，润肠，活血，消积；治津少口渴，肠燥便秘。花：利水，活血化瘀；治水肿，脚气，痰饮。桃胶：和血，通淋，止痢；治石淋，血淋，痢疾，腹痛，糖尿病，乳糜尿。未成熟的果实：敛汗涩精，活血止血，止痛；治盗汗，遗精，吐血，疟疾，心腹痛，妊娠下血。嫩枝、叶：活血通络，解毒，杀虫；治心腹痛，风湿性关节痛。种子：活血祛瘀，润肠通便；治闭经，痛经。根或根皮：清热利湿，活血止痛，消痈肿；治黄疸，吐血，痈肿，痔疮，风湿痹痛。

化学成分　紫云英苷、蜡梅苷等。

梅（蔷薇科）

Armeniaca mume Siebold

药 材 名 乌梅、白梅、梅核仁、梅根、梅叶、梅梗、梅花。

药用部位 成熟果实、未成熟果实、种仁、根、叶、带叶枝条、花蕾。

功效主治 成熟果实：敛肺，涩肠，生津，安蛔；治肺虚久咳，久痢滑肠，虚热消渴，蛔厥呕吐，腹痛。未成熟果实：利咽生津，涩肠止泻，除痰开噤，消疮，止血；治咽喉肿痛，烦渴呕恶，久泻久痢，痰厥口噤，梅核气，痈疽肿毒，外伤出血。种仁：祛暑清络，益肝明目，清热化湿；治暑气霍乱，烦热，视物不清。根：治风痹，休息痢，胆囊炎，瘰疬。叶：清热解毒，涩肠止痢；治痢疾，崩漏。带叶枝条：理气安胎；治妇女小产。花蕾：开郁和中，化痰解毒；治郁闷心烦，肝胃气痛，梅核气，瘰疬疮毒。

化学成分 枸橼酸、苦杏仁苷、苦杏仁酸等。

杏（蔷薇科）

Armeniaca vulgaris Lam.

药 材 名 杏仁、杏子、杏花。

药用部位 种子、果实、树枝、花、树皮。

功效主治 种子：祛痰止咳，平喘，润肠，下气开痹；治外感咳嗽，喘满，伤燥咳嗽，寒气奔豚，耳聋，痞肿胀。果实：润肺定喘，生津止渴；治肺燥咳嗽，津伤口渴。树枝：活血散瘀；治跌打损伤，瘀血阻络。花：活血补虚；治不孕症，肢体痹痛，手足逆冷。树皮：解毒；治苦杏仁中毒。

化学成分 苦杏仁苷、野樱苷等。

高盆樱桃（蔷薇科）

Cerasus cerasoides (Buch.-Ham. ex D. Don) S.Y. Sokolov var. **rubea** (Ingram) T.T. Yu et C.L. Li

药 材 名 云南欧李、冬樱桃、青樱桃、冬海棠。

药用部位 种仁。

功效主治 润燥滑肠，下气利水；治便秘，瘀血肿痛，跌打损伤，风痹，闭经。

郁李（蔷薇科）

Cerasus japonica (Thunb.) Loisel.

药 材 名 郁李仁、小李仁、郁李根。

药用部位 成熟种子、根。

功效主治 成熟种子：润燥滑肠，下气利水；治津枯肠燥，食积气滞，腹胀便秘，水肿，脚气，小便不利。根：清热，杀虫，行气破积；治龋齿疼痛，小儿发热，气滞积聚。

化学成分 郁李仁苷、蔷薇苷、野蔷薇苷等。

樱桃（蔷薇科）

Cerasus pseudocerasus (Lindl.) Loudon

药 材 名　樱桃、樱桃核、樱桃枝、樱桃叶、樱桃根。

药用部位　果实、果核、枝、叶、根。

功效主治　果实：补血益肾；治脾虚泄泻，肾虚遗精，腰腿疼痛。果核：发表透疹，消瘤去瘢，行气止痛；治痘疹初期透发不畅，皮肤瘢痕。枝：温中行气，止咳，祛斑；治胃寒脘痛，咳嗽，雀斑。叶：温中健脾，止咳止血，解毒杀虫；治胃寒食积，腹泻，咳嗽。根：杀虫，调经，益气养阴；治绦虫病，蛔虫病，蛲虫病。

化学成分　氰苷、芫花素、樱花素等。

木瓜（蔷薇科）

Chaenomeles sinensis (Thouin) Koehne

药 材 名　榠楂、木李、蛮楂。

药用部位　果实。

功效主治　和胃舒筋，祛风湿，化痰止咳；治吐泻转筋，风湿痹痛，咳嗽痰多，泄泻，痢疾，脚气水肿。

化学成分　黄酮类、鞣质等。

皱皮木瓜（蔷薇科）

Chaenomeles speciosa (Sweet) Nakai

药 材 名 木瓜、木瓜根、木瓜枝、木瓜核。

药用部位 成熟果实、根、枝、种子。

功效主治 成熟果实：平肝舒筋，和胃化湿；治湿痹拘挛。根：治吐泻转筋，脚气，水肿。枝：祛湿舒筋；治霍乱，脚气，风湿痹痛等。种子：祛湿舒筋；治霍乱吐泻，腹痛转筋。

化学成分 肉桂酸、七叶内酯等。

平枝栒子（蔷薇科）

Cotoneaster horizontalis Decne.

药 材 名 水莲沙、栒刺木、岩楞子。

药用部位 枝叶、根。

功效主治 清热利湿，化痰止咳，止血止痛；治痢疾，泄泻，腹痛，咳嗽，吐血，痛经，带下。

化学成分 矢车菊素、右旋儿茶精、左旋表儿茶精等。

野山楂（蔷薇科）

Crataegus cuneata Siebold et Zucc.

熊果酸

药 材 名 野山楂、南山楂、红果子。

药用部位 果实。

生　　境 野生，生于海拔250～2 000米的山谷、多石湿地或山地灌丛中。

采收加工 10—11月果实变为红色，果点明显时采收，剪断果柄或直接摘下，横切成两半或切片后晒干。

药材性状 野山楂果实呈球形，表面棕色至棕红色，有灰白色小斑点，顶端有圆形凹窝状宿存花萼，基部有短果柄或果柄痕。质坚硬。气微，味酸、涩，微甜。

性味归经 酸、甘，微温。归胃、肝经。

功效主治 健胃消食，行气散瘀；主治食滞肉积，脘腹胀痛，产后瘀痛，漆疮，冻疮。

化学成分 熊果酸、牡荆苷-2″-*O*-鼠李糖苷、牡荆苷-4″-*O*-葡萄糖苷、原儿茶醛、没食子酸、羟基苯甲酸、棕榈酸、*β*-谷甾醇、柠檬酸、芦丁等。

核心产区 河南、湖北、江西、湖南、安徽、江苏、浙江、云南、贵州、广东、广西和福建。

用法用量 内服：煎汤，3～10克。外用：煎水洗擦。

本草溯源 《本草纲目》《黔本草》《中药大辞典》。

附　　注 药食同源。

云南山楂（蔷薇科）

Crataegus scabrifolia (Franch.) Rehder

药 材 名 云南山楂、山林果、麻宋拿（傣药）。

药用部位 果实。

功效主治 补土健胃，消食化滞；治饮食积滞，呕吐酸水，胸膈饱闷，不思饮食。

化学成分 有机酸、黄酮类等。

云南多依（蔷薇科）

Docynia delavayi (Franch.) C. K. Schneid.

药 材 名 移（木衣）、南果缅（傣药）。

药用部位 树皮、果实、根、心。

功效主治 清火解毒，敛疮生肌，祛风止痛，续筋接骨；治烧烫伤，疔疮脓肿，皮肤瘙痒，风湿病，肢体关节肿痛。

化学成分 多酚类等。

多依（蔷薇科）

Docynia indica (Colebr. ex Wall.) Decne.

药 材 名 移（木衣）、红叶移（木衣）、麻过缅（傣药）。

药用部位 果实。

功效主治 健脾止泻；治痢疾，消化不良。

化学成分 生物碱类、皂苷类、糖类、黄酮类、强心苷类、多酚类等。

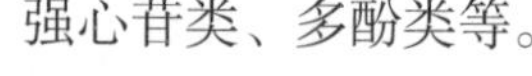

皱果蛇莓（蔷薇科）

Duchesnea chrysantha (Zoll. et Moritzi) Miq.

药 材 名　皱果蛇莓、地棉。

药用部位　全草。

功效主治　消肿镇痛，清热解毒；茎、叶捣烂敷疔疮有特效，亦可敷治蛇咬伤、火烫伤。

化学成分　没食子酸、原儿茶酸等。

蛇莓（蔷薇科）

Duchesnea indica (Andrews) Teschem.

药 材 名　蛇莓、鸡冠果、蛇藨、蛇盘草。

药用部位　全草。

功效主治　有毒；清热解毒，散瘀消肿，凉血止血；治热病，惊痫，咳嗽，吐血，咽喉肿痛，疔疮，蛇虫咬伤。

化学成分　委陵菜酸、野蔷薇葡萄糖酯、刺梨苷等。

大花枇杷（蔷薇科）

Eriobotrya cavaleriei (H. Lév.) Rehder

药 材 名　大花枇杷、山枇杷。

药用部位　叶、果实。

功效主治　止咳平喘，消肿镇痛；治咳嗽多痰，气喘，跌打骨折。

台湾枇杷（蔷薇科）

Eriobotrya deflexa (Hemsl.) Nakai

药 材 名　台湾枇杷、野枇杷。

药用部位　叶、果实。

功效主治　清热解毒；治热病，咳嗽痰多。

枇杷（蔷薇科）

Eriobotrya japonica (Thunb.) Lindl.

药 材 名 枇杷花、枇杷叶、枇杷根、枇杷、枇杷核。

药用部位 花、叶、根、果实、树干的韧皮部、种子。

功效主治 花：疏风止咳，通鼻窍；治感冒咳嗽，鼻塞流涕。叶：清肺止咳，和胃降逆，止渴；治肺热痰嗽，阴虚劳嗽，咳血。根：治虚痨久嗽，关节疼痛。果实：润肺下气，止渴；治肺热咳喘，吐逆，烦渴。树干的韧皮部：降逆和胃，止咳，止泻，解毒；治呕吐，呃逆，久咳，久泻，痈疡肿痛。种子：化痰止咳，疏肝行气，利水消肿；治咳嗽痰多，疝气。

化学成分 橙花叔醇、金合欢醇等。

草莓（蔷薇科）

Fragaria × ananassa Duchesne ex Rozier

药 材 名 草莓、凤梨草莓。

药用部位 果实。

功效主治 解热祛暑，利尿消肿，健脾和胃，润肺生津；治暑热烦渴，小便短少，食欲不振，肺热咳嗽。

化学成分 花青素、儿茶素、山柰酚、没食子酸等。

黄毛草莓（蔷薇科）

Fragaria nilgerrensis Schltdl. ex J. Gay

药 材 名 白草莓、白蛇莓、麻无拎（傣药）。

药用部位 全草。

功效主治 祛风，清热，解毒；治咳嗽，痢疾，淋证，尿血，毒蛇咬伤，疮疖。

棣棠（蔷薇科）

Kerria japonica (L.) DC.

药 材 名　棣棠花、地棠、地园花。

药用部位　花或枝叶。

功效主治　化痰止咳，利尿消肿，解毒；治咳嗽，风湿痹痛，产后劳伤，水肿，小便不利，消化不良，痈疽肿毒，湿疹，荨麻疹。

化学成分　柳穿鱼苷等。

腺叶桂樱（蔷薇科）

Lauro-cerasus phaeosticta (Hance) C. K. Schneid.

药 材 名　腺叶桂樱、腺叶野樱、腺叶稠李。

药用部位　全株。

功效主治　活血化瘀，镇咳利尿。种子：活血化瘀，润燥滑肠；治闭经，痈疽，大便燥结。

化学成分　植醇、角鲨烯、豆甾醇等。

刺叶桂樱（蔷薇科）

Lauro-cerasus spinulasa (Siebold et Zucc.) C. K. Schneid.

药 材 名　刺叶桂樱。

药用部位　种子。

功效主治　止痢；治痢疾。

大叶桂樱（蔷薇科）

Lauro-cerasus zippeliana (Miq.) Browicz

药 材 名　大叶樱叶、大驳骨、驳骨木、黑茶树。

药用部位　叶。

功效主治　止痢；治痢疾。

化学成分　山柰酚、芸香苷等。

台湾林檎（蔷薇科）

Malus doumeri (Bois) A. Chev

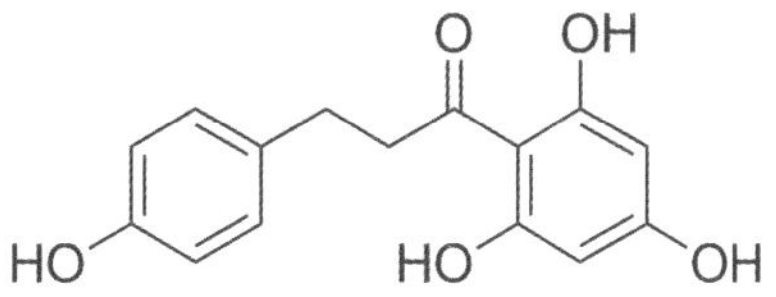

根皮素

药 材 名　山楂、山仙楂、涩梨、台湾海棠。

药用部位　果实。

生　　境　野生，生于阔叶树林中。

采收加工　夏、秋二季摘取细枝及叶，扎成把，晒干。

药材性状　果实呈球形，直径4～5.5厘米，黄红色。宿萼有短筒，萼片反折，先端隆起，果心分离，外面有点，果梗长1～3厘米。

性味归经　甘、酸、涩，温。归脾、胃经。

功效主治　祛暑化湿，开胃消积；治暑湿厌食，食积。

化学成分　根皮素、根皮苷、芦丁等。

核心产区　广西桂北地区、台湾地区。

用法用量　煎汤，3～9克；或泡茶。

本草溯源　《新华本草纲要》。

湖北海棠（蔷薇科）

Malus hupehensis (Pamp.) Rehder

药 材 名 湖北海棠、湖北海棠根、野花红。

药用部位 嫩叶、果实、根。

功效主治 消积化滞，和胃健脾；治食积停滞，消化不良，痢疾，疳积。根：活血通络；治跌打损伤。

化学成分 根皮素-2-葡萄糖苷、儿茶精等。

三叶海棠（蔷薇科）

Malus toringo (Siebold) de Vriese

药 材 名 三叶海棠、山茶果、野黄子、山楂子。

药用部位 果实。

功效主治 消食健胃；治饮食积滞。

化学成分 3-羟基根皮酚、4′-葡萄糖苷、花色素苷等。

中华绣线梅（蔷薇科）

Neillia sinensis Oliv.

药 材 名 中华绣线梅、钓杆柴。

药用部位 全株、根。

功效主治 全株：祛风解表，和中止泻；治感冒，泄泻。根：利水消肿，清热止血；治水肿，咳血。

化学成分 山梨醇、鞣质等。

中华石楠（蔷薇科）

Photinia beauverdiana C. K. Schneid.

药 材 名　中华石楠果、中华石楠、假思桃。

药用部位　果实、根、叶。

功效主治　果实：补肾强筋；治劳伤疲乏。根、叶：行气活血，祛风止痛；治风湿痹痛，腰膝酸软，头风头痛，跌打损伤。

贵州石楠（蔷薇科）

Photinia bodinieri H. Lév.

药 材 名　水红树花、梅子树、凿树。

药用部位　根、叶。

功效主治　有小毒。养阴补肾，利筋骨，祛风止痛；治风湿痹痛。

光叶石楠（蔷薇科）

Photinia glabra (Thunb.) Franch. et Sav.

药 材 名　光叶石楠、醋林子、假思桃。

药用部位　叶、果实。

功效主治　叶：清热利尿，消肿止痛；治小便不利，跌打损伤，头痛。果实：杀虫，止血，涩肠，生津，解酒；治蛔虫病腹痛，痔漏下血，久痢。

化学成分　苯甲醛、熊果酸、表无羁萜醇等。

石楠（蔷薇科）

Photinia serratifolia (Desf.) Kalkman

药 材 名 石南实、石南、石楠叶。

药用部位 果实、叶、带叶嫩枝、根、根皮。

功效主治 有小毒。果实：祛风湿，消积聚；治风湿积聚。叶、带叶嫩枝：祛风湿，止痒，强筋骨，益肝肾；治风湿痹痛，头风头痛，肾虚腰痛，阳痿，遗精。根、根皮：祛风除湿，活血解毒；治风痹，历节痛风，外感咳嗽，疮痈肿痛。

化学成分 氰苷、野樱皮苷等。

毛叶石楠（蔷薇科）

Photinia villosa (Thunb.) DC.

药 材 名 小叶石楠、牛奶子。

药用部位 根。

功效主治 行血活血，止痛；治牙痛，黄疸，乳痈。

化学成分 羽扇豆醇、白桦酸、表儿茶素、野樱苷等。

委陵菜（蔷薇科）

Potentilla chinensis Ser.

药 材 名　委陵菜、毛鸡腿子、野鸡膀子、一白草、生血丹。

药用部位　全草。

功效主治　有小毒；清热解毒，凉血止痢；治赤痢腹痛，久痢不止，痔疮出血，痈肿疮毒。

化学成分　槲皮素、山柰素、没食子酸等。

翻白草（蔷薇科）

Potentilla discolor Bunge

药 材 名　翻白草、鸡腿儿、天藕儿。

药用部位　带根全草。

功效主治　清热解毒，凉血止血；治肺热咳喘，泻痢，疟疾，咳血，便血，崩漏，痈肿疮毒，疮癣，结核。

化学成分　柚皮素、山柰酚、间苯二酸等。

三叶委陵菜（蔷薇科）

Potentilla freyniana Bornm.

药 材 名　地蜂子、狼牙委陵菜、铁秤砣、三张叶。

药用部位　根、全草。

功效主治　有小毒；清热解毒，敛疮止血，散瘀止痛；治咳嗽，痢疾，肠炎，痈肿疔疮，烫伤，口舌生疮，骨髓炎，骨结核，瘰疬。

化学成分　儿茶素、齐墩果酸、野蔷薇苷等。

西南蕨麻（蔷薇科）

Potentilla fulgens Wall. ex Hook.

药 材 名　翻白叶、管仲、麻丁登介（傣药）。

药用部位　根。

功效主治　消食，行气；治腹痛，腹泻，细菌性痢疾，便血，消化不良，贫血。

化学成分　黄酮类等。

蛇含委陵菜（蔷薇科）

Potentilla kleiniana Wight et Arn.

药 材 名　蛇含、蛇衔、小龙牙。

药用部位　带根全草。

功效主治　有毒；清热定惊，截疟，止咳化痰，解毒活血；治高热惊风，疟疾，肺热咳嗽，百日咳，痢疾，疮疖肿毒，咽喉肿痛。

化学成分　仙鹤草素、蛇含鞣质、长梗马铃素等。

李（蔷薇科）

Prunus salicina Lindl.

药 材 名　李子、李根皮、李树胶、李核仁、嘉应子。

药用部位　种仁、果实、根皮、树脂、根。

功效主治　种仁：活血祛瘀，滑肠，利水；治跌打损伤，瘀血作痛，大便燥结，浮肿。果实：清热，生津，消积；治虚劳骨蒸，消渴，食积。根皮：降逆，燥湿，清热解毒；治气逆奔豚，湿热痢疾，赤白带下。树脂：清热，透疹，退翳；治麻疹透发不畅，目生翳障。根：清热解毒，利湿；治疮疡肿毒，热淋，痢疾，带下。

化学成分　胡萝卜素、苦杏仁苷等。

火棘（蔷薇科）

Pyracantha crenulata (D. Don) M. Roem

药 材 名　全缘火棘、救军粮、木瓜刺。

药用部位　果实、根、叶。

功效主治　果实：消积止痢，活血止血；治消化不良，肠炎，小儿疳积。根：清热凉血；治虚劳骨蒸潮热，肝炎，跌打损伤。叶：清热解毒；外敷治疮疡肿毒。

化学成分　多糖等。

豆梨（蔷薇科）

Pyrus calleryana Decne.

药 材 名　鹿梨、樤、鹿梨根皮。

药用部位　果实、根皮。

功效主治　果实：健脾消食，涩肠止痢；治饮食积滞，泻痢。根皮：清热解毒，敛疮；治疮疡，疥癣。

楔叶豆梨（蔷薇科）

Pyrus calleryana Decne. var. **koehnei** (C. K. Schneid.) T. T. Yü

药 材 名　豆梨、野梨、鹿梨、铁梨树、棠梨树。

药用部位　叶、枝、根、果实。

功效主治　润肺止咳，清热解毒；治肺燥咳嗽，火眼。

西洋梨（蔷薇科）

Pyrus communis L.

药 材 名　西洋梨。

药用部位　果实。

功效主治　生津，润燥，清热，化痰，解酒；治肺燥咳嗽。

化学成分　果胶、果糖、柠檬酸等。

沙梨（蔷薇科）

Pyrus pyrifolia (Burm. f.) Nakai

药 材 名　梨、梨木皮、梨枝、梨木灰、梨树根、梨叶。

药用部位　果实、叶、树皮、树枝、梨木灰、根。

功效主治　果实：清肺化痰，生津止渴；治肺燥咳嗽，热病烦躁，津少口干，消渴，目赤，疮疡，烫火伤。叶：舒肝和胃，利水解毒；治霍乱吐泻，腹痛，水肿，小便不利，小儿疝气，菌菇中毒。树皮：清热解毒；治热病发热，疮癣。树枝：行气和中，止痛；治霍乱吐泻，腹痛。梨木灰：降逆下气；治气积郁冒，胸满气促，结气咳逆。根：清肺止咳，理气止痛；治肺虚咳嗽，疝气腹痛。

化学成分　绿原素、熊果酚苷等。

麻梨（蔷薇科）

Pyrus serrulata Rehder

药 材 名　麻梨。

药用部位　果实。

功效主治　润肺清心，消痰降火，除痰解渴，解酒毒；治痰热咳嗽，热病烦渴，大便秘结。

化学成分　B族维生素等。

石斑木（蔷薇科）

Rhaphiolepis indica (L.) Lindl.

药 材 名　春花木。

药用部位　枝叶、根。

功效主治　活血消肿，凉血解毒；治跌打损伤，骨髓炎，关节炎。

化学成分　鞣质等。

月季花（蔷薇科）

Rosa chinensis Jacq.

药 材 名　月季花、月季花叶、月季花根。

药用部位　花、叶、根。

功效主治　花：活血调经，解毒消肿；治月经不调，痛经。叶：活血消肿，解毒，止血；治疮疡肿毒，瘰疬。根：活血调经，消肿散结，涩精止带；治月经不调，痛经，闭经。

化学成分　牻牛儿醇、橙花醇、香茅醇等。

小果蔷薇（蔷薇科）

Rosa cymosa Tratt.

药 材 名　小果蔷薇、山木香、鱼杆子、七姊妹。

药用部位　根、叶。

功效主治　根：祛风除湿，收敛固脱；治风湿性关节痛，跌打损伤，腹泻，脱肛，子宫脱垂。叶：解毒消肿；治痈疖疮疡，烧烫伤。

化学成分　千花木酸、野蔷薇亭等。

金樱子（蔷薇科）

Rosa laevigata Michx.

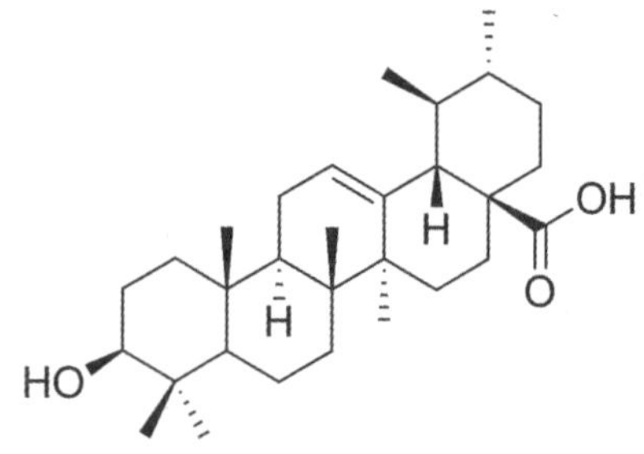

乌索酸

药 材 名 金樱子、刺糖果。

药用部位 成熟果实。

生　　境 分布于海拔100～1 600米的向阳溪畔灌丛中，栽培于河北等地。

采收加工 在9—10月果皮变为黄红色时及时采收，去除毛刺，晒干即可。

药材性状 为花托发育而成的假果，呈倒卵形，表面红黄色或红棕色，有凸起的棕色小点，系毛刺脱落后的残基。质硬，切开后，花托壁厚1～2毫米，内有小瘦果，内壁及瘦果有淡黄色茸毛。气微，味甘、微涩。

性味归经 酸、甘、涩，平。归肾、膀胱、大肠经。

功效主治 固精缩尿，固崩止带，涩肠止泻；治遗精滑精，遗尿尿频，崩漏带下，久泻久痢。

化学成分 乌索酸、齐墩果酸等。

核心产区 陕西、安徽、江西、江苏、浙江、湖北、湖南、广东、广西、台湾、福建、四川、云南、贵州等地。

用法用量 煎汤，6～12克；或入丸、散；或熬膏。

本草溯源 《蜀本草》《本草纲目》。

长尖叶蔷薇（蔷薇科）

Rosa longicuspis Bertol.

药 材 名　粉棠果。

药用部位　叶上虫瘿、果实。

功效主治　叶上虫瘿：治风湿痹痛，咳嗽痰喘，子宫脱垂，疝气。果实：治痢疾，尿频，淋证。

野蔷薇（蔷薇科）

Rosa multiflora Thunb.

药 材 名　蔷薇叶、蔷薇根、蔷薇果、蔷薇花、蔷薇枝。

药用部位　叶、根、果实、花、枝。

功效主治　叶：解毒消肿；治疮痈肿毒。根：清热解毒，祛风除湿，活血调经，固精缩尿，消骨鲠；治疮痈肿痛，烫伤，口疮，痔疮出血。果实：清热解毒，祛风活血，利水消肿；治疮痈肿毒，风湿痹痛。花：清暑，和胃，活血止血，解毒；治暑热烦渴，胃脘胀闷，吐血。枝：清热消肿，生发；治疮疖，秃发。

化学成分　木麻黄鞣亭、野蔷薇葡萄糖酯等。

粉团蔷薇（蔷薇科）

Rosa multiflora Thunb. var. **cathayensis** Rehder et E. H. Wilson

药材名　白残花、野蔷薇。

药用部位　花、根。

功效主治　清暑热，化湿浊，顺气和胃；治暑热胸闷，口渴，呕吐，不思饮食，口疮口糜。

化学成分　粉团蔷薇甲苷、阿江榄仁尼酸、1*β*-羟基蔷薇酸等。

缫丝花（蔷薇科）

Rosa roxburghii Tratt.

药材名　刺梨、刺梨叶、刺梨根。

药用部位　果实、叶、根。

功效主治　果实：健胃，消食，止泻；治食积饱胀，肠炎腹泻。叶：清热解暑，解毒疗疮，止血；治痔疮，痈肿。根：健胃消食，止痛，收涩，止血；治胃脘胀痛，牙痛，喉痛。

化学成分　刺梨酸、维生素等。

玫瑰（蔷薇科）

Rosa rugosa Thunb.

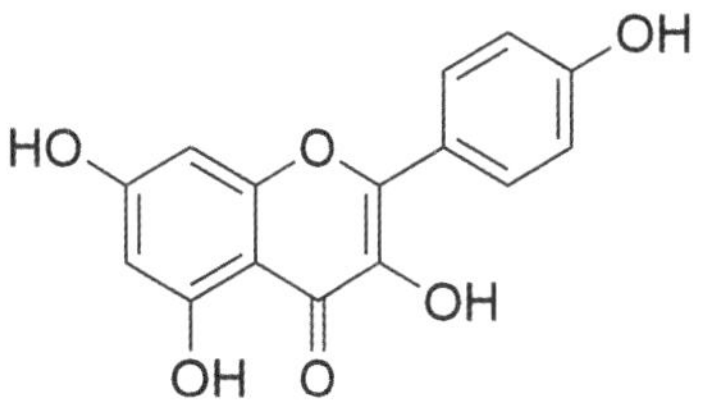

山柰酚

药 材 名 玫瑰花、徘徊花、笔头花。

药用部位 花蕾。

生　　境 栽培，常生于我国中部至北部的低山丛林中。

采收加工 春末夏初花将开放时分批采收，及时低温干燥处理。

药材性状 略呈半球形或不规则团状，黄绿色或棕绿色，被有细柔毛；花瓣多皱缩，展平后呈宽卵形。体轻，质脆。气芳香浓郁，味微苦涩。

性味归经 甘、微苦，温。归肝、脾经。

功效主治 行气解郁，和血，止痛；治肝胃气痛，食少呕恶，月经不调，跌扑伤痛。

化学成分 山柰酚、樱黄素、β-大马酮、玫瑰醚等。

核心产区 山东、江苏、甘肃、云南、河南。

用法用量 煎汤、浸酒或泡茶饮，3～6克。

本草溯源 《本草纲目拾遗》《食物本草》。

附　　注 药食同源，其野生种被列为《国家重点保护野生植物名录》二级保护植物。

粗叶悬钩子（蔷薇科）

Rubus alceifolius Poir.

药 材 名 粗叶悬钩子、大叶蛇泡竻、大破布刺、八月泡。

药用部位 根、叶。

功效主治 清热利湿，止血，散瘀；治肝炎，痢疾，肠炎，外伤出血，肝脾肿大，跌打损伤，风湿骨痛。

化学成分 蔷薇酸、大黄素、大黄酚等。

周毛悬钩子（蔷薇科）

Rubus amphidasys Focke

药 材 名 全毛悬钩。

药用部位 全株。

功效主治 活血调经，祛风除湿；治月经不调，风湿痹痛，外伤出血。

化学成分 黄酮类、甾醇类等。

寒莓（蔷薇科）

Rubus buergeri Miq.

药 材 名 寒莓根、山火莓。

药用部位 根。

功效主治 清热解毒，活血止痛；治湿热黄疸，产后发热，小儿高热，月经不调，带下过多，痔疮肿痛，肛门瘘管。

化学成分 寒莓酸甲酯等。

掌叶覆盆子（蔷薇科）

Rubus chingii Hu

药 材 名 覆盆子、覆盆子叶、覆盆子根。

药用部位 果实、茎叶、根。

功效主治 果实：益肾，固精，缩尿；治肾虚遗尿，小便频数，阳痿早泄，遗精滑精。茎叶：清热解毒，明目，敛疮；治眼睑赤烂，目赤肿痛，青盲病。根：祛风止痛，明目退翳，和胃止呕；治牙痛，风湿痹痛，目翳。

化学成分 并没食子酸、覆盆子酸等。

毛萼莓（蔷薇科）

Rubus chroosepalus Focke

药 材 名 毛萼莓、毛萼悬钩子。

药用部位 果实。

功效主治 清热解毒，止泻；治疮毒疖肿，肠炎泄泻。

化学成分 $2\alpha,3\beta$-二羟基乌苏-12,19-二烯-23,28-二酸、$2\alpha,3\beta,23$-三羟基乌苏-12,18-二烯-28-酸等。

蛇泡簕（蔷薇科）

Rubus cochinchinensis Tratt.

药 材 名 五叶泡、小猛虎、鸡足刺、越南悬钩子。

药用部位 根。

功效主治 祛风除湿，行气止痛；治风湿痹痛，跌打伤痛，腰腿痛。

化学成分 2-*O*-acetylsuavissimoside F1等。

小柱悬钩子（蔷薇科）

Rubus columellaris Tutcher

药 材 名　小柱悬钩子、三叶吊杆泡。

药用部位　叶。

功效主治　清热解毒；治痢疾，胃肠炎，风湿性关节炎，乳痛，毒蛇咬伤。

山莓（蔷薇科）

Rubus corchorifolius L. f.

药 材 名　山莓、三月泡、五月泡。

药用部位　根、叶。

功效主治　活血，止血，祛风利湿，消肿解毒；治吐血，便血，肠炎，跌打损伤，月经不调，带下，痈疖肿毒。

化学成分　酚类、皂苷类等。

插田泡（蔷薇科）

Rubus coreanus Miq.

药 材 名　倒生根、乌泡倒触伞、大乌泡根。

药用部位　根。

功效主治　活血止血，祛风除湿；治跌打损伤，骨折，月经不调，吐血，衄血，风湿痹痛，水肿，小便不利，瘰疬。

椭圆悬钩子（蔷薇科）

Rubus ellipticus Sm.

药 材 名　椭圆悬钩子、麻乎勒（傣药）。

药用部位　根。

功效主治　收敛止泻；治小儿腹泻。

栽秧泡（蔷薇科）

Rubus ellipticus Sm. var. **obcordatus** (Franch.) Focke

药 材 名　栽秧泡、黄泡、麻胡勒（傣药）。

药用部位　根。

功效主治　清火解毒，消肿止痛，收敛止泻，利胆退黄；治咽喉肿痛，口舌生疮，牙痛，风寒湿痹，腹痛腹泻，赤白下痢，黄疸。

戟叶悬钩子（蔷薇科）

Rubus hastifolius H. Lév. et Vaniot

药 材 名　红绵藤。

药用部位　叶。

功效主治　收敛止血；治吐血，咯血，尿血，崩漏，外伤出血，手术出血。

蓬蘽（蔷薇科）

Rubus hirsutus Thunb.

药 材 名 托盘、泼盘、三月泡、野杜利。

药用部位 叶、根。

功效主治 叶：消炎，接骨；治断指。根：祛风活络，清热镇惊；治小儿惊风，风湿筋骨痛。

化学成分 黄酮类等。

宜昌悬钩子（蔷薇科）

Rubus ichangensis Hemsl. et Kuntze

药 材 名 牛尾泡、红五泡、黄蔗子、黄泡子。

药用部位 根或叶。

功效主治 收敛止血，通经利尿，解毒敛疮；治吐血，衄血，痔疮，尿血，血崩，痛经，小便短涩，湿热疮毒，黄水疮。

白叶莓（蔷薇科）

Rubus innominatus S. Moore

药 材 名 白叶莓、刺泡。

药用部位 根。

功效主治 祛风散寒，止咳平喘，止血；治风寒咳嗽，哮喘，崩漏。

无腺白叶莓（蔷薇科）

Rubus innominatus S. Moore var. **kuntzeanus** (Hemsl.) L. H. Bailey

药 材 名　无腺白叶莓、早谷蔗、天青地白扭。

药用部位　根。

功效主治　止咳，平喘；治小儿风寒咳逆，气喘。

化学成分　Rubuminatus A、rubuminatus B等。

灰毛泡（蔷薇科）

Rubus irenaeus Focke

药 材 名　地五泡藤、灰毛泡、家正牛。

药用部位　根、叶。

功效主治　理气止痛，散毒生肌；治气滞腹痛，月经不调，口角疮。

化学成分　儿茶素、胡萝卜苷等。

高粱泡（蔷薇科）

Rubus lambertianus Ser.

药 材 名　高粱泡叶、高粱泡根。

药用部位　叶、根。

功效主治　活血调经，消肿解毒；治产后腹痛，血崩，产褥热，痛经，风湿性关节痛，偏瘫。

化学成分　野蔷薇苷、trachelosperoside C1、paradrymonin、arjunetin等。

白花悬钩子（蔷薇科）

Rubus leucanthus Hance

药 材 名　白花悬钩子。

药用部位　根。

功效主治　利湿止泻；治腹泻，赤痢，烫伤，崩漏。

太平莓（蔷薇科）

Rubus pacificus Hance

药 材 名　太平莓。

药用部位　全草。

功效主治　清热活血；治产后腹痛，发热。

乌泡子（蔷薇科）

Rubus parkeri Hance

药 材 名　小乌泡根。

药用部位　根。

功效主治　调经止血，祛痰止咳；治月经不调，闭经，血崩，衄血，便血，咳嗽痰多，疮疡不敛。

化学成分　齐墩果酸、蔷薇酸等。

茅莓（蔷薇科）

Rubus parvifolius L.

药 材 名　茅莓。

药用部位　根、茎、叶。

功效主治　清热凉血，散结，止痛，利尿消肿；治感冒发热，咽喉肿痛，咯血，吐血，痢疾，肠炎，肝脾肿大。

化学成分　委陵菜酸、4-羟基-3,5-二甲氧基苯甲酸、坡模酸等。

羽萼悬钩子（蔷薇科）

Rubus pinnatisepalus Hemsl.

药 材 名　羽萼悬钩子、新店悬钩子、芽满龙（傣药）。

药用部位　全株。

功效主治　涩肠止泻，消肿止痛；治牙痛。根：治腹泻。叶：治水火烫伤。

梨叶悬钩子（蔷薇科）

Rubus prrifolius Sm.

药 材 名　红簕钩。

药用部位　根。

功效主治　凉血，清肺热；治肺热咳嗽，胸闷，咳血。

大乌泡（蔷薇科）

Rubus pluribracteatus L. T. Lu et Boufford

药 材 名　大乌泡、大红黄袍、麻胡勒（傣药）。

药用部位　根。

功效主治　清热解毒，止血，祛风湿；治腹泻，肠炎，痢疾，风湿骨痛。

化学成分　槲皮素、山柰酚等。

锈毛莓（蔷薇科）

Rubus reflexus Ker Gawl.

药 材 名　锈毛莓、锈毛莓叶。

药用部位　根、叶。

功效主治　祛风除湿，活血消肿；治跌打损伤，痢疾，腹痛，发热头重。

浅裂锈毛莓（蔷薇科）

Rubus reflexus Ker Gawl. var. **hui** (Diels et Hu) F. P. Metcalf

药 材 名　浅裂锈毛莓。

药用部位　根。

功效主治　清热，除湿，祛风通络；治湿热痢疾，风湿痹痛。

深裂锈毛莓（蔷薇科）

Rubus reflexus Ker Gawl. var. **lanceolobus** F. P. Metcalf

药 材 名　七爪风。

药用部位　根、茎。

功效主治　祛风除湿，活血消肿；治风湿痛，月经过多，崩漏，夹色伤寒，痢疾，风火牙痛。

化学成分　Pseudosanguidiogenin A等。

空心泡（蔷薇科）

Rubus rosifolius Sm.

药 材 名　空心泡。

药用部位　根、嫩枝及叶。

功效主治　清热，止咳，止血，祛风湿；治肺热咳嗽，百日咳，咯血，盗汗，牙痛，筋骨痹痛，跌打损伤。

化学成分　2α,3β,19α-Trihydroxy-urs-12-en-28-oic acid、5-hydroxy-3,6,7,8,4′-pentamethoxyflavone等。

甜茶（蔷薇科）

Rubus suavissimus S. K. Lee

药 材 名　甜叶悬钩子。

药用部位　叶。

功效主治　清热解毒，祛风湿；治咽喉肿痛，无名肿毒，糖尿病，肾炎，小便不利，风湿骨痛，痢疾，高血压。

化学成分　甜叶悬钩子苷、舒格罗克苷、甜茶苷A等。

红腺悬钩子（蔷薇科）

Rubus sumatranus Miq.

药 材 名　牛奶莓。

药用部位　根。

功效主治　清热解毒，健胃，行水；治产后寒热腹痛，食纳不佳，身面浮肿，中耳炎，湿疹，黄水疮。

木莓（蔷薇科）

Rubus swinhoei Hance

药 材 名　木莓。

药用部位　根。

功效主治　凉血止血，活血调经，收敛解毒；治牙痛，疮漏，疔肿疮疡，月经不调。

化学成分　乌苏酸、蔷薇酸、pinfaenoic acid等。

灰白毛莓（蔷薇科）

Rubus tephrodes Hance

药 材 名　蓬蘽、乌龙摆尾、乌龙摆尾叶。

药用部位　根、叶、种子。

功效主治　根：祛风除湿，活血调经；治风湿疼痛，慢性肝炎。叶：止血，解毒。种子：补气益精；治神经衰弱。

化学成分　矢车菊色素及其糖苷、飞燕草色素及其糖苷等。

红毛悬钩子（蔷薇科）

Rubus wallichianus Wight et Arn.

药 材 名　鬼悬钩子、黄刺泡。

药用部位　根。

功效主治　祛风除湿；治风湿性关节炎，偏瘫，创伤出血。

化学成分　没食子酸、熊果酸、19α-羟基积雪草酸、19α-羟基积雪草酸苷、齐墩果酸、3′-甲氧基杨梅黄酮等。

地榆（蔷薇科）

Sanguisorba officinalis L.

药 材 名　地榆叶、地榆。

药用部位　叶、根。

功效主治　凉血止血，收敛止泻；治咯血，吐血，便血，尿血，痔疮出血，功能性子宫出血，带下，痢疾，慢性炎症。

化学成分　丁香酸葡萄糖苷、络塞琳、leeaoside等。

水榆花楸（蔷薇科）

Sorbus alnifolia (Siebold et Zucc.) K. Koch

药 材 名　水榆果。

药用部位　果实。

功效主治　养血补虚；治血虚萎黄，劳倦乏力。

化学成分　苯乙醛、十二醛、月桂醛等。

美脉花楸（蔷薇科）

Sorbus caloneura (Stapf) Rehder

药 材 名 野山楂（瑶药）、野山查（苗药）。

药用部位 果实、根。

功效主治 消食健胃，收敛止泻；治肠炎下痢，小儿疳积。

石灰花楸（蔷薇科）

Sorbus folgneri (C. K. Schneid.) Rehder

药 材 名 石灰树。

药用部位 枝条。

功效主治 祛风除湿，舒筋活络；治风湿骨痛，全身麻木。

绣球绣线菊（蔷薇科）

Spiraea blumei G. Don

药 材 名 麻叶绣球、麻叶绣球果。

药用部位 根、根皮、果实。

功效主治 活血止痛，解毒祛湿；治跌打损伤，瘀滞疼痛，咽喉肿痛，胃肠炎，带下，疮毒，湿疹。

麻叶绣线菊（蔷薇科）

Spiraea cantoniensis Lour.

药 材 名　麻叶绣线菊。

药用部位　根、叶、果实。

功效主治　清热解毒，凉血，祛瘀，杀菌；外用治跌打损伤，疥疮，疥癣。

化学成分　Kodemariosides A-F等。

中华绣线菊（蔷薇科）

Spiraea chinensis Maxim.

药 材 名　新米花。

药用部位　根。

功效主治　清热解毒，祛风散瘀；治风湿性关节痛，咽喉肿痛。

狭叶绣线菊（蔷薇科）

Spiraea japonica L. f. var. **acuminata** Franch.

药 材 名　吹火筒。

药用部位　全株。

功效主治　清热解毒，活血调经，通利二便；治流行性感冒发热，月经不调，便秘腹胀，小便不利。

化学成分　绣线菊新碱A-I等。

光叶粉花绣线菊（蔷薇科）

Spiraea japonica L. f. var. **fortunei** (Planch.) Rehder

药 材 名　绣线菊根、绣线菊子。

药用部位　根、果实。

功效主治　有小毒；清热解毒；治目赤肿痛，头痛，牙痛，肺热咳嗽；外用治创伤出血。

化学成分　绣线菊新碱Ⅲ、绣线菊新碱Ⅳ、绣线菊新碱Ⅸ、绣线菊新碱Ⅹ、绣线菊新碱Ⅺ、绣线菊新碱Ⅻ等。

华空木（蔷薇科）

Stephanandra chinensis Hance

药 材 名　华空木。

药用部位　根。

功效主治　解毒利咽，止血调经；治咽喉肿痛，血崩，月经不调。

山蜡梅（蜡梅科）

Chimonanthus nitens Oliv.

药 材 名　山蜡梅。

药用部位　叶。

功效主治　祛风解表，芳香化湿；治流行性感冒，中暑，慢性支气管炎，湿困胸闷。

化学成分　1,8-桉叶素、芳樟醇、蜡梅碱、鲨肌醇等。

蜡梅（蜡梅科）

Chimonanthus praecox (L.) Link

药 材 名　蜡梅花、铁筷子。

药用部位　花蕾、根、根皮。

功效主治　有小毒。花蕾：解暑生津，开胃散郁；治呕吐，气郁胃闷，麻疹。根、根皮：祛风，解毒，止血；治风寒感冒，风湿性关节炎。

化学成分　红豆杉氰苷、蜡梅苷、蜡梅碱等。

儿茶（含羞草科）

Acacia catechu (L. f.) Willd.

儿茶素　　表儿茶素

药 材 名　儿茶、孩儿茶、乌爹泥。

药用部位　去皮枝、干的干燥煎膏。

生　　境　野生或栽培，热带地区、阳光充足，生于海拔500～600米的向阳坡地。

采收加工　冬季采收枝干，除去外皮，砍成大块，加水煎煮，浓缩，干燥。

药材性状　呈方形或不规则块状，大小不一，表面棕褐色或黑褐色，光滑且稍有光泽。质硬，易碎，具光泽，有细孔，遇潮有黏性。气微，味涩苦，略回甜。

性味归经　苦、涩，微寒。归肺、心经。

功效主治　活血止痛，止血生肌，收湿敛疮，清肺化痰；治跌扑伤痛，外伤出血，吐血衄血，疮疡不敛，湿疹湿疮，肺热咳嗽。

化学成分　儿茶素、表儿茶素等。

核心产区　中国、印度、缅甸和非洲东部，分布于中国云南、广西、广东、浙江南部和台湾，云南（西双版纳、临沧）有野生，其他均为栽培。

用法用量　内服：1～3克，包煎；多入丸、散服。外用：适量。

本草溯源　《本草纲目》《本草备要》《本草从新》《本草求真》《本草分经》《本草便读》《本草撮要》。

台湾相思（含羞草科）

Acacia confusa Merr.

药 材 名 台湾相思。

药用部位 枝叶、芽。

功效主治 去腐生肌，疗伤；治疮疡溃烂，跌打损伤；外用煎水洗患处治烂疮。

化学成分 *N*,*N*-二甲基色胺、*N*-甲基色胺等。

光叶金合欢（含羞草科）

Acacia delavayi Franch.

药 材 名 光叶金合欢、酸格、宋拜（傣药）。

药用部位 藤茎。

功效主治 祛风止痒；治皮肤瘙痒。

金合欢（含羞草科）

Acacia farnesiana (L.) Willd.

药 材 名 金合欢。

药用部位 全株。

功效主治 消痈排脓，收敛止血；治肺结核，寒性脓肿，风湿性关节炎。

化学成分 *N*-乙酰基-L-鸭皂酸、棕榈酸、顺-11-十八碳烯酸等。

羽叶金合欢（含羞草科）

Acacia pennata (L.) Willd.

药 材 名 曲者我（傈僳药）、百瘤扣（苗药）。

药用部位 藤茎、全株。

功效主治 祛风湿，强筋骨，活血止痛；治脊椎损伤，腰脊、四肢风湿疼痛。

化学成分 (2*R*,3*S*)-3,5,7-trihdyroxyflavan-3-*O*-*α*-L-rhamnopyranoside、5,7-dihydroxyflavone 6-*C*-*β*-boivinopyranosy1-7-*O*-*β*-D-glucopyranoside等。

藤金合欢（含羞草科）

Acacia sinuata (Lour.) Merr.

药 材 名 藤金合欢、小叶南蛇簕。

药用部位 叶。

功效主治 解毒消肿；治急剧腹痛。

海红豆（含羞草科）

Adenanthera microsperma Teijsm. et Binn.

药 材 名 红豆、相思树、孔雀豆。

药用部位 种子。

功效主治 有小毒。疏风清热，燥湿止痒，润肤养颜；治面部黑斑，痤疮，酒渣鼻，面游风，花斑癣。

化学成分 黄酮类、皂苷类等。

楹树（含羞草科）

Albizia chinensis (Osbeck) Merr.

药 材 名　楹树。

药用部位　树皮。

功效主治　固涩止泻，收敛生肌；治肠炎，腹泻，痢疾。

化学成分　Chinensides A-E 等。

天香藤（含羞草科）

Albizia corniculata (Lour.) Druce

药 材 名　天香藤。

药用部位　心材。

功效主治　行气散瘀，止血；治跌打损伤，创伤出血。

白花合欢（含羞草科）

Albizia crassiramea Lace

药 材 名　白花合欢、锅山恩（傣药）。

药用部位　根、树皮。

功效主治　清火解毒，活血止痛，开胃利气，宁心静气，祛风止痒；治肺病，肿瘤，皮肤瘙痒。

南洋楹（含羞草科）

Albizia falcataria (L.) Fosberg

药 材 名　南洋楹。

药用部位　全草。

功效主治　固涩止泻，收敛生肌；治肠炎，疮疡溃烂久不收口，外伤出血。

合欢（含羞草科）

Albizia julibrissin Durazz.

药 材 名　合欢皮、合欢花。

药用部位　树皮、花或花蕾。

功效主治　安神解郁，和血止痛；治心神不安，失眠，肺脓肿，神经衰弱，失眠健忘。

化学成分　合欢皂苷J4、合欢皂苷J5、合欢皂苷J6、合欢皂苷J23、芳樟醇、槲皮苷等。

山槐（含羞草科）

Albizia kalkora (Roxb.) Prain

药 材 名　山合欢皮。

药用部位　树皮。

功效主治　安神解郁，和血止痛；治心神不安，失眠，肺脓肿，筋骨损伤，痈疖肿痛。

化学成分　(-)-丁香树脂酚-4-*O*-*β*-D-葡萄糖苷、(-)-丁香树脂酚-4,4′-*O*-*β*-D-葡萄糖苷等。

阔荚合欢（含羞草科）

Albizia lebbeck (L.) Benth.

药 材 名　大叶合欢皮。

药用部位　树皮、根皮。

功效主治　消肿，镇痛；治跌打肿痛，疮疖，肿毒，眼炎，牙床溃疡，腹泻。

化学成分　大叶合欢皂苷A、大叶合欢皂苷B、大叶合欢皂苷D、大叶合欢皂苷F、大叶合欢皂苷G等。

光叶合欢（含羞草科）

Albizia lucidior (Steud.) I. C. Nielsen ex H. Hara

药 材 名　喜马合欢。

药用部位　树皮。

功效主治　抗癌。

化学成分　布木柴胺K、邻苯二甲酸二丁酯、邻苯二甲酸二（2-乙基-己基）酯等。

香合欢（含羞草科）

Albizia odoratissima (L. f.) Benth.

药 材 名　香茜藤、香须树、黑格。

药用部位　根、树皮。

功效主治　祛风除湿，活血祛瘀，安神明目；治风湿筋骨痛，风湿性关节炎，跌打损伤，腰肌劳损，创伤出血，夜盲，失眠，精神失常。

黄豆树（含羞草科）

Albizia procera (Roxb.) Benth.

药 材 名　黄豆树、菲律宾合欢、埋团（傣药）。

药用部位　根、树皮。

功效主治　清火解毒，除风止痒，止咳平喘；治咳嗽，哮喘，周身皮肤瘙痒，大便脓血，发热疾病。

猴耳环（含羞草科）

Archidendron clypearia (Jack.) I. C. Nielsen

药 材 名　蛟龙木。

药用部位　叶、果实。

功效主治　有小毒。清热解毒，凉血消肿；治上呼吸道感染，咽喉炎，扁桃体炎，痢疾；外用治烧烫伤，疮疖痈肿。

化学成分　Clypearianins A-G、awsoniaside B等。

亮叶猴耳环（含羞草科）

Archidendron lucidum (Benth.) I. C. Nielsen

药 材 名　尿桶弓。

药用部位　枝叶。

功效主治　有小毒。祛风消肿，凉血解毒，收敛生肌；治风湿痛，跌打损伤，火烫伤。

大叶合欢（含羞草科）

Archidendron turgidum (Merr.) I. C. Nielsen

药 材 名　大叶合欢皮。

药用部位　树皮。

功效主治　有毒。止痛；治肚痛。

化学成分　大叶合欢皂苷C等。

榼藤（含羞草科）

Entada phaseoloides (L.) Merr.

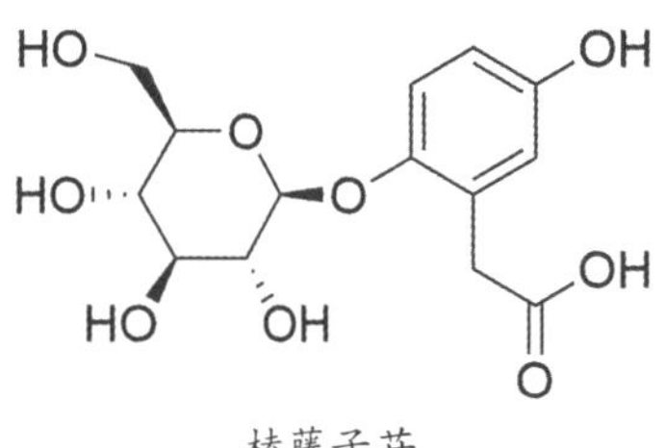

榼藤子苷

药 材 名　榼藤子、榼藤、过岗龙。

药用部位　种子。

生　　境　野生，生于山涧或山坡混交林中，攀援于大乔木上。

采收加工　秋、冬二季采收成熟果实，取出种子，干燥。

药材性状　扁圆形或扁椭圆形。表面棕红色至紫褐色，具光泽，有细密的网纹。质坚硬。种仁乳白色，子叶2。气微，味苦，嚼之有豆腥味。

性味归经　微苦，凉。归肝、脾、胃、肾经。

功效主治　补气补血，健胃消食，除风止痛，强筋硬骨；治气血不足，面色苍白，四肢无力，脘腹疼痛，纳呆食少，风湿病肢体关节痿软、疼痛。

化学成分　榼藤子苷、氨基酸、有机酸等。

核心产区　广东、海南、台湾、广西、云南。

用法用量　煎汤，10～15克。

本草溯源　《南方草木状》《本草拾遗》《太平圣惠方》《本草衍义》。

附　　注　有毒，慎用，研究发现种子核仁中含毒性皂苷，有致吐、致泻之副作用；也有人认为，榼藤子味虽苦、辛，但仍可食用。

象耳豆（含羞草科）

Enterolobium cyclocarpum (Jacq.) Griseb.

药 材 名 象耳豆。

药用部位 果荚。

功效主治 祛风痰，除湿毒，杀虫；治头风头痛，咳嗽痰喘，支气管炎，疮癣，疥癞。

银合欢（含羞草科）

Leucaena leucocephala (Lam.) de Wit.

药 材 名 银合欢。

药用部位 根皮。

功效主治 种子有毒。解郁宁心，解毒消肿；治心烦失眠，心悸怔忡，疮疖脓肿。

化学成分 槲皮素3-*O*-*α*-L-鼠李糖苷、杨梅素3-*O*-*α*-L-鼠李糖苷、杨梅素等。

无刺含羞草（含羞草科）

Mimosa diplotricha C. Wright var. **inermis** (Adelb.) Veldkamp

药 材 名 巴西含羞草。

药用部位 全草。

功效主治 安神镇定，止痛，收敛。

化学成分 黄酮类、酚类、多糖、氨基酸类、有机酸类、微量元素等。

含羞草（含羞草科）

Mimosa pudica L.

药 材 名　含羞草、含羞草根。

药用部位　全草、根。

功效主治　全草有小毒。清热利尿，化痰止咳，安神止痛；治感冒，火眼，支气管炎，胃炎，尿路结石，神经衰弱。

化学成分　含羞草苷、含羞草碱、D-松醇等。

大叶球花豆（含羞草科）

Parkia leiophylla Kurz

药 材 名　黄球花、白球花、山环光（傣药）。

药用部位　根皮、叶。

功效主治　花有毒。祛风除湿；治疮疡疖肿。

球花豆（含羞草科）

Parkia timoriana (DC.) Merr.

药 材 名　球花豆、大叶巴克豆、锅埋光（傣药）。

药用部位　根。

功效主治　祛风除湿，清火解毒，消肿止痛，敛疮排脓；治风湿性关节痛，骨关节炎。

缅茄（苏木科）

Afzelia xylocarpa (Kurz) Craib

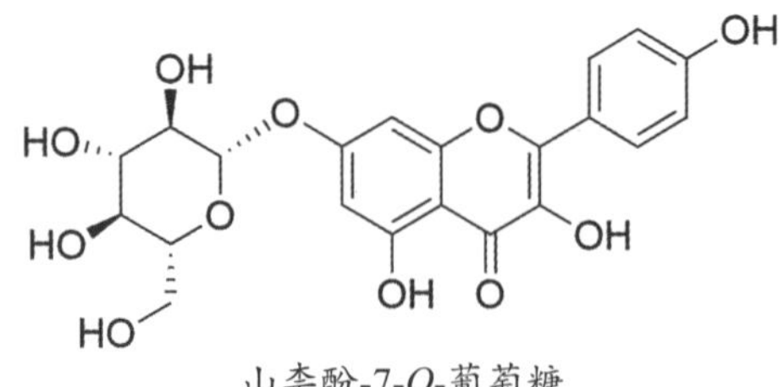

山柰酚-7-*O*-葡萄糖

药 材 名　缅茄。

药用部位　种子。

生　　境　野生或栽培，生于热带地区。

采收加工　秋、冬二季果实成熟后采摘，剥取种子，晒干。

药材性状　种皮黑褐色，扁圆，有角质的假种皮状种柄。

性味归经　辛、平。归肝经。

功效主治　清热解毒，消肿止痛；治赤眼，眼生云翳，疮毒，火热牙痛。

化学成分　山柰酚-7-*O*-葡萄糖、软木三萜酮、苯甲酸丁酯等。

核心产区　广东、海南、广西、云南。

用法用量　外用：适量，捣烂绞汁，滴鼻、耳，或捣敷。

本草溯源　《本草纲目拾遗》《中华本草》。

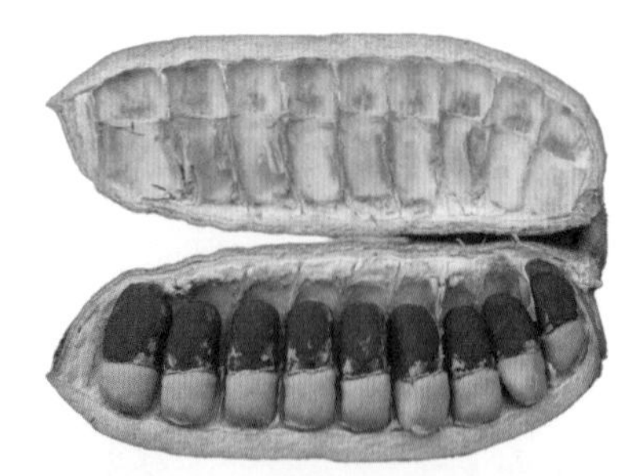

白花羊蹄甲（苏木科）

Bauhinia acuminata L.

药 材 名　白花羊蹄甲、埋秀（傣药）。

药用部位　根、茎皮、叶。

功效主治　生肌愈口；治湿疹溃烂，麻风溃烂，刀伤，消化不良性腹泻，肠炎，痢疾。

化学成分　愈创木烯、*β*-榄香烯、*β*-杜松烯、依兰油烯、*β*-人参烯、*α*-芹子烯等。

龙须藤（苏木科）

Bauhinia championii (Benth.) Benth.

药 材 名　过江龙子、九龙藤、九龙藤叶。

药用部位　根、茎、叶、种子。

功效主治　祛风除湿，活血止痛，健脾理气；治跌打损伤，风湿性关节痛，胃痛，小儿疳积。

化学成分　豆甾醇-4-烯-3-酮、7-羟基香豆素、没食子酸乙酯等。

首冠藤（苏木科）

Bauhinia corymbosa Roxb. ex DC.

药 材 名　首冠藤。

药用部位　叶。

功效主治　清热解毒；治痢疾，湿疹，疥癣，疮毒。

粉叶羊蹄甲（苏木科）

Bauhinia glauca (Wall. ex Benth.) Benth.

药 材 名　蝴蝶草根。

药用部位　根。

功效主治　收敛止痒；治皮肤湿疹，咳嗽，遗尿，咯血。

化学成分　Peperomin B、槲皮素、非瑟酮、3,4′,7-三羟基黄烷酮等。

细花首冠藤（苏木科）

Bauhinia glauca (Wall. ex Benth.) Benth. subsp. **tenuiflora** (Watt ex C. B. Clarke) K. Larsen et S. S. Larsen

药 材 名　双肾藤。

药用部位　根、茎叶。

功效主治　清热利湿，消肿止痛；治咳嗽咳血，吐血，便血，遗尿，带下，子宫脱垂，痹痛，疝气，湿疹。

化学成分　香橙素、二氢槲皮素、5, 7-二羟基色酮等。

褐毛羊蹄甲（苏木科）

Bauhinia ornata Kurz. var. **kerrii** (Gagnep.) K. Larsen et S. S. Larsen

药 材 名　大叶羊蹄甲、嘿赛仗（傣药）。

药用部位　藤茎。

功效主治　清火解毒，除风止痒；治皮癣，疔疮脓肿，湿疹，风疹，麻疹，水痘，麻风病。

羊蹄甲（苏木科）

Bauhinia purpurea L.

药 材 名　羊蹄甲。

药用部位　根、树皮、花、叶。

功效主治　清热解毒，收敛。根、树皮、花：治烫伤，脓疮。嫩叶汁液或粉末：治咳嗽。

化学成分　地芰普内酯、木犀草素等。

宫粉羊蹄甲（苏木科）

Bauhinia variegata L.

药 材 名　羊蹄甲、羊蹄甲叶、羊蹄甲树皮。

药用部位　根、树皮、叶、花。

功效主治　根：止血，健脾；治咯血，消化不良。树皮：健脾燥湿；治消化不良，急性胃肠炎。叶：润肺止咳，缓泻；治咳嗽，便秘。花：消炎；治肝炎。

化学成分　槲皮苷、芸香苷、山柰酚-3-葡萄糖苷等。

白花宫粉羊蹄甲（苏木科）

Bauhinia variegata L. var. **candida** (Roxb.) Voigt

药 材 名　白花树、白花羊蹄甲、埋秀（傣药）。

药用部位　树皮。

功效主治　清火解毒，凉血止血，收敛止泻；治风疹，湿疹瘙痒，疮疡肿毒，麻风病，皮肤溃烂，风火咳嗽，咯血，紫癜，冷热泄泻，腹痛下痢，外伤出血。

刺果苏木（苏木科）

Caesalpinia bonduc (L.) Roxb.

药 材 名 刺果苏木。

药用部位 干燥心材。

功效主治 祛瘀止痛，清热解毒；治肝功能失调，急、慢性胃炎，胃溃疡，痈疮疖肿，消化不良，便秘。

化学成分 白桦脂醇、鞣花酸、金圣草黄素等。

华南云实（苏木科）

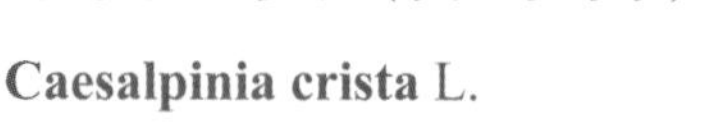

Caesalpinia crista L.

药 材 名 刺果苏木叶、大托叶云实。

药用部位 叶、种子。

功效主治 祛瘀止痛，清热解毒；治急、慢性胃炎，胃溃疡，痈疮疖肿。

化学成分 原儿茶酸、氯原酸、表儿茶素、杨梅树苷等。

见血飞（苏木科）

Caesalpinia cucullata Roxb.

药 材 名 见血飞、麻药。

药用部位 藤茎。

功效主治 活血止痛；治跌打损伤。

云实（苏木科）

Caesalpinia decapetala (Roth) Alston

药 材 名　云实、云实根。

药用部位　种子、根、根皮。

功效主治　解毒除湿，止咳化痰；治痢疾，疟疾，慢性气管炎，小儿疳积，虫积。

化学成分　反式阿魏酰酪胺、trichostachine等。

大叶云实（苏木科）

Caesalpinia magnifoliolata F. P. Metcalf

药 材 名　大叶云实。

药用部位　根。

功效主治　活血消肿；治跌打损伤。

化学成分　Magnicaesalpin、云实苦素D、云实苦素E、新云实苦素L等。

小叶云实（苏木科）

Caesalpinia millettii Hook. et Arn.

药 材 名　小叶云实。

药用部位　根。

功效主治　健脾和胃，消食化积；治胃病，消化不良，风湿痹痛。

化学成分　Eucomin、intricatinol、8-met-hoxybonducellin、bonducellin等。

含羞云实（苏木科）

Caesalpinia mimosoides Lam.

药 材 名 含羞云实、芽旧压（傣药）。

药用部位 叶、根。

功效主治 壮腰健肾，除风止痒，涩肠止泻，解毒止痛；治肾虚腰痛，体虚无力，性欲减退，感冒，痢疾，水肿，疔疮痈肿，斑疹，睾丸肿痛，跌打损伤，蛇咬伤。

化学成分 高异黄酮、卡萨烷型二萜等。

喙荚云实（苏木科）

Caesalpinia minax Hance

药 材 名 南蛇簕苗、南蛇簕根、苦石莲。

药用部位 嫩茎叶、根、种子。

功效主治 清热解暑，消肿，止痛，止痒；治感冒发热，风湿性关节炎。

化学成分 黑麦草内酯、催吐萝芙木醇、蒲公英赛醇等。

金凤花（苏木科）

Caesalpinia pulcherrima (L.) Sw.

药 材 名 金凤花。

药用部位 种子。

功效主治 活血消肿；治跌打损伤。

化学成分 Caesalpulcherrins A-J、异戊烯醇C等。

苏木（苏木科）

Caesalpinia sappan L.

巴西苏木素

原苏木素B

药 材 名　苏木。

药用部位　心材。

生　　境　野生或栽培，生长于海拔500米以下的岩溶低山与丘陵。

采收加工　秋季采伐，除去白色边材，干燥。

药材性状　呈长圆柱形，表面黄红色至棕红色，质坚硬。断面略具光泽，年轮明显，有的可见暗棕色、质松、带亮星的髓部。气微，味微涩。

性味归经　甘、咸，平。归心、肝、脾经。

功效主治　活血祛瘀，消肿止痛；治跌打损伤，骨折筋伤，瘀滞肿痛，闭经痛经，产后瘀阻，胸腹刺痛，痈疽肿痛。

化学成分　巴西苏木素、原苏木素B等。

核心产区　原产于印度、缅甸、越南、马来半岛及斯里兰卡，我国云南、贵州、四川、广西、广东、福建和台湾有栽培，其中云南（金沙江河谷、红河谷）有野生分布。

用法用量　内服：煎汤，3～9克。外用：适量，捣碎敷于患处。

本草溯源　《雷公炮炙论》《新修本草》《本草纲目》。

鸡嘴簕（苏木科）

Caesalpinia sinensis (Hemsl.) J. E. Vidal

药 材 名 鸡嘴簕。

药用部位 根、茎、叶。

功效主治 止泻；治痢疾。

化学成分 3-甲氧基槲皮素、红松内酯、高根二醇等。

春云实（苏木科）

Caesalpinia vernalis Champ. ex Benth.

药 材 名 春云实。

药用部位 成熟种子。

功效主治 祛痰止咳，止痢；治慢性支气管炎，痢疾。

化学成分 高异黄酮类、查尔酮类、萜类等。

翅荚决明（苏木科）

Cassia alata L.

药 材 名 对叶豆。

药用部位 叶。

功效主治 杀虫，止痒；治神经性皮炎，银屑病，湿疹，皮肤瘙痒，疮疖肿疡。

化学成分 大黄酸、大黄素、异大黄酚等。

腊肠树（苏木科）

Cassia fistula L.

药 材 名　婆罗门皂荚、婆罗门皂荚叶。

药用部位　果实、叶。

功效主治　清热通便，化滞止痛；治便秘，胃脘痛，疳积。

化学成分　芦荟大黄素苷、羟甲氧基蒽醌的葡萄糖苷等。

大果铁刀树（苏木科）

Cassia grandis L. f.

药 材 名　大果铁刀木。

药用部位　叶。

功效主治　抗氧化，抗肿瘤。

化学成分　羽扇豆醇、白桦脂醇、齐墩果酸等。

毛荚决明（苏木科）

Cassia hirsuta L.

药 材 名　毛荚决明。

药用部位　果实。

功效主治　清热解毒；治风热头痛，壮热神昏，食鱼中毒。

神黄豆（苏木科）

Cassia javanica L. subsp. **agnes** (de Wit) K. Larsen

药 材 名　神黄豆。

药用部位　果实。

功效主治　清热解毒，润肠通便；治麻疹，水痘，感冒，胃痛，便秘。

化学成分　节果决明苷、节果决明醇乙酸酯、节果决明内酯苷等。

节荚决明（苏木科）

Cassia javanica L. subsp. **nodosa** (Buch. -Ham. ex Roxb.) K. Larsen et S. S. Larsen

药 材 名　雄黄豆、腊肠豆、拢良（傣药）。

药用部位　果实。

功效主治　清热解毒，理气润肠；治胃痛，疟疾，感冒，麻疹，水痘，便秘。

短叶决明（苏木科）

Cassia leschenaultiana DC.

药 材 名　短叶决明。

药用部位　根。

功效主治　消食化积，清热解毒，利湿；治水肿，小儿疳积，蛇咬伤，蛇头疮。

化学成分　大黄素-8-*O*-*β*-D-龙胆二糖苷、豆甾醇-3-*O*-*β*-D-吡喃葡萄糖苷等。

含羞草决明（苏木科）

Cassia mimosoides L.

药 材 名　山扁豆。

药用部位　全草。

功效主治　清热解毒，利尿，通便；治肾炎性水肿，口渴，咳嗽痰多，习惯性便秘，毒蛇咬伤。

化学成分　大黄酚、正-三十一烷醇等。

望江南（苏木科）

Cassia occidentalis L.

药 材 名　望江南、望江南子。

药用部位　种子、茎叶。

功效主治　有小毒。种子：清肝明目，健胃润肠。茎叶：解毒；治高血压头痛，目赤肿痛，口腔糜烂，习惯性便秘，痢疾，腹痛。

化学成分　大黄酚、大黄素、大黄素-8-甲醚、东非山扁豆醇等。

铁刀木（苏木科）

Cassia siamea Lam.

药 材 名　黑心树、更习列（傣药）。

药用部位　黑褐色心材、叶。

功效主治　清火解毒，杀虫止痒，除风止痛，通血消肿；治皮肤疔疮疥癣，风疹，麻疹，水痘，湿疹，痱子及皮肤瘙痒，风湿病肢体关节肿胀、疼痛，跌打损伤。

化学成分　三萜类、蒽醌类、黄酮类、甾体类、生物碱类等。

槐叶决明（苏木科）

Cassia sophera L.

药 材 名　茳芒、茳芒根。

药用部位　种子、根。

功效主治　消炎，止痛，健胃；治痢疾，胃痛，肝脓疡，喉炎，淋巴结炎；外治阴道滴虫，烧烫伤。

化学成分　茳芒决明三萜A、茳芒决明皂苷B、大黄素甲醚、大黄酚等。

黄槐决明（苏木科）

Cassia surattensis Burm. f.

药 材 名　黄槐。

药用部位　叶、花、果实、种子。

功效主治　有小毒。清凉，解毒，润肠；治肠燥便秘，痔疮出血。

化学成分　叶黄素等。

决明（苏木科）

Cassia tora L.

大黄酚

药 材 名　决明子、草决明、羊角、马蹄决明。

药用部位　成熟种子。

生　　境　生于丘陵、路边、荒山、山坡疏林下、河边。

采收加工　秋季果实成熟，当荚果变成黑褐色时，适时采收，晒干，打出种子，再将种子晒至全干。

药材性状　略呈四方形或短圆柱形，两端近平行，稍倾斜，绿棕色或暗棕色，平滑有光泽，背腹面各有1条凸起的棱线，棱线两侧各有1条淡黄色的线形凹纹；质坚硬，不易破碎。气微，味微苦。以颗粒饱满、色绿棕者为佳。

性味归经　甘、咸、苦，微寒。归肝、大肠经。

功效主治　清热明目，润肠通便；治目赤涩痛，畏光多泪，头痛眩晕，目暗不明，大便秘结。

化学成分　大黄酚、橙黄决明素、大黄素甲醚、决明素等。

核心产区　热带、亚热带地区广泛分布，我国主产于江苏、安徽、四川等地，南方各省均有分布。

用法用量　煎汤，9～15克。

本草溯源　《神农本草经》《名医别录》《本草图经》《本草纲目》。

附　　注　药食同源。

紫荆（苏木科）

Cercis chinensis Bunge

药 材 名　紫荆木、紫荆皮、紫荆花。

药用部位　花、果实、木部、树皮、根、根皮。

功效主治　活血通经，消肿止痛，解毒；治月经不调，痛经，闭经腹痛，风湿性关节炎，跌打损伤，咽喉肿痛。

化学成分　3-甲氧基槲皮素、(+)-紫杉叶素、无羁萜、(2*R*)-柚皮素等。

凤凰木（苏木科）

Delonix regia (Bojerex ex Hook.) Raf.

药 材 名　凤凰木。

药用部位　树皮。

功效主治　平肝潜阳；治肝热型高血压，眩晕，心烦不宁。

化学成分　羽扇豆醇、赤藓醇、原儿茶酸、槲皮素等。

格木（苏木科）

Erythrophleum fordii Oliv.

药 材 名　格木。

药用部位　种子、茎皮。

功效主治　强心，益气活血；治心气不足所致气虚血瘀之症。

化学成分　咖萨因等生物碱类。

小果皂荚（苏木科）

Gleditsia australis Hemsl.

药 材 名　小果皂荚。

药用部位　果实。

功效主治　止痛；治胃病。

皂荚（苏木科）

Gleditsia sinensis Lam.

豆甾醇

药 材 名　皂角、大皂角、皂角刺。

药用部位　果实或棘刺。

生　　境　生长于山坡、路旁、向阳温暖的地方。

采收加工　大皂角秋季果实成熟时采摘，晒干；皂角刺全年均可采收，干燥，或趁鲜切片并干燥。

药材性状　大皂角呈扁长的剑鞘状，有的略弯曲，表面棕褐色或紫褐色，被灰色粉霜，种子所在处隆起。基部渐窄而弯曲，有果柄或果柄痕，两侧有明显纵棱线。质硬，摇之有声，易折断。皂角刺包括主刺和1～2次分枝的棘刺，主刺长圆锥形，分枝刺刺端锐尖，表面紫棕色或棕褐色。体轻，质坚硬，不易折断。

性味归经　大皂角：辛、咸，温；归肺、大肠经。皂角刺：辛，温；归肝、胃经。

功效主治　大皂角：祛痰开窍，散结消肿；治中风口噤、癫痫痰盛等。皂角刺：消肿托毒，排脓，杀虫；治痈疽初起或脓成不溃。

化学成分　大皂角含豆甾醇、三萜皂苷类等，皂角刺含黄酮类、多酚、三萜皂苷类、香豆素、甾醇类等。

核心产区　东北地区、华北地区、华东地区、华南地区，以及湖南、四川、贵州等地。

用法用量　内服：1～3克。外用：适量，研末吹鼻取嚏，或熬膏贴患处。

本草溯源　《神农本草经》《肘后备急方》《本草图经》《本草蒙筌》。

附　　注　果实、种子和棘刺有毒（皂荚苷）。体虚、孕妇及咯血、吐血患者忌服。

肥皂荚（苏木科）

Gymnocladus chinensis Baill.

药 材 名　肥皂荚。

药用部位　果实。

功效主治　果实有小毒。祛风除湿，活血消肿；治风湿疼痛，跌打损伤，疔疮肿毒。

化学成分　肥皂荚皂苷、单萜苷类等。

采木（苏木科）

Haematoxylum campechianum L.

药 材 名　采木、洋苏木。

药用部位　木材、提取物。

功效主治　木材：收敛；治痢疾，腹泻。提取物：治痤疮，皮脂障碍，脱发。

短萼仪花（苏木科）

Lysidice brevicalyx C. F. Wei

药 材 名　短萼仪花、铁罗伞、单刀根。

药用部位　根、叶。

功效主治　活血散瘀，消肿止痛；治风湿痹痛，跌打损伤，外伤出血。

化学成分　白藜芦醇、羽扇豆醇、白桦脂酸、没食子酸、胡萝卜苷等。

仪花（苏木科）

Lysidice rhodostegia Hance

药 材 名　仪花。

药用部位　根、茎、叶。

功效主治　活血散瘀，消肿止痛；治风湿痹痛，跌打损伤，外伤出血。

化学成分　苯三酚类、黄酮类、二苯乙烯类、三萜类等。

老虎刺（苏木科）

Pterolobium punctatum Hemsl.

药 材 名　老虎刺。

药用部位　根、叶。

功效主治　清热解毒，止咳，散风除湿；治疔疮肿痛，肺热咳嗽，咽痛，风湿痹痛，牙痛，跌打损伤。

中国无忧花（苏木科）

Saraca dives Pierre

药 材 名　无忧花、火焰花、四方木。

药用部位　树皮、叶。

功效主治　祛风活血，消肿止痛；治风湿性关节痛，跌打损伤，痛经。

化学成分　含双戊烯、反式柠檬烯-1,2-环氧化物等。

酸豆（苏木科）

Tamarindus indica L.

药 材 名　酸豆。

药用部位　叶、果肉。

功效主治　清热解暑，消食化积；治中暑，食欲不振，小儿疳积，妊娠呕吐，便秘。

化学成分　多糖、黄酮类等。

广州相思子（蝶形花科）

Abrus cantoniensis Hance

相思子碱

药 材 名 鸡骨草、黄头草、大黄草。

药用部位 全草。

生　　境 常披散在地上或缠绕在其他植物上生长，喜阳光和较干燥的环境。

采收加工 全年可采收，一般在11—12月或清明后连根挖起，除去荚果（种子有毒），去净根部泥土，将茎藤扎成束，晒至八成干，发汗，再晒足干即成。

药材性状 根多呈圆锥形，上粗下细，有分枝，长短不一；表面灰棕色，有细纵纹，支根极细，断落或留有残基。茎丛生，灰棕色至紫褐色，小枝纤细，疏被短柔毛。小叶矩圆形，先端平截，有小突尖，下被伏毛。气微香，味微苦。

性味归经 甘、微苦，凉。归肝、胃经。

功效主治 利湿退黄，清热解毒，疏肝止痛；治湿热黄疸，胁肋不舒，胃脘胀痛，乳痈肿痛。

化学成分 相思子碱、相思子皂醇D、大豆皂醇A、大豆皂醇B等。

核心产区 湖南、广东、广西。

用法用量 内服：煎汤，15～30克。外用：适量，捣碎敷于患处。

本草溯源 《新修本草》《本草拾遗》《本草纲目》《岭南采药录》《中华本草》。

附　　注 种子有毒（相思子碱），不能直接入药，用时必须把豆荚全部摘除干净。

毛相思子（蝶形花科）

Abrus mollis Hance

药 材 名　毛鸡骨草。

药用部位　全草。

功效主治　清热利湿，解毒，止痛；治急、慢性黄疸性肝炎，肝硬化腹水，胃痛，风湿骨痛，毒蛇咬伤。

化学成分　夏佛塔苷、异夏佛塔苷、相思子碱、芒柄花素、木犀草素等。

相思子（蝶形花科）

Abrus precatorius L.

药 材 名　相思子。

药用部位　成熟种子。

功效主治　有大毒。清热解毒，利尿；治咽喉肿痛，肝炎，支气管炎，湿疹。

化学成分　相思子碱、下箴刺桐碱、相思豆碱、常春藤皂苷元型的皂苷、齐敦果酸、相思子甾醇等。

合萌（蝶形花科）

Aeschynomene indica L.

药 材 名　合萌。

药用部位　根、叶。

功效主治　清热利尿，解毒；治尿路感染，腹泻，水肿，老人眼蒙目赤，胆囊炎，黄疸。

化学成分　瑞诺苷、芸香苷、杨梅树皮苷、洋槐苷、胡芦巴碱等。

柴胡叶链荚豆（蝶形花科）

Alysicarpus bupleurifolius (L.) DC.

药 材 名　柴胡叶链荚豆。

药用部位　全草。

功效主治　接骨消肿，去腐生肌；治刀伤，骨折，外伤出血，疮疡溃烂。

化学成分　*β*-谷甾醇-D-葡萄糖苷、D-右旋藏立醇、内消旋肌醇等。

皱缩链荚豆（蝶形花科）

Alysicarpus rugosus (Willd.) DC.

药 材 名　链荚豆、芽林币（傣药）。

药用部位　全草。

功效主治　清火解毒，清热利湿；治黄疸，小便不利。

链荚豆（蝶形花科）

Alysicarpus vaginalis (L.) DC.

药 材 名　链荚豆。

药用部位　全草。

功效主治　活血通络，清热化湿，接骨消肿，去腐生肌；治半身不遂，股骨酸痛，慢性肝炎。

化学成分　胡萝卜苷、*β*-谷甾醇等。

紫穗槐（蝶形花科）

Amorpha fruticosa L.

药 材 名　紫穗槐。

药用部位　叶。

功效主治　清热解毒，收敛，消肿；治烧烫伤，痈疮，湿疹。

化学成分　芸香苷、槲皮素、紫穗槐醇苷元、灰叶素等。

两型豆（蝶形花科）

Amphicarpaea edgeworthii Benth.

药 材 名 两型豆。

药用部位 种子。

功效主治 消食，解毒，止痛；治食后腹胀，体虚自汗，多种疼痛，疮疖。

化学成分 异黄酮类等。

肉色土圞儿（蝶形花科）

Apios carnea (Wall.) Benth. ex Baker

药 材 名 肉色土栾儿、鸭咀花、鸭嘴花。

药用部位 根。

功效主治 清热解毒，利气散结，补肾强筋；治腰痛，咽喉肿痛。

落花生（蝶形花科）

Arachis hypogaea L.

药 材 名 落花生、花生衣。

药用部位 根、枝叶、种子。

功效主治 止血，散瘀，消肿；治血友病，类血友病，肝病出血症。

化学成分 卵磷脂、花生碱、甜菜碱、胆碱、泛酸、生物素、胆甾醇等。

紫云英（蝶形花科）

Astragalus sinicus L.

药 材 名　紫云英。

药用部位　全草。

功效主治　祛风明目，健脾益气，解毒止痛；治肝炎，带下，月经不调，痔疮。

化学成分　刀豆胺、热精胺、精胺、亚精胺、壳质酶等。

藤槐（蝶形花科）

Bowringia callicarpa Champ. ex Benth.

药 材 名　藤槐。

药用部位　根、叶。

功效主治　清热，凉血；治血热所致的吐血，衄血。

紫矿（蝶形花科）

Butea monosperma (Lam.) Taub.

药 材 名　紫铆。

药用部位　种子。

功效主治　驱虫，止痒；治黄水疮，皮肤病。

木豆（蝶形花科）

Cajanus cajan (L.) Huth

药 材 名　木豆。

药用部位　根、叶、种子。

功效主治　利湿消肿，散瘀止痛；治黄疸性肝炎，风湿性关节痛，跌打损伤，瘀血肿痛，便血，衄血。

化学成分　木豆异黄酮、牡荆苷、异牡荆苷、芹菜素、木犀草素等。

虫豆（蝶形花科）

Cajanus crassus (Prain ex King) Maesen

药 材 名　虫豆。

药用部位　全株。

功效主治　解毒；外用治疮疡，疥癣。

蔓草虫豆（蝶形花科）

Cajanus scarabaeoides (L.) Thouars

药 材 名　蔓草虫豆。

药用部位　全草。

功效主治　解暑利尿，止血生肌；治伤风感冒，风湿水肿。

化学成分　蔓草虫豆苷、牡荆苷、D-右旋蒎立醇等。

西南笐子梢（蝶形花科）

Campylotropis delavayi (Franch.) Schindl.

药 材 名　豆角柴。

药用部位　根。

功效主治　疏风清热；治风寒感冒，发热。

毛笐子梢（蝶形花科）

Campylotropis hirtella (Franch.) Schindl.

药 材 名　大红袍。

药用部位　根。

功效主治　调经活血，止痛，收敛；治闭经，痛经，带下，胃痛；外用治黄水疮，烧烫伤。

笐子梢（蝶形花科）

Campylotropis macrocarpa (Bunge) Rehder

药 材 名　杭子梢。

药用部位　根、枝叶。

功效主治　疏风解表，活血通络；治风寒感冒，痧症，肾炎性水肿，肢体麻木，半身不遂。

化学成分　生物碱类。

绒毛叶笐子梢（蝶形花科）

Campylotropis pinetorum (Kurz) Schindl. subsp. **velutina** (Dunn) H. Ohashi

药 材 名　三匹叶、绒毛子梢、芽三摆（傣药）。

药用部位　根。

功效主治　通经活血，舒筋络，收敛止痛；治腹泻，赤白痢，慢性肝炎，腹痛，风湿痛，痛经。

小雀花（蝶形花科）

Campylotropis polyantha (Franch.) Schindl.

药 材 名　多花胡枝子。

药用部位　根。

功效主治　祛瘀，止痛，清热，利湿。治跌打损伤，感冒发热，痢疾等。

直生刀豆（蝶形花科）

Canavalia ensiformis (L.) DC.

药 材 名　野刀豆、拖法（傣药）。

药用部位　种子、根。

功效主治　清火解毒，杀虫止痒；治体弱多病，乏力，不思饮食，失眠，疔疮脓肿，痈疖脓肿，皮肤瘙痒，湿疹，斑疹，疥癣，缠腰火丹。

刀豆（蝶形花科）

Canavalia gladiata (Jacq.) DC.

L-高丝氨酸

药 材 名　刀豆、刀豆子、刀坝豆。

药用部位　种子。

生　　境　栽培或野生，生长于排水良好且疏松的砂壤中。

采收加工　9—11月间摘取成熟荚果，晒干，剥取种子。

药材性状　种子呈扁卵形或扁肾形。边缘具灰褐色种脐，近种脐的一端有凹点状珠孔，另端有深色的合点。质硬，难破碎。气微，味淡，嚼之具豆腥气。

性味归经　甘，温。归脾、胃、肾经。

功效主治　温中下气，益肾补元；治鼻渊，虚寒呃逆，肾虚腰痛，久痢，小儿疝气。

化学成分　L-高丝氨酸、刀豆四胺、γ-胍氧基丙胺、氨丙基刀豆四胺、氨丁基刀豆四胺等。

核心产区　长江以南各省区均有分布。

用法用量　煎汤，9～15克；或烧存性研末。

本草溯源　《滇南本草》《本草纲目》《陆川本草》《中华本草》。

附　　注　药食同源，胃热患者禁服。

锦鸡儿（蝶形花科）

Caragana sinica (Buc'hoz) Rehder

药 材 名　锦鸡儿。

药用部位　根、花。

功效主治　滋补强壮，活血调经，祛风利湿；治高血压，头昏头晕，耳鸣眼花，体弱乏力，月经不调，带下，跌打损伤。

化学成分　菜油甾醇、刺楸根皂苷等。

铺地蝙蝠草（蝶形花科）

Christia obcordata (Poir.) Bakh. f. ex Meeuwen

药 材 名　半边钱。

药用部位　全草。

功效主治　清热利湿，利尿止带；治结膜炎，膀胱炎，尿道炎，慢性肾炎，乳腺炎，带下。

化学成分　多糖等。

蝙蝠草（蝶形花科）

Christia vespertilionis (L. f.) Bakh. f. ex Meeuwen

药 材 名　蝙蝠草。

药用部位　全草。

功效主治　清热凉血，接骨；治肺结核，支气管炎，扁桃体炎，跌打损伤，骨折。

化学成分　高根二醇、豆甾醇、熊果酸甲酯等。

翅荚香槐（蝶形花科）

Cladrastis platycarpa (Maxim.) Makino

药 材 名　翅荚香槐。

药用部位　根、果实。

功效主治　祛风止痛；治关节肿痛。

化学成分　Platycarpanetin-7-*O*-*β*-monoglucoside、8-methoxyretusin-7-*O*-*β*-glucosylglucoside等。

三叶蝶豆（蝶形花科）

Clitoria mariana L.

药 材 名　三叶蝴蝶花豆、顺气豆、大山豆。

药用部位　根、叶、花。

功效主治　补肾，止血，舒筋，活络；治感冒，肾虚头晕，带下，水肿，肠出血，风湿性关节痛。

蝶豆（蝶形花科）

Clitoria ternatea L.

药 材 名　蝴蝶花豆。

药用部位　种子。

功效主治　有毒。作泻药；治便秘。

化学成分　山柰酚-3-芸香糖苷、蝶豆苷、蝶豆素等。

圆叶舞草（蝶形花科）

Codariocalyx gyroides (Roxb. ex Link) Hassk.

药 材 名　圆叶舞草。

药用部位　嫩枝、叶。

功效主治　祛瘀生新，活血消肿；治跌打肿痛，骨折，小儿疳积，风湿骨痛。

舞草（蝶形花科）

Codariocalyx motorius (Houtt.) H. Ohashi

药 材 名　舞草。

药用部位　全草。

功效主治　祛瘀生新，活血消肿；治跌打肿痛，骨折，风湿骨痛。

化学成分　木犀草素、芹菜素7-*O*-葡萄糖苷等。

巴豆藤（蝶形花科）

Craspedolobium unijugum (Gagnep.) Z. Wei et Pedley

药 材 名　巴豆藤、嘿亮郎（傣药）。

药用部位　根、藤。

功效主治　健脾止泻，调经止血；治腹痛腹泻，赤白下痢，月经过多，各种出血症。

翅托叶猪屎豆（蝶形花科）

Crotalaria alata Buch.-Ham. ex D. Don

药 材 名　翅托叶猪屎豆、翅托叶野百合、芽辛马（傣药）。

药用部位　全草。

功效主治　润肺止咳，利水消肿；治干咳，急性尿路感染，肾炎，水肿。

化学成分　双稠吡咯啶生物碱等。

响铃豆（蝶形花科）

Crotalaria albida B. Heyne ex Roth

药 材 名　响铃豆。

药用部位　根或全草。

功效主治　清热解毒，止咳平喘，截疟；治尿道炎，膀胱炎，肝炎，胃肠炎，痢疾。

化学成分　响铃豆碱、野百合碱、大豆甾醇、熊果酸等。

大猪屎豆（蝶形花科）

Crotalaria assamica Benth.

药 材 名　大猪屎豆。

药用部位　根或全草。

功效主治　有毒。清热解毒，凉血降压，利水；治热咳，吐血。

化学成分　野百合碱等。

长萼猪屎豆（蝶形花科）

Crotalaria calycina Schrank

药 材 名　长萼猪屎豆。

药用部位　全株。

功效主治　健脾消食；治小儿疳积，消化不良，脘腹胀满。

化学成分　吲哚苷等。

黄雀儿（蝶形花科）

Crotalaria cytisoides Roxb. ex DC.

药 材 名　思茅猪屎豆、芽罕怀（傣药）。

药用部位　根。

功效主治　滋补，消炎解毒，利喉止痛；治急性胃肠炎，病后体弱，咽喉炎，肾虚腰痛，扁桃体炎。

假地蓝（蝶形花科）

Crotalaria ferruginea Graham ex Benth.

药 材 名　响铃草。

药用部位　根或全草。

功效主治　养肝滋肾，止咳平喘，调经；治肝肾不足所致的头晕目眩，耳鸣，遗精，肾炎，支气管炎，哮喘，月经不调。

化学成分　野百合碱等。

线叶猪屎豆（蝶形花科）

Crotalaria linifolia L. f.

药 材 名　线叶猪屎豆。

药用部位　根、全草。

功效主治　清热解毒，理气消积；治腹痛，耳鸣，肾亏，遗精，干血痨。

化学成分　生物碱类等。

假苜蓿（蝶形花科）

Crotalaria medicaginea Lam.

药 材 名　假苜蓿。

药用部位　全草。

功效主治　清热，化湿，利尿。

三尖叶猪屎豆（蝶形花科）

Crotalaria micans Link

药 材 名　美洲野百合、黄猪屎豆。

药用部位　全草。

功效主治　清热解毒，利尿。

猪屎豆（蝶形花科）

Crotalaria pallida Aiton

药 材 名　猪屎豆。

药用部位　全草。

功效主治　有毒。解毒散结，消积；治乳腺炎，痢疾，小儿疳积，头晕目眩，神经衰弱，遗精，早泄。

化学成分　猪屎豆碱、猪屎青碱、猪屎呋喃等。

吊裙草（蝶形花科）

Crotalaria retusa L.

药 材 名　吊裙草、大猪屎豆、洪夯喃（傣药）。

药用部位　根茎。

功效主治　祛风除湿，消肿止痛；治风湿麻痹，关节肿痛。

化学成分　吊裙草碱等。

农吉利（蝶形花科）

Crotalaria sessiliflora L.

药 材 名　野百合。

药用部位　全草。

功效主治　有毒。解毒，抗癌；治疔疮，皮肤鳞状上皮癌，食管癌，宫颈癌。

化学成分　野百合碱等。

秧青（蝶形花科）

Dalbergia assamica Benth.

药 材 名　南岭黄檀。

药用部位　木材。

功效主治　行气止痛，解毒消肿；治跌打瘀痛，外伤疼痛，痈疽肿毒。

两粤黄檀（蝶形花科）

Dalbergia benthamii Prain

药 材 名　两粤黄檀、两广黄檀。

药用部位　茎、根部心材。

功效主治　活血通经；治月经不调。

化学成分　甘草酸、土甘草A、大鱼藤树酸甲酯等。

海南黄檀（蝶形花科）

Dalbergia hainanensis Merr. et Chun

药 材 名　海南檀。

药用部位　根、叶。

功效主治　理气止痛，止血；治胃痛，气痛，刀伤出血。

化学成分　黄檀酚类、黄檀醌类、黄檀内酯类等。

藤黄檀（蝶形花科）

Dalbergia hancei Benth.

药 材 名　藤檀。

药用部位　茎、根。

功效主治　理气止痛；治胃痛，腹痛，腰腿关节痛。

化学成分　黄酮类等。

黄檀（蝶形花科）

Dalbergia hupeana Hance

药 材 名　黄檀。

药用部位　根、叶。

功效主治　叶有小毒。解毒止痛；治疥疮。

化学成分　黄檀酚类、黄檀醌类、黄檀内酯类等。

香港黄檀（蝶形花科）

Dalbergia millettii Benth.

药 材 名　香港黄檀。

药用部位　叶。

功效主治　清热解毒；治疔疮，痈疽，蜂窝组织炎，毒蛇咬伤。

化学成分　黄酮类等。

象鼻藤（蝶形花科）

Dalbergia mimosoides Franch.

药 材 名　象鼻藤、含羞草叶黄檀、夯嘿（傣药）。

药用部位　藤茎、叶。

功效主治　清热解毒，除风止痛；治疗疮，痈疽，毒蛇咬伤，蜂窝组织炎。

钝叶黄檀（蝶形花科）

Dalbergia obtusifolia (Baker) Prain

药 材 名　牛肋巴、牛筋木。

药用部位　根、木材。

功效主治　根：收敛止血。木材：行气止痛；治外伤出血，耳聋，耳炎有脓，关节炎。

降香檀（蝶形花科）

Desmodium odorifera T. C. Chen

刺芒柄花素

药 材 名　降香檀、降真香、降香。

药用部位　树干和根的干燥心材。

生　　境　生于低海拔山坡疏林、林缘或路旁。

采收加工　全年可采集，除去边材，阴干。

药材性状　心材有圆柱形或不规则块状，表面颜色为紫红色或灰黄褐色，有纵细槽纹和刀削、刀劈的痕迹；木材纹理细腻，质坚，断面不平。气微香，有油性，味微苦。以色紫红、坚硬、气香、不带白色边材、入水下沉者为佳。

性味归经　辛，温。归肝、脾经。

功效主治　化瘀止血，理气止痛；治胸胁作痛，跌打损伤，创伤出血，呕吐腹痛，冠心病，心绞痛等。

化学成分　挥发油和黄酮类，挥发油的主要成分为橙花叔醇和2,4-二甲基-2,4-庚二烯醛等；黄酮类成分为刺芒柄花素、鲍迪木醌和3′-甲氧基大豆素等。

核心产区　广东、福建、贵州、云南及香港、台湾等地。

用法用量　内服：9～15克，后下。外用：适量，研细末敷患处。

本草溯源　《海药本草》《经史证类备急本草》《本草蒙筌》《本草纲目》《本经逢原》。

附　　注　降香药材有进口降香与国产降香之别，进口降香的基原主要是印度黄檀*D. sisso* Roxb.，《本草纲目》称其为“番降”，其主要化学成分是黄檀素、*O*-甲基黄檀素和黄檀桐。

斜叶黄檀（蝶形花科）

Dalbergia pinnata (Lour.) Prain

药 材 名　斜叶黄檀。

药用部位　根、叶。

功效主治　消肿止痛；治风湿痛，跌打肿痛，扭挫伤。

化学成分　榄香素、丁香酚等。

滇黔黄檀（蝶形花科）

Dalbergia yunnanensis Franch.

药 材 名　相思树、相思仔。

药用部位　根。

功效主治　祛风解表，理气消积；治风寒头痛，发热，食积腹胀，腹痛。

化学成分　挥发油（橙花叔醇、反式-α-香柠檬醇）。

假木豆（蝶形花科）

Dendrolobium triangulare (Retz.) Schindl.

药 材 名　假木豆。

药用部位　根、叶。

功效主治　清热，凉血；治喉痛，腹泻，跌打损伤，骨折，内伤吐血。

化学成分　神经酰胺、羽扇豆醇、环桉烯醇等。

白花鱼藤（蝶形花科）

Derris alborubra Hemsl.

药 材 名 白花鱼藤。

药用部位 根。

功效主治 杀虫；治蛔虫病。

化学成分 鱼藤酮等。

毛果短翅鱼藤（蝶形花科）

Derris eriocarpa F. C. How

药 材 名 土甘草、嘿涛弯（傣药）。

药用部位 藤茎。

功效主治 清火解毒，止咳化痰，利水消肿，通经活血；治肺热咳喘，肺痨咳嗽，月经不调，痛经，脚气水肿。

化学成分 以鱼藤酮等异黄酮类、黄酮类为主，还有萜类、单苯环类和脂肪族类。

中南鱼藤（蝶形花科）

Derris fordii Oliv.

药 材 名 中南鱼藤。

药用部位 根、茎。

功效主治 有毒。杀虫解毒；治皮肤湿疹，跌打肿痛，关节疼痛。

化学成分 鱼藤酮、12*α*-羟基鱼藤酮、6-甲氧基黄酮、槲皮素等。

边荚鱼藤（蝶形花科）

Derris marginata (Roxb.) Benth.

药 材 名　边荚鱼藤。

药用部位　根。

功效主治　有毒。杀虫止痒；治疥癣。

化学成分　鱼藤酮等。

大鱼藤树（蝶形花科）

Derris robusta (Roxb.) Benth.

药 材 名　坚茎鱼藤。

药用部位　根、枝叶。

功效主治　散瘀，止痛，杀虫；治跌打损伤，癣症。

鱼藤（蝶形花科）

Derris trifoliata Lour.

药 材 名　鱼藤。

药用部位　全株。

功效主治　有大毒。散瘀止痛，杀虫；治湿疹，风湿性关节肿痛，跌打肿痛。

化学成分　鱼藤酸、β-毛鱼藤酸、毛鱼藤醇、鱼藤素、鱼藤酮等。

小槐花（蝶形花科）

Desmodium caudatum (Thunb.) DC.

药 材 名　小槐花。

药用部位　叶。

功效主治　清热解毒，祛风利湿；治感冒发热，胃肠炎，痢疾，小儿疳积，风湿性关节痛。

化学成分　黄酮类衍生物、当药黄素等。

大叶山蚂蟥（蝶形花科）

Desmodium gangeticum (L.) DC.

药 材 名　大叶山蚂蟥。

药用部位　全株。

功效主治　祛瘀，接骨，消肿；治跌打损伤，骨折。

化学成分　生物碱、油脂类、三萜类、甾醇类、有机酸等。

假地豆（蝶形花科）

Desmodium heterocarpon (L.) DC.

药 材 名　假地豆。

药用部位　全株。

功效主治　清热解毒，消肿止痛；治流行性乙型脑炎，喉痛。

异叶山蚂蟥（蝶形花科）

Desmodium heterophyllum (Willd.) DC.

药 材 名　假地豆。

药用部位　全株。

功效主治　利水通淋，散瘀消肿；治尿路结石，跌打瘀肿，外伤出血。

化学成分　异戊烯基黄酮、甘草查耳酮、异补骨脂查尔酮等。

小叶三点金（蝶形花科）

Desmodium microphyllum (Thunb.) DC.

药 材 名　小叶三点金。

药用部位　全草。

功效主治　健脾利湿，止咳平喘，解毒消肿；治小儿疳积，黄疸，痢疾，咳嗽，哮喘，支气管炎。

化学成分　表儿茶素、异荭草苷、荭草苷、木犀草素、咖啡酸等。

饿蚂蟥（蝶形花科）

Desmodium multiflorum DC.

药 材 名　饿蚂蟥。

药用部位　全株。

功效主治　清热解毒，消食止痛；治胃痛，小儿疳积，腮腺炎，淋巴结炎，毒蛇咬伤。

化学成分　香树脂醇、白桦脂醇、胡萝卜苷等。

长圆叶山蚂蟥（蝶形花科）

Desmodium oblongum Wall. ex Benth.

药 材 名　矩叶山蚂蟥、衣不列（傣药）。

药用部位　全草。

功效主治　清火解毒，止咳化痰，理气止痛，利水退黄；治风热感冒咳嗽，头痛，咽喉肿痛，咳喘，黄疸。

肾叶山蚂蟥（蝶形花科）

Desmodium renifolium (L.) Schindl.

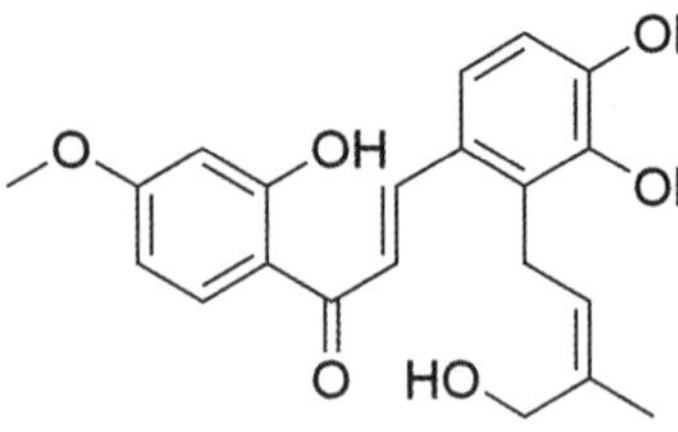

肾叶查尔酮C

药 材 名　肾叶山蚂蟥、肾叶山绿豆、哈以不列（傣药）。

药用部位　全草。

生　　境　野生，生长在海拔100～1 600米的森林草地和灌丛中。

采收加工　全年可采收，鲜用或晒干备用。

药材性状　短柱状或不规则块片，表面灰褐色，须根黄色；切面类白色，皮部薄，形成层环明显，木部呈放射状。气微，味淡、微甜。

性味归经　甘、苦、淡，凉。归肺、肾、心、肝经。

功效主治　固肾补气，利肾泻热，健脾润肺；治肾炎，尿毒症，肝炎，感冒发热，尿道炎，淋证，小便不畅，高血压，肾气虚弱，肾炎性水肿，糖尿病，黄疸体黄，肝胆郁闷，肺逆喘咳，脾郁浮肿。

化学成分　肾叶查尔酮C、异补骨酯等。

核心产区　云南、海南和台湾。

用法用量　干品10克（鲜品18～35克），水煎服。

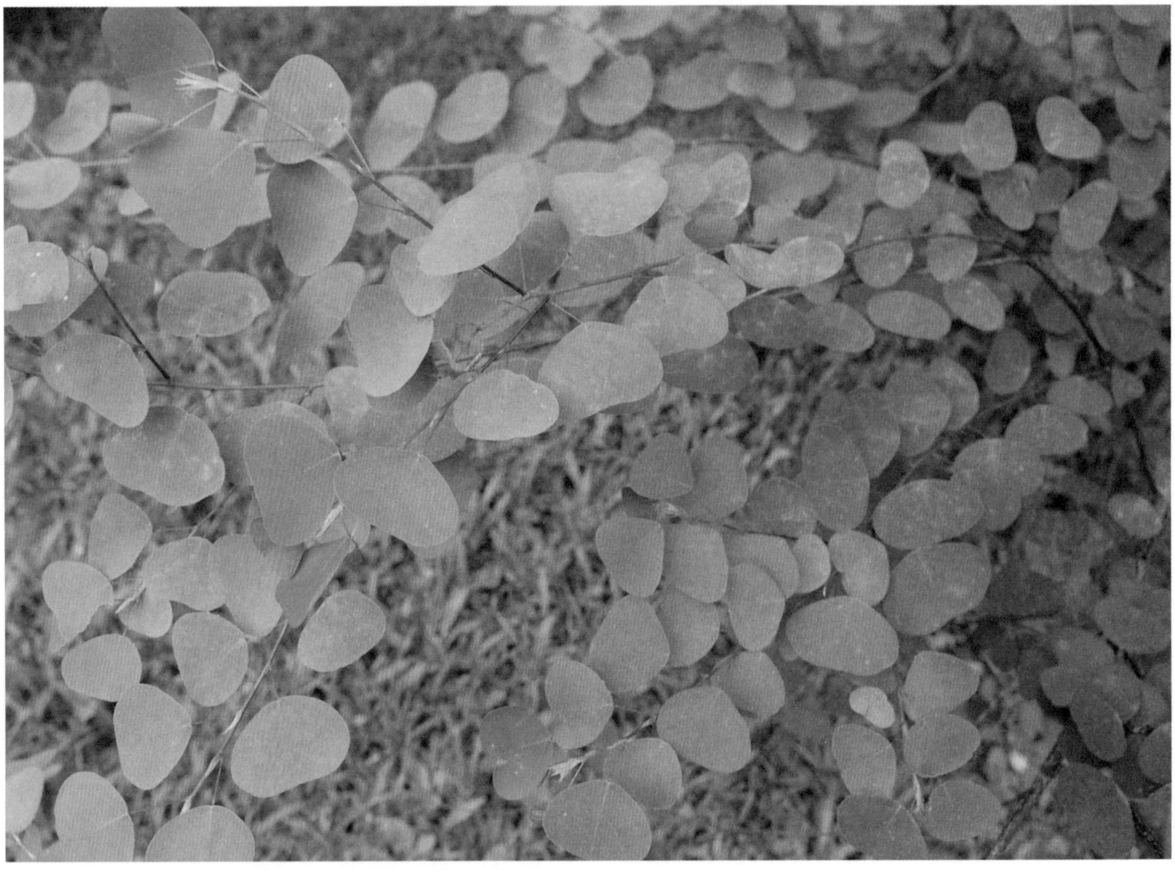

显脉山绿豆（蝶形花科）

Desmodium reticulatum Champ. ex Benth.

药 材 名　显脉山绿豆。

药用部位　全株。

功效主治　去腐生肌；治痢疾，刀伤。

长波叶山蚂蟥（蝶形花科）

Desmodium sequax Wall.

药 材 名　长波叶山蚂蟥。

药用部位　全草。

功效主治　清热泻火，活血祛瘀；治风热目赤，胞衣不下，血瘀经闭，烧伤。

化学成分　香树脂醇、尿囊素等。

广东金钱草（蝶形花科）

Desmodium styracifolium (Osbeck) Merr.

HO OH OH OH O

木犀草素

药 材 名 广金钱草、铜钱草。

药用部位 地上部分。

生　　境 野生或栽培，生于山坡、草地或灌木丛中。

采收加工 夏、秋二季采收，洗净晒干。

药材性状 干燥的茎枝呈圆柱形，表面淡棕黄色，密被黄色绒毛，断面淡黄色，中心具白色髓。茎节处常有托叶，披针形锥尖，浅棕色。质脆且易断。气微弱，味淡。

性味归经 甘、淡，平。归肝、胆、膀胱、肾经。

功效主治 利尿通淋，清热利湿，活血消肿；治尿路感染，泌尿系结石，肾炎浮肿，肝胆湿热，黄疸，吐血，睾丸炎。

化学成分 木犀草素、夏佛塔苷、vicenin-1、vicenin-3、柠檬酚、异柠檬酚、荭草苷、异荭草苷、异牡荆苷等。

核心产区 广东、广西和海南。

用法用量 内服：煎汤，干品15～30克（鲜品30～60克）。外用：捣敷。

本草溯源 《本草纲目》

附　　注 市场上叫“金钱草”的药材很多，正伪品混存现象普遍。据调查，除本种外，还有报春花科植物过路黄*Lysimachia christinae*、聚花过路黄*L. congestiflora*、伞形科天胡荽*Hydrocotyle sitthorpioides*和积雪草*Centella asiatica*也可以叫“金钱草”，这就是中药界普遍存在的异物同名现象，其实，同物异名则更为常见，这些现象使中医临床医生或患者甚为烦忧，也是中药鉴定学或本草考证中值得关注的问题。

三点金（蝶形花科）

Desmodium triflorum (L.) DC.

药 材 名　三点金草。

药用部位　全草。

功效主治　行气止痛，温经散寒；治中暑腹痛，疝气痛，月经不调，痛经，产后关节痛。

化学成分　岩藻甾醇、吲哚-3-乙酸、酪胺、胡芦巴碱、下箴刺桐碱、胆碱、甜菜碱、芹菜素、牡荆苷等。

云南山蚂蟥（蝶形花科）

Desmodium yunnanense Franch.

药 材 名　云南山蚂蟥。

药用部位　根。

功效主治　润肺止咳，驱虫；治风热感冒咳嗽，蛔虫病。

单叶拿身草（蝶形花科）

Desmodium zonatum Miq.

药 材 名　单叶拿身草、长叶山绿豆。

药用部位　根。

功效主治　清热消滞；治胃脘痛，小儿疳积。

长柄野扁豆（蝶形花科）

Dunbaria podocarpa Kurz.

药 材 名　野扁豆。

药用部位　全草或种子。

功效主治　清热解毒，消肿痛；治咽喉肿痛，乳痛，牙痛，毒蛇咬伤，白带过多。

圆叶野扁豆（蝶形花科）

Dunbaria punctata (Wight et Arn.) Benth.

药 材 名　假绿豆。

药用部位　全草。

功效主治　清热解毒，止血生肌；治急性肝炎，肺热，大肠湿热。

鸡头薯（蝶形花科）

Eriosema chinense Vogel

药 材 名　猪仔笠。

药用部位　块根。

功效主治　清热解毒，生津止渴；治上呼吸道感染，发热烦渴，肺脓肿，痢疾。

化学成分　染料木素、山柰酚等。

鹦哥花（蝶形花科）

Erythrina arborescens Roxb.

药 材 名　刺木通、红嘴绿鹦哥、埋短（傣药）。

药用部位　树皮、种子、根、果、叶。

功效主治　清热解毒，除风解痛。树皮、种子：治腰膝疼痛，风湿痹痛，疥癣。根、果、叶：治痢疾；外用治头胀痛。

化学成分　生物碱等。

龙牙花（蝶形花科）

Erythrina corallodendron L.

药 材 名　龙牙花。

药用部位　根、叶、花。

功效主治　有毒。麻醉镇静；治中枢神经痛。

化学成分　刺桐叶碱、刺桐灵等。

劲直刺桐（蝶形花科）

Erythrina stricta Roxb.

药 材 名　山刺桐、埋短凉（傣药）。

药用部位　树皮、根、叶。

功效主治　清热解毒，利尿消肿，消炎，解热，祛风，利湿，止痛；治风湿麻木，腰腿筋骨疼痛，跌打损伤。

化学成分　生物碱类、黄酮类、紫檀烷类、三萜类等。

刺桐（蝶形花科）

Erythrina variegata L.

药 材 名　刺桐。

药用部位　叶、花、树皮。

功效主治　祛风湿，舒筋活络；治风湿麻木，腰腿筋骨疼痛，跌打损伤。

化学成分　刺桐定碱、刺桐文碱、刺桐平碱、下箴刺桐碱等。

墨江千斤拔（蝶形花科）

Flemingia chappar Buch. -Ham. ex Benth.

药 材 名　墨江千斤拔。

药用部位　根。

功效主治　消炎止痛；治肾炎，膀胱炎，骨膜炎。

化学成分　黄酮类、香豆素类、皂苷类、挥发油类等。

河边千斤拔（蝶形花科）

Flemingia fluminalis C. B. Clarke ex Prain

药 材 名　河边千斤拔、芽瞎蒿（傣药）。

药用部位　根、茎、叶。

功效主治　祛风湿，止痹痛；治风湿性关节炎，慢性阑尾炎，带下。

化学成分　3-乙酰齐墩果酸、齐墩果酸、5α,8α-过氧麦角甾-6,22-双烯-3β-醇、芦丁等。

绒毛千斤拔（蝶形花科）

Flemingia grahamiana Wight et Arn.

药 材 名　密花千斤拔。

药用部位　根。

功效主治　祛风除湿，消瘀解毒，强筋骨；治风湿腰痛，骨关节痛，手足酸痛无力。

宽叶千斤拔（蝶形花科）

Flemingia latifolia Benth.

药 材 名　宽叶千斤拔。

药用部位　根。

功效主治　壮腰健肾，除风利湿，活血通络，消瘀解毒；治风湿骨痛，腰肌劳损，慢性肾炎，跌打损伤，痈肿，偏瘫，阳痿，带下。

化学成分　β-谷甾醇、多糖、鞣质等。

腺毛千斤拔（蝶形花科）

Flemingia glutinosa (Prain) Y. T. Wei et S. K. Lee

药 材 名　腺毛千斤拔。

药用部位　根。

功效主治　治风湿痹痛，腰腿痛，风湿性关节炎，腰肌劳损，阳痿，妇科病，乳房疾病。

化学成分　多酚、鞣质等。

大叶千斤拔（蝶形花科）

Flemingia macrophylla (Willd.) Kuntze ex Merr.

染料木素

药 材 名 大叶千斤拔、千斤力、千金红。

药用部位 根。

生　　境 野生，常生于空旷山坡上或山溪水边。

采收加工 秋季采根，抖净泥土，晒干。

药材性状 根较粗壮，多有分枝；表面深红棕色，有细纵纹及凸起的横长皮孔，质坚韧；断面皮部棕红色，显纤维性，木部宽广，淡黄白色，可见细微放射状纹理。

性味归经 甘、淡，平。归脾、肾经。

功效主治 祛风湿，益脾肾，强筋骨；治风湿骨痛，腰肌劳损，四肢疲软，偏瘫，阳痿，月经不调，带下，腹胀，食少，气虚足胀。

化学成分 染料木素、羽扇豆醇、α-香树脂醇、原花青素等。

核心产区 云南、广东、广西。

用法用量 内服：煎汤，10～30克；或浸酒。外用：研末撒或捣敷于患处。

本草溯源 《贵州民间药物》《广西中草药》。

千斤拔（蝶形花科）

Flemingia prostrata Roxb.

药 材 名　千斤拔、蔓性千斤拔、一条根。

药用部位　根。

功效主治　祛风湿，强腰膝；治风湿性关节炎，腰腿痛，腰肌劳损，带下，跌打损伤。

化学成分　蔓性千斤拔素C、羽扇豆醇等。

球穗千斤拔（蝶形花科）

Flemingia strobilifera (L.) W. T. Aiton

药 材 名　球穗千斤拔、咳嗽草。

药用部位　根、全草。

功效主治　止咳祛痰，清热除湿，补虚劳，壮筋骨；治咳嗽，黄疸，劳伤，风湿痹痛，疳积，百日咳，肺炎。

化学成分　千斤拔查耳酮、染料木素等。

云南千斤拔（蝶形花科）

Flemingia wallichii Wight et Arn.

药 材 名　滇千斤拔。

药用部位　根。

功效主治　祛风除湿，消瘀解毒，强筋骨。

化学成分　黄酮类、生物碱类等。

干花豆（蝶形花科）

Fordia cauliflora Hemsl.

药 材 名　水罗伞、野京豆、虾须豆。

药用部位　根。

功效主治　散瘀消肿，润肺化痰；治风湿骨痛，跌打骨折，瘀积疼痛，肺结核，咳嗽。

化学成分　水黄皮素、水罗伞甲素等。

小叶干花豆（蝶形花科）

Fordia microphylla Dunn ex Z. Wei

药 材 名　小叶干花豆。

药用部位　根、叶。

功效主治　润肺止咳，清热解毒，截疟；治毒疮，疟疾，感冒，咽喉炎，扁桃体炎。

乳豆（蝶形花科）

Galactia tenuiflora (Klein ex Willd.) Wight et Arn.

药 材 名　乳豆、细花乳豆。

药用部位　全草。

功效主治　行气活血；治风湿痹痛。

大豆（蝶形花科）

Glycine max (L.) Merr.

药 材 名　大豆、黄豆、白豆。

药用部位　种子。

功效主治　清热，除湿，解表；治暑湿发热，麻疹不透，胸闷不舒，骨关节痛，水肿胀满。

化学成分　大豆蛋白、大豆异黄酮等。

野大豆（蝶形花科）

Glycine soja Siebold et Zucc.

药 材 名　野大豆、马料豆、乌豆。

药用部位　种子。

功效主治　益肾，止汗；治头晕，目昏，风痹汗多。

化学成分　大豆蛋白、大豆异黄酮等。

疏花长柄山蚂蝗（蝶形花科）

Hylodesmum laxum DC. H. Ohashi et R. R. Mill.

药 材 名　疏花长柄山蚂蝗、长果柄山蚂蝗、疏花山绿豆。

药用部位　全株。

功效主治　降血压，消炎；治高血压，肺炎，肾炎。

羽叶长柄山蚂蝗（蝶形花科）

Hylodesmum oldhamii (Oliv.) H. Ohashi et R. R. Mill

药 材 名　羽叶山蚂蝗、藤甘草、羽叶山绿豆。

药用部位　全株。

功效主治　祛风活血，解表散寒，利尿，杀虫；治风湿骨痛，劳伤咳嗽，吐血，疮毒。

尖叶长柄山蚂蟥（蝶形花科）

Hylodesmum podocarpum (DC.) H. Ohashi et R. R. Mill. var. **oxyphyllum** (DC.) H. Ohashi et R. R. Mill.

药 材 名　尖叶长柄山蚂蟥。

药用部位　全草。

功效主治　祛风除湿，活血解毒；治风湿痹痛，崩中，带下，咽喉炎，乳痈，跌打损伤，毒蛇咬伤。

化学成分　β-胡萝卜苷、白桦脂醇等。

宽卵叶长柄山蚂蟥（蝶形花科）

Hylodesmum podocarpum (DC.) H. Ohashi et R. R. Mill. subsp. **fallax** (Schindl.) H. Ohashi et R. R. Mill.

药 材 名　宽卵叶长柄山蚂蟥。

药用部位　全草。

功效主治　清热解表，利湿退黄；治风热感冒，湿热黄疸。

深紫木蓝（蝶形花科）

Indigofera atropurpurea Buch.-Ham. ex Hornem.

药 材 名　深紫木蓝、线苞木蓝。

药用部位　根。

功效主治　截疟；治风寒暑湿，疟疾。

尾叶木蓝（蝶形花科）

Indigofera caudata Dunn

药 材 名　尾叶木蓝。

药用部位　根。

功效主治　祛风，消炎止痛，截疟；治疟疾。

庭藤（蝶形花科）

Indigofera decora Lindl.

药 材 名　庭藤、铜锣伞、胡豆。

药用部位　根。

功效主治　散瘀积，消肿痛；治跌打损伤，积瘀疼痛。

化学成分　苦参碱等。

宜昌木蓝（蝶形花科）

Indigofera decora Lindl. var. **ichangensis** (Craib) Y. Y. Fang et C. Z. Zheng

药 材 名　宜昌木蓝。

药用部位　根。

功效主治　清热利咽，解毒，通便；治暑温，热结便秘，咽喉肿痛，肺热咳嗽，黄疸，痔疮，秃疮，蛇虫咬伤。

硬毛木蓝（蝶形花科）

Indigofera hirsuta L.

药 材 名　硬毛木蓝、刚毛木蓝。

药用部位　地上部分、全草。

功效主治　解毒消肿，杀虫止痒；治疮疖，毒蛇咬伤，皮肤瘙痒，疥癣。

化学成分　没食子酸、异橙皮苷等。

蒙自木蓝（蝶形花科）

Indigofera mengtzeana Craib

药 材 名　大铁扫把、铁马豆、白豆。

药用部位　根。

功效主治　消炎镇痛，舒筋活络；治肺炎，脉管炎，骨髓炎，跌打损伤，风湿瘫痪，疮疡。

化学成分　黄酮类、香豆素类等。

马棘（蝶形花科）

Indigofera pseudotinctoria Matsum.

药 材 名　马棘、一味药、野绿豆。

药用部位　根、全草。

功效主治　清热解毒，消肿散结；治感冒咳嗽，扁桃体炎，瘰疬，小儿疳积，痔疮。

化学成分　8-Hydroxy-5-indolizidinone、三十一醇等。

穗序木蓝（蝶形花科）

Indigofera spicata Forssk.

药 材 名　铺地木蓝、爬地蓝、铁箭岩陀。

药用部位　全株。

功效主治　治咳嗽，头痛，牙痛，腹泻等。

远志木蓝（蝶形花科）

Indigofera squalida Prain

药 材 名　远志木蓝、块根木蓝、地萝卜。

药用部位　全草。

功效主治　活血舒筋，消肿止痛；治劳伤疼痛，骨折，胃痛，喉炎。

野青树（蝶形花科）

Indigofera suffruticosa Mill.

药 材 名　野青树、木蓝。

药用部位　茎、叶、种子。

功效主治　凉血解毒，消炎止痛；治皮肤瘙痒，高热，急性咽喉炎，淋巴结结核，腮腺炎。

化学成分　β-丁香烯、α-蛇麻烯等。

木蓝（蝶形花科）

Indigofera tinctoria L.

药 材 名　木蓝、蓝靛。

药用部位　叶、全草。

功效主治　清热解毒；治流行性乙型脑炎，腮腺炎，疮疖肿毒，丹毒。

化学成分　靛苷、鱼藤素等。

三叶木蓝（蝶形花科）

Indigofera trifoliata L.

药 材 名　三叶木蓝、地蓝根。

药用部位　全草、根。

功效主治　清热消肿；治急、慢性咽喉炎。

化学成分　糖类、脂质、蛋白质等。

鸡眼草（蝶形花科）

Kummerowia striata (Thunb.) Schindl.

药 材 名　鸡眼草、掐不齐、牛黄黄。

药用部位　全草。

功效主治　清热解毒，活血，利尿，止泻；治胃肠炎，痢疾，肝炎，夜盲症，尿路感染，跌打损伤，疔疮疖肿。

化学成分　染料木素、异槲皮苷等。

胡枝子（蝶形花科）

Lespedeza bicolor Turcz.

药 材 名　胡枝子、扫皮、随军茶。

药用部位　茎、叶。

功效主治　清热润肺，利尿通淋，止血；治肺热咳嗽，感冒发热，百日咳，淋证，吐血，尿血，便血。

化学成分　槲皮素、山柰酚等。

扁豆（蝶形花科）

Lablab purpureus (L.) Sweet

药 材 名　白扁豆、扁豆、蛾眉豆。

药用部位　种子。

功效主治　和胃化湿，健脾止泻；治脾虚腹泻，恶心呕吐，食欲不振，带下。

化学成分　豆甾醇、磷脂等。

绿叶胡枝子（蝶形花科）

Lespedeza buergeri Miq.

药 材 名　绿叶胡枝子。

药用部位　根、花。

功效主治　清热解表，利湿，化痰，活血止痛；治感冒发热，咳嗽，肺痈，小儿哮喘，淋证，黄疸，胃病，胸痛，风湿痹痛，崩漏，疔疮痈疽，丹毒。

中华胡枝子（蝶形花科）

Lespedeza chinensis G. Don

药 材 名　中华胡枝子、太阳草、高脚硬梗。

药用部位　根。

功效主治　清热解毒，宣肺平喘，截疟；治小儿高热，中暑发痧，哮喘，痢疾，乳痈肿痛，脚气，风湿痹痛。

截叶铁扫帚（蝶形花科）

Lespedeza cuneata (Dum. Cours.) G. Don

药 材 名　截叶铁扫帚、夜关门、铁扫帚。

药用部位　全草、带根全草。

功效主治　清热利湿，消食除积，祛痰止咳；治小儿疳积，消化不良，胃肠炎，胃痛，肝炎，肾炎性水肿，带下，口腔炎，咳嗽。

化学成分　蒎立醇、β-谷甾醇等。

大叶胡枝子（蝶形花科）

Lespedeza davidii Franch.

药 材 名　大叶胡枝子、大叶乌梢、活血丹。

药用部位　根、叶。

功效主治　清热解表，止咳止血，通经活络；治外感头痛，发热，痧疹不透，痢疾，咳嗽，咳血，尿血。

化学成分　胡枝子甲素、槐树苷等。

多花胡枝子（蝶形花科）

Lespedeza floribunda Bunge

药 材 名　多花胡枝子、铁鞭草、米汤草。

药用部位　根。

功效主治　消积，截疟；治小儿疳积，疟疾。

化学成分　补骨脂甲素、erybraedin A等。

美丽胡枝子（蝶形花科）

Lespedeza formosa (Vogel) Koehne

药 材 名　美丽胡枝子、马扫帚、白花羊牯枣。

药用部位　茎、叶。

功效主治　清热凉血，活血散瘀，消肿止痛；治肺热咳血，肺脓肿，疮疖痈肿，便血，风湿性关节痛，跌打肿痛。

化学成分　6,3′-di-γ,γ-dimethylallyl-8-methyl-4′-methoxyl-5,7-dihydroxyflavanone等。

铁马鞭（蝶形花科）

Lespedeza pilosa (Thunb.) Siebold et Zucc.

药 材 名　铁马鞭、野花生、狗尾巴。

药用部位　全草。

功效主治　清热散结，活血止痛，行水消肿；治瘰疬，寒性脓肿，虚热不退，水肿，腰腿筋骨痛。

绒毛胡枝子（蝶形花科）

Lespedeza tomentosa (Thunb.) Siebold ex Maxim.

药 材 名　山豆花、毛胡枝子、白萩。

药用部位　根。

功效主治　健脾补虚；治虚痨，血虚头晕，水肿，腹水，痢疾，痛经。

化学成分　异鼠李素、山柰酚等。

百脉根（蝶形花科）

Lotus corniculatus L.

药 材 名　黄花草、牛角花、黄瓜草、小花生藤、地羊鹊。

药用部位　根。

功效主治　补虚，清热，止渴；治虚劳，阴虚发热，口渴。

化学成分　黄酮类、芳香族、甾体类等。

天蓝苜蓿（蝶形花科）

Medicago lupulina L.

药 材 名　天蓝苜蓿、杂花苜蓿。

药用部位　全草。

功效主治　清热解毒，利湿舒筋，止咳平喘，凉血疗疔；治湿热黄疸，热淋，石淋，风湿痹痛，咳喘，痔瘘下血，指头疔，毒蛇咬伤。

化学成分　大豆皂苷Ⅰ、常春藤皂苷元、3-*O*-*β*-D-吡喃葡萄糖苷等。

南苜蓿（蝶形花科）

Medicago polymorpha L.

药 材 名　南苜蓿、刺苜蓿、刺荚苜蓿。

药用部位　全草、根。

功效主治　清热凉血，利湿退黄，通淋排石；治热病烦满，黄疸，腹痛吐泻，痢疾，水肿，石淋，痔疮出血。

化学成分　苜蓿皂苷P1、苜蓿皂苷P2等。

苜蓿（蝶形花科）

Medicago sativa L.

药 材 名　苜蓿、紫苜蓿。

药用部位　全草。

功效主治　清热凉血，利湿退黄，通淋排石；治黄疸，痢疾，石淋，痔疮。

化学成分　苜蓿酚、苜蓿素等。

印度草木樨（蝶形花科）

Melilotus indicus (L.) All.

药 材 名　印度草木樨。

药用部位　全草。

功效主治　清暑解毒，健胃和中，化湿，杀虫；治暑热胸闷，头胀头痛，痢疾，疟疾，淋病，带下，口疮。

化学成分　3,4-二氢香豆素、十六醛等。

草木樨（蝶形花科）

Melilotus officinalis (L.) Lam.

药 材 名　草木樨、辟汗草、黄香草木樨。

药用部位　全草。

功效主治　清暑解毒，健胃和中，化湿，杀虫；治暑热胸闷，淋病，带下，口疮，皮肤疮疡，湿疮，淋巴结结核。

化学成分　2α-羟基熊果酸、齐墩果酸等。

滇桂崖豆藤（蝶形花科）

Millettia bonatiana Pamp.

药 材 名　大发汗、嘿涛勒（傣药）。

药用部位　藤茎。

功效主治　有毒。发汗解表，祛风除湿；治感冒无汗，头痛，鼻塞，风湿疼痛。

绿花崖豆藤（蝶形花科）

Millettia championii Benth.

药 材 名　绿花崖豆藤。

药用部位　藤茎。

功效主治　祛风通络，凉血散瘀；治风湿性关节痛，跌打损伤，面神经麻痹。

化学成分　香豆素类、糖类等。

香花崖豆藤（蝶形花科）

Millettia dielsiana Harms

药 材 名 香花崖豆藤、贯肠血藤、山鸡血藤。

药用部位 藤茎。

功效主治 补血行血，通经活络；治贫血，月经不调，闭经，风湿痹痛，腰腿酸痛，四肢麻木。

化学成分 刺芒柄花素、毛蕊异黄酮等。

异果崖豆藤（蝶形花科）

Millettia dielsiana Harms var. **heterocarpa** (Chun ex T. C. Chen) Z. Wei

药 材 名 异果崖豆藤、异果鸡血藤。

药用部位 根。

功效主治 补血行血；治月经不调，风湿性关节痛。

化学成分 Millesianins F、millesianins G等。

宽序崖豆藤（蝶形花科）

Millettia eurybotrya Drake

药 材 名 宽序崖豆藤。

药用部位 根、茎。

功效主治 根：行气补血，舒筋活络；治带下，便血。茎：祛风湿；外用治疮毒。

闹鱼崖豆（蝶形花科）

Millettia ichthyochtona Drake

药 材 名 闹鱼藤、荚含草、嘿夯亮（傣药）。

药用部位 藤茎。

功效主治 清热解毒，祛风止痒；治各种皮肤疾病。

思茅崖豆（蝶形花科）

Millettia leptobotrya Dunn

药 材 名 长序岩石树、葛根跌打、合罕郎（傣药）。

药用部位 根、叶。

功效主治 除风利水，通气止痛；治风寒湿痹，肢体关节酸痛，屈伸不利，跌打损伤。

亮叶崖豆藤（蝶形花科）

Millettia nitida Benth.

药 材 名 亮叶鸡血藤、光叶崖豆藤。

药用部位 根。

功效主治 活血补血，舒筋活络；治贫血，产后体弱，头晕目眩，月经不调，风湿痹痛，四肢麻木。

化学成分 芒柄花苷、格列酊等。

皱果崖豆藤（蝶形花科）

Millettia oosperma Dunn

药 材 名 皱果崖豆藤。

药用部位 茎。

功效主治 补血；治贫血。

厚果崖豆藤（蝶形花科）

Millettia pachycarpa Benth.

药 材 名 厚果鸡血藤、崖豆藤、鱼藤。

药用部位 叶。

功效主治 有毒。祛风杀虫，活血消肿；治皮肤麻木，疥癣，脓肿。

化学成分 去氢鱼藤素、鱼藤素、灰叶素、降香素和毛蕊异黄酮等。

海南崖豆藤（蝶形花科）

Millettia pachyloba Drake

药 材 名 海南崖豆藤、白药根、雷公藤蹄。

药用部位 茎。

功效主治 消炎止痛；治疥癣。

化学成分 Durmillone、pachyvone A等。

疏叶崖豆（蝶形花科）

Millettia pulchra (Benth.) Kurz var. **laxior** (Dunn) Z. Wei

药 材 名　疏叶崖豆藤、冲天子、闹鱼藤。

药用部位　根。

功效主治　有大毒。散瘀，消肿，止痛；治跌打肿痛。

化学成分　水黄皮籽素、水黄皮次素等。

网络崖豆藤（蝶形花科）

Millettia reticulata Benth.

药 材 名　昆明鸡血藤、鸡血藤、网络崖豆藤。

药用部位　藤茎。

功效主治　有毒。补血活血，祛风湿，通经络，强筋骨；治风湿痹痛，腰腿痛，月经不调，闭经，带下，遗精，胃痛，贫血。

化学成分　表儿茶素、柚皮素等。

美丽崖豆藤（蝶形花科）

Millettia speciosa Champ. ex Benth.

高丽槐素

药 材 名　牛大力、猪脚笠、金钟根、山莲藕、南海藤。

药用部位　根。

生　　境　野生或栽培，生于山谷、疏林中。

采收加工　全年均可采挖，洗净，除去芦头及须根，切厚片，晒干。

药材性状　根呈扁圆柱形，表面灰黄色，粗糙，具纵棱和横向环纹。质坚，横切面皮部狭，分泌物呈深褐色；木部黄色，导管孔不明显，射线呈放射状排列，无髓部。

性味归经　甘，平。归肺、脾、肾经。

功效主治　补虚润肺，强筋活络；治阴虚咳嗽，腰肌劳损，风湿痹痛，遗精，白带，腰腿痛。

化学成分　高丽槐素、芒柄花素等。

核心产区　南方各省均有分布，其中以广西（南宁）、广东（阳江、湛江、云浮、江门）、福建（漳州）和台湾量大。

用法用量　煎汤，15～30克。

本草溯源　《生草药性备要》《岭南采药录》。

喙果崖豆藤（蝶形花科）

Millettia tsui F. P. Metcalf

药 材 名 喙果鸡血藤、三叶鸡血藤、徐氏鸡血藤。

药用部位 根或茎。

功效主治 补血，祛风湿；治血虚头晕，心悸，月经不调，风湿骨痛，跌打骨折。

化学成分 胡萝卜苷、β-谷甾醇等。

白花油麻藤（蝶形花科）

Mucuna birdwoodiana Tutcher

药 材 名 禾雀花、白花油麻藤、血藤。

药用部位 藤茎。

功效主治 补血，通经络，强筋骨；治贫血，白细胞减少症，月经不调，瘫痪，腰腿痛。

化学成分 3′-甲氧基香豆雌酚、芒柄花素等。

港油麻藤（蝶形花科）

Mucuna championii Benth.

药 材 名 港油麻藤、毒毛麻雀豆、绢毛油麻藤。

药用部位 藤茎。

功效主治 祛风除湿，舒筋活络，解毒；治风寒感冒，风湿痹痛，腰膝酸痛，肠炎腹泻，无名肿毒。

大果油麻藤（蝶形花科）

Mucuna macrocarpa Wall.

药 材 名　老鸦花藤、嘿亮龙（傣药）。

药用部位　藤茎。

功效主治　强筋壮骨，调经补血，舒筋活络；治贫血，肺痨咳血，月经不调，风湿痹痛，腰膝疼痛，小儿痿软，痔疮下血。

化学成分　脂肪酸类、黄酮类等。

刺毛黧豆（蝶形花科）

Mucuna pruriens (L.) DC.

药 材 名　刺毛黧豆。

药用部位　藤茎。

功效主治　活血补血，通经活络，祛风除湿。

黧豆（蝶形花科）

Mucuna pruriens (L.) DC. var. **utilis** (Wall.ex Wight) Baker ex Burck

左旋多巴

药 材 名 龙爪豆、猫豆、狗爪豆。

药用部位 种子。

生　　境 野生或栽培，生于含腐殖质砂质壤土中。

采收加工 秋、冬二季采集果实，剥取种子，晒干。

药材性状 扁椭圆形或肾形，长约1.4厘米，宽约1厘米，厚约6毫米。表面灰白色，微皱缩，略具光泽，边缘有白色种脐，长约6毫米，宽约1.5毫米，种脐上有类白色膜片状种阜残留。质坚硬，种皮薄而脆。气微，味淡，嚼之有豆腥气。

性味归经 甘、微苦，温。归脾、胃、肝、肾经。

功效主治 温肾益气；治腰脊酸痛。

化学成分 左旋多巴、黎豆胺、异黄蝶呤等。

核心产区 广西、广东、海南、福建、四川、贵州和台湾，其中以广西河池大石山区量大。

用法用量 煮食，30～90克。

本草溯源 《植物名实图考》。

附　　注 有毒（左旋多巴），黧豆是西药左旋多巴的重要原料之一，不可直接食用。广西河池农村的做法是，新鲜黧豆豆荚或种子反复煮水，浸泡多次脱毒后就可食用。

油麻藤（蝶形花科）

Mucuna sempervirens Hemsl.

药 材 名　常春油麻藤、常绿油麻藤、牛马藤。

药用部位　藤茎。

功效主治　活血调经，补血舒筋；治月经不调，痛经，闭经，产后血虚，贫血，风湿痹痛，四肢麻木，跌打损伤。

化学成分　矢车菊-3-*O*-*β*-D-葡萄糖苷、槲皮素-3-*O*-*β*-D-葡萄糖苷等。

吐鲁胶（蝶形花科）

Myroxylon balsamum (L.) Harms

药 材 名　吐鲁香。

药用部位　树脂。

功效主治　消炎，止血，镇痛。

化学成分　橙花叔醇等。

肥荚红豆（蝶形花科）

Ormosia fordiana Oliv.

药 材 名　肥荚红豆、福氏红豆、鸭公青。

药用部位　茎皮、根、叶。

功效主治　清热解毒，消肿止痛；治跌打损伤，肿痛，风火牙痛；外用治烧烫伤。

花榈木（蝶形花科）

Ormosia henryi Prain

药 材 名　花榈木、花梨木、鸭公青。

药用部位　根、根皮、茎。

功效主治　有毒。活血化瘀，祛风消肿；治跌打损伤，腰肌劳损，风湿性关节痛，产后血瘀腹痛，带下，痄腮。

化学成分　橙花醇、松油醇等。

红豆树（蝶形花科）

Ormosia hosiei Hemsl. et E. H. Wilson

药 材 名　红豆树、鄂西红豆树、江阴红豆树。

药用部位　种子。

功效主治　清热解毒，消肿止痛；治急性肝炎，急性热病，跌打损伤，痈疮肿痛，风火牙痛，烧烫伤。

化学成分　*N*-甲基金雀花碱、红豆裂碱等。

豆薯（蝶形花科）

Pachyrhizus erosus (L.) Urb.

药 材 名　凉薯、葛薯。

药用部位　块根、种子。

功效主治　止渴，解酒毒；治慢性酒精中毒，酒醉口渴。

化学成分　豆薯皂苷元A、豆薯皂苷元B等。

紫雀花（蝶形花科）

Parochetus communis Buch. -Ham. ex D. Don

药 材 名　一颗血、蓝雀花、帕烟凉（傣药）。

药用部位　全草。

功效主治　治四肢厥冷。

化学成分　异黄酮等。

棉豆（蝶形花科）

Phaseolus lunatus L.

药 材 名　金甲豆、香豆。

药用部位　种子。

功效主治　补血，活血，消肿；治血虚，胸腹疼痛，跌打肿痛，水肿。

化学成分　亚油酸、环木菠萝烷醇等。

菜豆（蝶形花科）

Phaseolus vulgaris L.

药 材 名　菜豆、云藕豆、四季豆。

药用部位　嫩荚。

功效主治　有毒。滋养解热，利尿消肿；治暑热烦渴，水肿，脚气。

化学成分　芦丁、菜豆皂苷A等。

毛排钱树（蝶形花科）

Phyllodium elegans (Lour.) Desv.

药 材 名　鳞狸鳞、连里尾树。

药用部位　全草。

功效主治　清热利湿，活血祛瘀，软坚散结；治感冒发热，疟疾，肝炎，肝硬化腹水，血吸虫病肝脾肿大，风湿疼痛，跌打损伤。

化学成分　羽扇豆烯酮、羽扇豆醇等。

长叶排钱树（蝶形花科）

Phyllodium longipes (Craib) Schindl.

药 材 名　长叶排钱树。

药用部位　根、叶。

功效主治　清热利湿，活血祛瘀。根：治胃脘痛，崩漏，跌打损伤，脱肛。叶：治目赤肿痛，风湿性关节痛。

排钱树（蝶形花科）

Phyllodium pulchellum (L.) Desv.

药 材 名　排钱树、排钱草、虎尾金钱。

药用部位　地上部分。

功效主治　有毒。清热利湿，活血祛瘀，软坚散结；治感冒发热，疟疾，肝炎，肝硬化腹水，血吸虫病肝脾肿大，风湿疼痛，跌打损伤。

化学成分　蟾毒色胺、二甲基色胺等。

豌豆（蝶形花科）

Pisum sativum L.

药材名　豌豆、麦豆。

药用部位　种子。

功效主治　利小便，调营卫，益中平气；治消渴，吐逆，泻痢下重，脚气水肿，腹胀满，痘疮，霍乱呕吐。

化学成分　植物凝集素、赤霉素A20等。

四棱豆（蝶形花科）

Psophocarpus tetragonolobus (L.) DC.

药材名　翼豆、果阿豆、尼拉豆。

药用部位　豆荚、叶片、种子及块根。

功效主治　豆荚：清热解毒。叶片：外敷治眼疾。种子及块根：治牙痛，咽痛。

化学成分　黄酮类、多酚类等。

补骨脂（蝶形花科）

Psoralea corylifolia L.

补骨脂素

药 材 名 补骨脂、破故纸、胡韭子。

药用部位 成熟果实。

生　　境 生于山坡、溪边或田边。喜温暖、湿润气候，宜向阳平坦、日光充足的环境。

采收加工 秋季果实成熟时采收果序，晒干，搓出果实，除去杂质。

药材性状 呈肾形，略扁，表面黑色、黑褐色或灰褐色，具细微网状皱纹。顶端圆钝，有一小凸起，凹侧有果梗痕，质硬，果皮薄。气香，味辛、微苦。

性味归经 辛、苦，温。归肾、脾经。

功效主治 温肾助阳，纳气平喘，温脾止泻；治肾阳不足，阳痿遗精，遗尿尿频，腰膝冷痛，肾虚作喘，五更泄泻。

化学成分 香豆精类，主要有补骨脂素及异补骨脂素（白芷素）、查耳酮类、黄酮类、单萜酚类、花椒毒素、异补骨脂双氢黄酮、补骨脂双氢黄酮、异补骨脂查耳酮、补骨脂乙素、豆固醇、补骨脂酚等。

核心产区 印度、缅甸和斯里兰卡，以及我国黄河与长江中下游、珠江流域均有分布，其中以四川金沙江河谷和云南西双版纳量大质优。

用法用量 内服：6～10克。外用：20%～30%酊剂涂患处。

本草溯源 《药性论》《日华子本草》《开宝本草》《本草图经》《本草纲目》。

附　　注 果实有小毒（补骨脂素），为可用于保健食品的中药。补骨脂素（Psoralen）可通过光敏反应增强皮肤对紫外线敏感性，采用该类药物配合日晒或者紫外线照射，治疗白癜风的疗效较好，但该化合物有致皮肤癌变的风险。

紫檀（蝶形花科）

Pterocarpus indicus Willd.

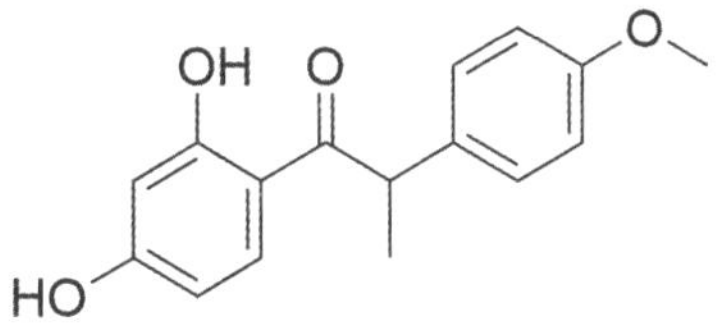

安哥拉紫檀素

药 材 名 紫檀。

药用部位 木材心部。

生　　境 野生或栽培，生于坡地疏林中。

采收加工 夏、秋二季采集，切片，晒干。

药材性状 长条状块片，树皮及边材已剥除，内外均呈鲜赤色，久与空气接触则呈暗色以至带绿色的光泽。气微，味淡。

性味归经 咸，平。归肝经。

功效主治 祛瘀和营，止血定痛，解毒消肿；治头痛，心腹痛，恶露不尽，小便淋痛，风毒痈肿，金疮出血。

化学成分 安哥拉紫檀素、紫檀素等。

核心产区 云南、福建、台湾、广东、广西。

本草溯源 《本草经集注》《本草纲目》《神农本草经疏》。

密花葛（蝶形花科）

Pueraria alopecuroides Craib

药 材 名 密花葛、狐尾葛、嘿贺别（傣药）。

药用部位 根、茎皮。

功效主治 健胃，止痛；治伤寒，烦热消渴，痢疾，高血压，心绞痛，耳聋。

化学成分 葛根素等黄酮类。

葛（蝶形花科）

Pueraria lobata (Willd.) Ohwi

药 材 名 野葛、葛根。

药用部位 根。

功效主治 解肌退热，生津止渴，透发斑疹；治感冒发热，口渴，疹出不透，急性胃肠炎，肠梗阻，痢疾，高血压，心绞痛。

化学成分 葛根素、葛根素木糖苷等。

粉葛（蝶形花科）

Pueraria lobata (Willd.) Ohwi var. **thomsonii** (Benth.) Maesen

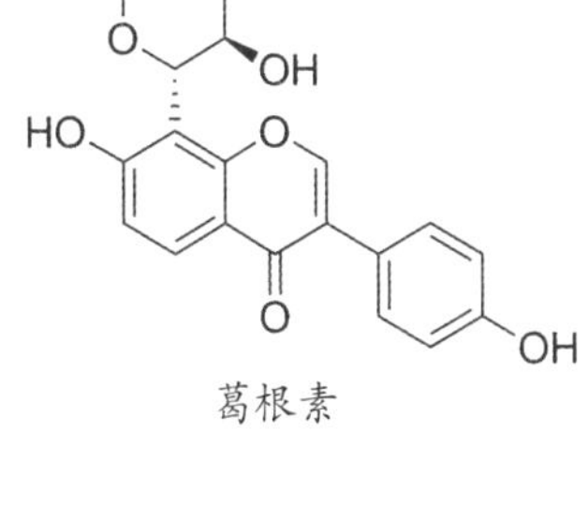

药 材 名　粉葛。

药用部位　根。

生　　境　对气候要求不严，适应性强，喜欢温暖、阳光充足的气候条件，适宜种植于土层深厚、疏松肥沃、向阳、排水良好的砂质壤土中。

采收加工　秋、冬二季采挖，多除去外皮，用硫黄熏黑后，稍干，截段或再纵切两半，干燥。

药材性状　呈圆柱形、类纺锤形或半圆柱形，有的为纵切或斜切的厚片，表面黄白色或淡棕色，体重，质硬，富粉性，气微，味微甜。

性味归经　甘、辛，凉。归脾、胃经。

功效主治　解肌退热，生津止渴，透疹，升阳止泻，通经活络，解酒毒；治外感发热，头痛，消渴，麻疹不透，热痢，泄泻，眩晕头痛，胸痹心痛，酒精中毒。

化学成分　葛根素、葛根素-7-木糖苷等。

核心产区　华南各省区，尤以江西、湖南、福建、广西和广东量大。

用法用量　10～15克，退热生用，止泻煨用。

本草溯源　《神农本草经》《名医别录》《本草纲目》《本草新编》《本草求真》。

附　　注　药食同源。

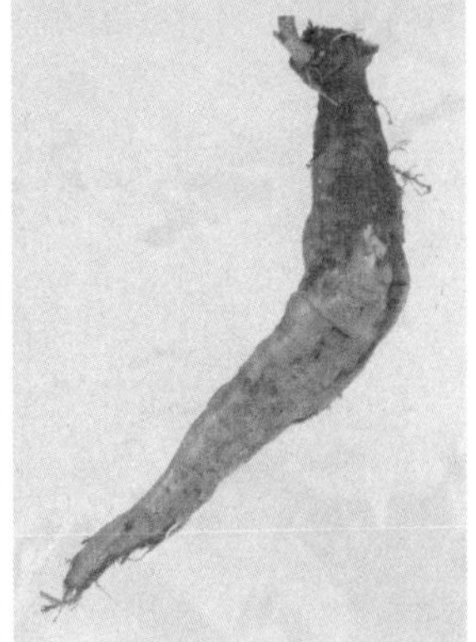

山葛（蝶形花科）

Pueraria lobata (Willd.) Ohwi var. **montana** (Lour.) Maesen

药材名　葛麻姆、葛藤。

药用部位　根。

功效主治　解肌退热，生津止渴，透发斑疹；治感冒发热，口渴，疹出不透，急性胃肠炎，肠梗阻，痢疾，高血压，心绞痛。

化学成分　葛根素、黄豆苷等。

苦葛（蝶形花科）

Pueraria peduncularis (Graham ex Benth.) Benth.

药材名　云南葛藤、白苦葛、红苦葛。

药用部位　根。

功效主治　清热，透疹，生津止渴；治感冒发热，麻疹不透，消渴，吐血，口疮。

化学成分　5α-豆甾-7,22-二烯-3β-醇、二十六烷酸-α-甘油酯、齐墩果酸、齐墩果酸-3-β-O-葡萄糖苷。

三裂叶野葛（蝶形花科）

Pueraria phaseoloides (Roxb.) Benth.

药材名　三裂叶野葛。

药用部位　根。

功效主治　解热，透发麻疹，驱虫；治外感发热头痛，项背强痛，口渴，麻疹不透。

化学成分　葛根素等。

密子豆（蝶形花科）

Pycnospora lutescens (Poir.) Schindl.

药 材 名　密子豆、假地豆、假番豆草。

药用部位　全草。

功效主治　利水通淋，消肿解毒；治石淋，癃闭，白浊，水肿，无名肿毒。

菱叶鹿藿（蝶形花科）

Rhynchosia dielsii Harms

药 材 名　菱叶鹿藿、山黄豆藤。

药用部位　茎、叶、根。

功效主治　清热解毒，祛风定惊；治小儿高热惊厥，心悸，风热感冒，咳嗽，乳痈。

鹿藿（蝶形花科）

Rhynchosia volubilis Lour.

药 材 名 鹿藿、山黑豆、老鼠眼。

药用部位 茎、叶。

功效主治 清热解毒，祛风定惊；治小儿疳积，牙痛，神经性头痛，瘰疬，风湿性关节炎，腰肌劳损。

化学成分 异黄烷酮、染料木素等。

田菁（蝶形花科）

Sesbania cannabina (Retz.) Poir.

药 材 名 田菁、小野蚂蚱豆。

药用部位 叶、种子。

功效主治 清热凉血，解毒利尿；治发热，目赤，肿痛，小便淋痛，尿血，毒蛇咬伤。

化学成分 半乳甘露低聚糖、木糖等。

大花田菁（蝶形花科）

Sesbania grandiflora (L.) Poir.

药 材 名 红蝴蝶、落皆。

药用部位 树皮。

功效主治 收湿敛疮；治湿疹及溃疡。

宿苞豆（蝶形花科）

Shuteria involucrata (Wall.) Wight et Arn.

药 材 名　铜钱麻黄、以不列嘿（傣药）。

药用部位　全草、根。

功效主治　清热解毒，祛风止痛；治流行性感冒，普通感冒，咳嗽，咽喉炎，扁桃体炎。

化学成分　黄酮类、糖类、酚类、鞣质等。

西南宿苞豆（蝶形花科）

Shuteria vestita Wight et Arn.

药 材 名　铜钱麻黄、光宿苞豆、以不列嘿（傣药）。

药用部位　全草、根。

功效主治　清热解毒，祛风止痛；治流行性感冒，咳嗽，咽喉炎，扁桃体炎。

坡油甘（蝶形花科）

Smithia sensitiva Aiton

药 材 名　坡油甘、田基豆。

药用部位　全草。

功效主治　解毒消肿，止咳；治疮毒，咳嗽，蛇咬伤。

化学成分　黄酮类等。

槐（蝶形花科）

Sophora japonica L.

芦丁

药 材 名 槐花、槐米、槐角。

药用部位 花、花蕾、成熟的果实。

生　　境 深根性喜阳光树种，适宜生长于湿润、肥沃的土壤。

采收加工 夏季花开放或花蕾形成时采收，及时干燥，除去枝、梗及杂质。

药材性状 槐花皱缩而卷曲，花瓣多散落。完整者花萼呈钟状，黄绿色。槐米呈卵形或椭圆形，花梗细小。槐角呈连珠状，表面黄绿色或黄褐色，皱缩而粗糙，背缝线一侧呈黄色，体轻。气微，味微苦。

性味归经 苦，微寒。归肝、大肠经。

功效主治 凉血止血，通血，清肝泻火；治便血，痔疮出血，血痢，崩漏，吐血，肝热目赤，头痛眩晕。

化学成分 芦丁等。

核心产区 原产于中国，现南北各省区均有栽培，尤以华北和黄土高原地区常见，南方如江西、湖南、福建、广西和贵州量大。

用法用量 内服：煎汤，6～15克；或入丸、散。外用：煎水熏洗或研末撒于患处。

本草溯源 《新修本草》《食疗本草》《日华子本草》《滇南本草》。

附　　注 花和花蕾药食同源，果实为可用于保健食品的中药。

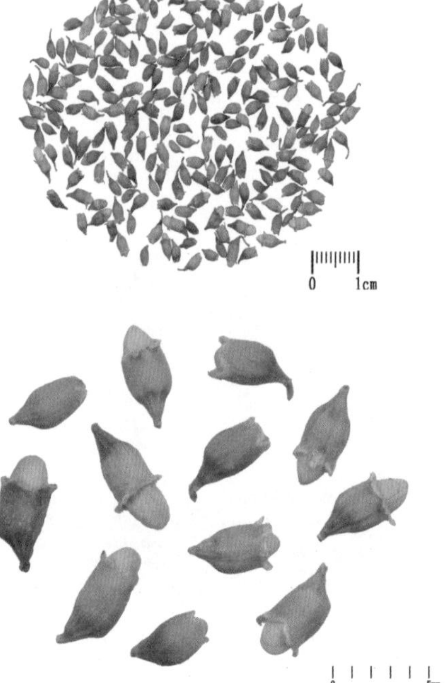

越南槐（蝶形花科）

Sophora tonkinensis Gagnep.

苦参碱

药 材 名 山豆根、广豆根。

药用部位 根、根茎。

生　　境 生于石灰岩山地或岩石缝中。

采收加工 秋季采挖，除去杂质，洗净，干燥。

药材性状 根呈长圆柱形，常有分枝，表面棕色至棕褐色。质坚硬，难折断，断面皮部淡棕色，木部淡黄色。有豆腥气，味极苦。

性味归经 苦，寒。归肺、胃经。

功效主治 清热解毒，消肿利咽；治火毒蕴结，乳蛾喉痹，咽喉肿痛，齿龈肿痛，口舌生疮。

化学成分 苦参碱、氧化苦参碱、臭豆碱等。

核心产区 广西（桂林、百色及中部县区）、广东（云浮罗定）。

用法用量 内服：煎汤，3～6克。外用：适量。

本草溯源 《开宝本草》《本草图经》《神农本草经疏》《药物出产辨》。

附　　注 被列为《国家重点保护野生植物名录》二级保护植物。根及根茎有毒（苦参碱、金雀花碱）；本品大苦大寒，故用量不宜过大，脾胃虚寒、食少便溏者不宜用。本品（中药名：山豆根）与豆科山豆根属植物的山豆根*Euchresta japonica* Hook. f. ex Regel为不同种植物，二者无论是化学成分还是功效主治均有较大差别。

显脉密花豆（蝶形花科）

Spatholobus parviflorus (Roxb.) Kuntze

药 材 名 显脉密花豆、红花密花豆。

药用部位 叶。

功效主治 治蝎螫伤；印度用作杀虫剂。

红血藤（蝶形花科）

Spatholobus sinensis Chun et T. C. Chen

药 材 名 红血藤。

药用部位 茎藤。

功效主治 活血止痛，祛风去湿；治风湿痹痛。

化学成分 红血藤苷A、异甘草素、柚皮素等。

密花豆（蝶形花科）

Spatholobus suberectus Dunn

樱黄素　羽扇豆醇

药材名　鸡血藤。

药用部位　藤茎。

生　境　野生，生于山谷林间、溪边及灌丛中。

采收加工　秋、冬二季采收，除去枝叶，切片，晒干。

药材性状　斜切片。栓皮脱落处显红棕色。质坚硬。韧皮部有树脂状分泌物，与木部相间排列，呈同心性椭圆形环；髓部偏向一侧。气微，味涩。

性味归经　苦、甘，温。归肝、肾经。

功效主治　活血补血，调经止痛，舒筋活络；治月经不调，痛经，闭经，风湿痹痛，麻木瘫痪，血虚萎黄。

化学成分　樱黄素、羽扇豆醇等。

核心产区　云南、广东、广西。

用法用量　煎汤，9～15克。

本草溯源　《本草纲目拾遗》《本草再新》《饮片新参》。

苦参（蝶形花科）

Sophora flavescens Aiton

药 材 名 苦参。

药用部位 根。

功效主治 清热燥湿，杀虫，利尿；治热痢，便血，黄疸尿闭，赤白带下，阴肿阴痒，湿疹，湿疮。

化学成分 苦参碱、氧化苦参碱、苦参新醇等。

蔓茎葫芦茶（蝶形花科）

Tadehagi pseudotriquetrum (DC.) H. Ohashi

药 材 名 葫芦茶、龙舌黄、一条根。

药用部位 根、全草。

功效主治 清热解毒，利水消肿；治急性咽喉炎，扁桃体炎，肾炎，尿路感染，带下，腰痛。

葫芦茶（蝶形花科）

Tadehagi triquetrum (L.) H. Ohashi

药 材 名 葫芦茶、百劳舌、牛虫草。

药用部位 枝叶。

生　　境 野生，生于向阳山坡疏林中、路边及丘陵地带。

采收加工 7—9月割取地上部分，除去粗枝，切段晒干。

药材性状 茎枝多折断，基部木质，圆柱形，上部草质，具三棱，棱上疏被粗毛。叶多皱缩卷曲，下面主脉上有毛，革质；叶柄具阔翅。有时可见总状花序或扁平荚果。

性味归经 苦、涩，凉。归肺、肝、膀胱经。

功效主治 清热解毒，利湿退黄，消积杀虫；治中暑烦渴，感冒发热，咽喉肿痛，肺痛咳血，肾炎，黄疸，痢疾，风湿性关节炎等。

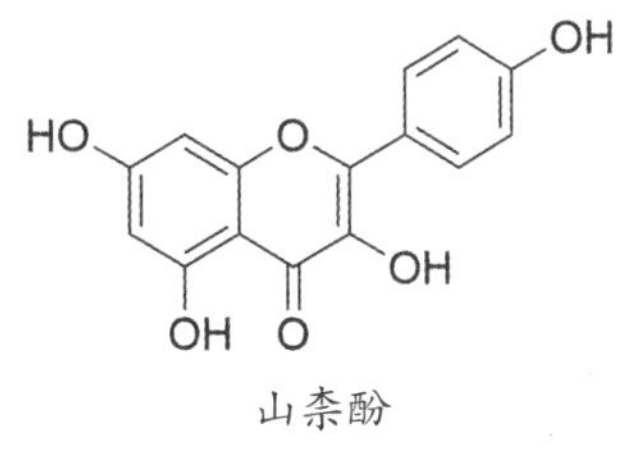

山柰酚

化学成分 豆甾醇、槲皮素、山柰酚、木栓酮等。

核心产区 南方各省区均有分布，尤以广东、广西、海南与云南量大。

用法用量 内服：煎汤，15～60克。外用：适量，捣汁涂或煎水洗患处。

本草溯源 《生草药性备要》《本草求原》《泉州本草》。

灰毛豆（蝶形花科）

Tephrosia purpurea (L.) Pers.

药 材 名　灰叶。

药用部位　全草。

功效主治　有毒。解表，健脾燥湿，行气止痛；治风热感冒，消化不良，腹胀腹痛，慢性胃炎。

化学成分　披针灰叶素B、异灰叶素、鱼藤素等。

白车轴草（蝶形花科）

Trifolium repens L.

药 材 名　白车轴草、三消草。

药用部位　全草。

功效主治　清热，凉血，宁心；治癫痫，痔疮出血，硬结肿块。

化学成分　三萜皂苷、异黄酮类等。

胡卢巴（蝶形花科）

Trigonella foenum-graecum L.

药 材 名 胡芦巴。

药用部位 种子。

功效主治 温肾，祛寒，止痛；治肾脏虚冷，小腹冷痛，小肠疝气，寒湿脚气。

化学成分 葫芦巴碱、薯蓣皂苷元葡萄糖苷、牡荆苷等。

猫尾草（蝶形花科）

Uraria crinita (L.) Desv. ex DC.

药 材 名 虎尾轮、虎尾轮根。

药用部位 全草、根。

功效主治 散瘀止血，清热止咳，凉血消肿；治外感风热，咳嗽痰多，疟疾，吐血，咳嗽。

化学成分 黄酮苷类等。

狸尾豆（蝶形花科）

Uraria lagopodioides (L.) DC.

药 材 名 狸尾草。

药用部位 全草。

功效主治 散结消肿，清热解毒；治瘰疬，毒蛇咬伤，痈疮肿痛。

化学成分 硬脂酸、正二十四烷酸、当药黄酮等。

广布野豌豆（蝶形花科）

Vicia cracca L.

药 材 名 广布野豌豆、草藤、落豆秧。

药用部位 全草。

功效主治 祛痰止咳，活血调经，截疟；治风湿痹痛，肢体痿废，月经不调，咳嗽痰多，疟疾。

化学成分 β-谷甾醇等。

蚕豆（蝶形花科）

Vicia faba L.

药 材 名 蚕豆、蚕豆花、蚕豆茎。

药用部位 种子、花、茎。

功效主治 凉血止血，止带降压；治咯血，吐血。

化学成分 延胡索酸等。

小巢菜（蝶形花科）

Vicia hirsuta (L.) Gray

药 材 名 小巢菜。

药用部位 全草。

功效主治 活血平胃，利五脏，明目；治疔疮，肾虚遗精，腰痛。

化学成分 芹菜苷、热精胺、槲皮素等。

救荒野豌豆（蝶形花科）

Vicia sativa L.

药 材 名 大巢菜、野豌豆。

药用部位 全草或种子。

功效主治 补肾调经，祛痰止咳；治肾虚腰痛，遗精，月经不调，咳嗽痰多；外用治疔疮。

化学成分 维生素类、黄酮类等。

赤豆（蝶形花科）

Vigna angularis (Willd.) Ohwi et H. Ohashi

药 材 名 赤小豆、赤小豆花、赤小豆叶、赤小豆芽。

药用部位 种子、花、叶、芽。

功效主治 利水消肿，解毒排脓；治水肿胀满，脚气浮肿。

化学成分 3-呋喃甲醇-β-D-吡喃葡萄糖苷等。

贼小豆（蝶形花科）

Vigna minima (Roxb.) Ohwi et H. Ohashi

药 材 名　贼小豆。

药用部位　茎、叶。

功效主治　利水除湿，和血排脓，消肿解毒；治水肿，痈肿。

化学成分　有机酸等。

绿豆（蝶形花科）

Vigna radiata (L.) R. Wilczek

药 材 名　绿豆。

药用部位　种子。

功效主治　祛暑热，解毒；治暑热烦渴，疮疖肿毒，药物中毒，食物中毒；预防中暑。

化学成分　胡萝卜素、核黄素、磷脂酸胆碱等。

赤小豆（蝶形花科）

Vigna umbellata (Thunb.) Ohwi et Ohashi

药 材 名　赤小豆、赤小豆花、赤小豆叶、赤小豆芽。

药用部位　种子、花、叶、芽。

功效主治　利水消肿，解毒排脓；治水肿胀满，脚气浮肿，黄疸尿赤。

化学成分　三萜皂苷类等。

豇豆（蝶形花科）

Vigna unguiculata (L.) Walp.

药 材 名　豇豆、豇豆叶、豇豆根、豇豆壳。

药用部位　种子、叶、根、荚壳。

功效主治　健胃利湿，清热解毒，敛汗止血；治食积腹胀，带下，蛇咬伤。

化学成分　氨基酸、蛋白质、脂肪油等。

野豇豆（蝶形花科）

Vigna vexillata (L.) A. Rich.

别　　名　山土瓜、云南山土瓜。

药 材 名　野豇豆。

药用部位　根。

功效主治　解毒益气，生津，利咽；治头晕乏力，暑热烦渴，乳少，失眠，脱肛，风火牙痛，疮疖，咽喉肿痛，瘰疬。

化学成分　异黄酮类等。

猪腰豆（蝶形花科）

Whitfordiodendron filipes (Dunn) Dunn

药 材 名　大荚藤、细梗惠特木、猪腰子。

药用部位　果实、茎。

功效主治　果实：滋养补肾；治肾炎。茎：补血；治贫血，月经不调，风湿性关节痛，跌打损伤。

化学成分　黄酮类、生物碱类等。

紫藤（蝶形花科）

Wisteria sinensis (Sims) DC.

药 材 名　紫藤子。

药用部位　种子。

功效主治　有毒。利水，止痛，杀虫；治水臌，浮肿，关节疼痛，腹痛，蛲虫病。

化学成分　金雀花碱等。

丁癸草（蝶形花科）

Zornia gibbosa Span.

药 材 名　丁癸草、丁癸草根。

药用部位　全草。

功效主治　清热解表，凉血解毒；治感冒，高热抽搐，腹泻，黄疸，痢疾。

化学成分　黄酮苷类、酚类、氨基酸类等。

中国旌节花（旌节花科）

Stachyurus chinensis Franch.

药 材 名　小通草。

药用部位　茎髓。

功效主治　清热，利尿，下乳；治小便不利，淋证，乳汁不下。

化学成分　多糖等。

西域旌节花（旌节花科）

Stachyurus himalaicus Hook. f. et Thomson

药 材 名 小通草。

药用部位 茎髓。

功效主治 清热，利尿，下乳；治小便不利，淋证，乳汁不下。

化学成分 多糖等。

云南旌节花（旌节花科）

Stachyurus yunnanensis Franch.

药 材 名 小通草。

药用部位 茎髓。

功效主治 清热，利水，通乳；治热病烦渴，小便黄赤，尿少或尿闭，急性膀胱炎，肾炎，水肿。

化学成分 多糖等。

蕈树（金缕梅科）

Altingia chinensis (Champ.) Oliv. ex Hance

药 材 名 半边风。

药用部位 根。

功效主治 祛风除湿，舒筋活血；治风湿性关节炎，类风湿关节炎，腰肌劳损，慢性腰腿痛，半身不遂。

化学成分 水晶兰苷、车叶草苷等。

细柄蕈树（金缕梅科）

Altingia gracilipes Hemsl.

药 材 名　细柄阿丁枫、细柄蕈树、细叶枫。

药用部位　树皮油脂。

功效主治　解毒止痛，止血；治外伤出血，跌打肿痛。

蜡瓣花（金缕梅科）

Corylopsis sinensis Hemsl.

药 材 名　蜡瓣花根。

药用部位　根、根皮。

功效主治　疏风和胃，宁心安神；治外感风邪，头痛，恶心呕吐，心悸，烦躁不安。

化学成分　岩白菜素、槲皮苷等。

杨梅叶蚊母树（金缕梅科）

Distylium myricoides Hemsl.

药 材 名　杨梅叶蚊母树根。

药用部位　根。

功效主治　利水渗湿，祛风活络；治风湿痹痛，跌打损伤，手脚浮肿。

化学成分　没食子酸、4-羟基-2-甲氧基苯酚1-*O*-*β*-D-(6′-*O*-没食子酰基)葡萄糖苷等。

马蹄荷（金缕梅科）

Exbucklandia populnea (R. Br. ex Griff.) R. W. Br.

药 材 名　马蹄荷、马蹄荷根。

药用部位　茎枝、根。

功效主治　祛风活络，止痛；治风湿性关节炎，坐骨神经痛。

化学成分　胡萝卜苷、樱桃苷、芒花苷、圣草酚等。

大果马蹄荷（金缕梅科）

Exbucklandia tonkinensis (Lecomte) H. T. Chang

药 材 名　大果马蹄荷、宽幡、剃头刀树。

药用部位　根。

功效主治　祛风除湿，活血舒筋，止痛；治风湿痛，腰膝酸痛，偏瘫。

缺萼枫香树（金缕梅科）

Liquidambar acalycina H. T. Chang

药 材 名　缺萼枫香。

药用部位　茎、叶、果实、树脂。

功效主治　息风，止痒，止痉；治筋骨痛，小儿伤风，皮肤瘙痒。

化学成分　棕榈酸、9,12,15-十八酸等。

枫香树（金缕梅科）

Liquidambar formosana Hance

路路通酸

药 材 名 路路通、枫果、枫香果。

药用部位 果序、树脂。

生　　境 栽培，生于山地常绿阔叶林。

采收加工 冬季果实成熟后采收，除去杂质，干燥。

药材性状 聚花果，由小蒴果集合而成，呈球形，表面灰棕色或棕褐色，有尖刺和喙状小钝刺，小蒴果顶部开裂，呈蜂窝状小孔。

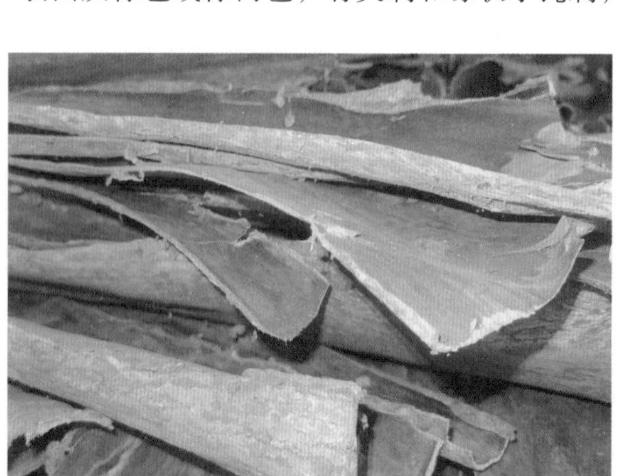

性味归经 苦，平。归肝、肾经。

功效主治 祛风活络，利水，通经；治关节痹痛，麻木拘挛，水肿胀满，乳少，闭经。

化学成分 路路通酸、28-去甲齐墩果酮酸、苏合香素、β-松油烯、左旋桂皮龙脑酯、环氧苏合香素、氧化丁香烯等。

核心产区 江苏镇江，以及华南各省区有分布。

用法用量 内服：煎汤，3～6克。外用：煎水洗或研末调敷于患处。

本草溯源 《南方草木状》《本草纲目拾遗》。

苏合香（金缕梅科）

Liquidambar orientalis Mill.

药 材 名 苏合香、苏合油、苏合香油。

药用部位 树脂。

生　　境 喜生于湿润、肥沃的土壤中。

采收加工 通常于初夏将树皮击伤或割破，深达木部，使其分泌香脂，浸润皮部。至秋季剥下树皮，榨取香脂；残渣加水煮后再榨，除去杂质，即为苏合香的初制品。如再将此种初制品溶解于酒精中，过滤，蒸去酒精，则成精制苏合香。

药材性状 半流动性的浓稠液体。棕黄色或暗棕色，半透明。质黏稠。气芳香。在90%乙醇、二硫化碳、氯仿或冰醋酸中溶解，在乙醚中微溶。

性味归经 辛，温。归心、脾经。

功效主治 开窍，辟秽，止痛；治中风痰厥，猝然昏倒等。

化学成分 桂皮酸、α-蒎烯、莰烯、β-蒎烯等。

核心产区 原产于小亚细亚半岛南部，主产于土耳其西南部、叙利亚北部地区。我国广西、广东和云南有栽培。

用法用量 0.3～1克，宜入丸、散服。

本草溯源 《名医别录》《新修本草》《本草纲目》《本经逢原》。

檵木（金缕梅科）

Loropetalum chinense (R. Br.) Oliv.

药 材 名　继木。

药用部位　根、叶、花。

功效主治　止血，止泻，止痛，生肌；治子宫出血，腹泻，鼻出血，外伤出血，血瘀经闭，跌打损伤。

化学成分　特里马素Ⅰ、椴树苷、杨梅苷等。

红花檵木（金缕梅科）

Loropetalum chinensis (R. Br.) Oliv. var. **rubrum** Yieh

药 材 名　桎木柴、继花、鱼骨柴。

药用部位　根、叶、花。

功效主治　活血化瘀，止血止痛，止泻，生肌；治肺热咳嗽，咳血，鼻衄，肠风便血，血痢，崩漏。

化学成分　异槲皮苷等。

红花荷（金缕梅科）

Rhodoleia championii Hook. f.

药 材 名　红花荷、萝多木。

药用部位　叶。

功效主治　活血止血；治刀伤出血。

尖叶水丝梨（金缕梅科）

Sycopsis dunnii Hemsl.

药 材 名　尖水丝梨、尖叶水丝梨。

药用部位　根皮、叶。

功效主治　养阴润燥，清心除烦；治烦乱昏迷。

杜仲（杜仲科）

Eucommia ulmoides Oliv.

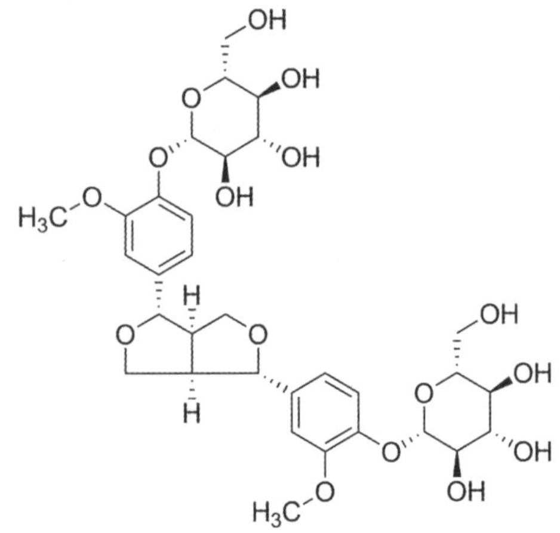

松脂醇二葡萄糖苷

药 材 名 杜仲、川杜、思仲。

药用部位 树皮。

生　　境 野生于海拔300～500米的低山、谷地或疏林中。现各地广泛栽种。

采收加工 4—6月剥取，刮去粗皮，堆置“发汗”至内皮呈紫褐色，晒干。

药材性状 板块状或卷筒状，表面有明显的纵皱纹或不规则的纵裂槽纹。质脆，易折断，折断面粗糙，有细密、银白色并富弹性的橡胶丝相连。气微，味稍苦。川杜仲多呈平板状；内皮暗紫色，颜色深；外皮灰褐色；皮厚。

性味归经 甘，温。归肝、肾经。

功效主治 补肝肾，强筋骨，安胎；治肾虚腰痛，筋骨无力，妊娠漏血，胎动不安，高血压等。

化学成分 松脂醇二葡萄糖苷、橄榄脂素、杜仲醇、桃叶珊瑚苷、β-谷甾醇、山柰酚、杜仲胶等。

核心产区 我国特有，分布于四川（巴中、绵阳、广元、达州、成都）、陕西（汉中）、重庆、江西、湖南等省区。

用法用量 煎汤，10～15克。

本草溯源 《神农本草经》《吴普本草》《本草经集注》《名医别录》《新修本草》《本草图经》《本草品汇精要》《药物出产辨》《中华本草》。

附　　注 药食同源，阴虚火旺者慎用。

雀舌黄杨（黄杨科）

Buxus bodinieri H. Lév.

药 材 名　黄杨根、黄杨叶。

药用部位　根、叶。

功效主治　止咳，止血，清热解毒；治咳嗽，咳血，疮疡肿毒。

化学成分　雀舌黄杨碱A-C等。

匙叶黄杨（黄杨科）

Buxus harlandii Hance

药 材 名　细叶黄杨。

药用部位　鲜叶。

功效主治　清热解毒；治狂犬咬伤。

黄杨（黄杨科）

Buxus sinica (Rehder et E. H. Wilson) M. Cheng

药 材 名　黄杨叶、山黄杨子、黄杨木。

药用部位　叶、果实、茎枝及叶。

功效主治　祛风除湿，行气活血；治风湿性关节痛，痢疾，胃痛，腹胀，牙痛。

化学成分　环常绿黄杨碱C、环常绿黄杨碱D等。

多毛板凳果（黄杨科）

Pachysandra axillaris Franch. var. **stylosa** (Dunn) M. Cheng

药 材 名　多毛板凳果、多毛富贵草、宿柱三角咪。

药用部位　全株。

功效主治　散风祛湿，活血，通痹止痛；治风寒痹痛，手足顽麻，劳损腰痛，跌打损伤，头风，头痛。

化学成分　大黄素、螺旋富贵草碱A、海南野扇花碱D等。

长叶柄野扇花（黄杨科）

Sarcococca longipetiolata M. Cheng

药 材 名　长叶柄野扇花。

药用部位　全株。

功效主治　消肿活血，清热凉血，止痛；治黄疸性肝炎，腹痛，跌打损伤，风湿性关节痛，喉痛，无名肿毒。

野扇花（黄杨科）

Sarcococca ruscifolia Stapf

药 材 名　清香桂。

药用部位　根、果实。

功效主治　理气止痛，祛风活络；根：治急、慢性胃炎，胃溃疡，风湿性关节痛，跌打损伤。果实：治头晕，心悸。

化学成分　清香桂碱E等。

响叶杨（杨柳科）

Populus adenopoda Maxim.

药 材 名　响叶杨。

药用部位　根皮、树皮、叶。

功效主治　祛风止痛，活血通络；治风湿痹痛，四肢麻木，龋齿疼痛，跌打损伤，瘀血肿痛。

纤序柳（杨柳科）

Salix araeostachya C. K. Schneid.

药 材 名　纤序柳、纤穗柳、埋孩嫩（傣药）。

药用部位　树皮、根、叶。

功效主治　清火解毒，杀虫止痒，调理气血，除风止痛；治产后消瘦，恶露淋漓不净，湿疹瘙痒，风湿性关节痛。

垂柳（杨柳科）

Salix babylonica L.

药 材 名　垂柳。

药用部位　枝、叶、树皮。

功效主治　清热解毒，祛风利湿；治慢性气管炎，尿道炎，膀胱炎，高血压。

化学成分　顺2-戊烯1-醇、2-甲基4-戊烯醛等。

银叶柳（杨柳科）

Salix chienii W. C. Cheng

药 材 名　银叶柳。

药用部位　根或枝叶。

功效主治　清热解毒，祛风止痒；治感冒发热，咽喉肿痛，皮肤瘙痒，膀胱炎，尿道炎，跌打损伤。

四子柳（杨柳科）

Salix tetrasperma Roxb.

药 材 名　纤穗柳、孩嫩（傣药）。

药用部位　树皮。

功效主治　清火解毒，杀虫止痒，收敛生肌，止痛止泻，利湿退黄；治斑疹疥癣，皮肤瘙痒，小腹疼痛，外阴痒痛，赤白带下，腹痛腹泻，痢疾，烧烫伤。

青杨梅（杨梅科）

Morella adenophora (Hance) J. Herb.

药 材 名　青杨梅。

药用部位　果实。

功效主治　祛痰，解酒毒，止吐；治食后饱胀，饮食不消，胃阴不足，津伤口渴。

化学成分　蛋白质、氨基酸、有机酸等。

毛杨梅（杨梅科）

Morella esculenta (Buch. -Ham. ex D. Don) I. M. Turner

药 材 名　杨梅树、毛杨梅根皮。

药用部位　树皮或根皮。

功效主治　消肿散瘀，止痛，杀虫，收敛；治痢疾，肠炎，腰肌劳损，跌打损伤，湿疹。

化学成分　蒲公英赛醇、芦荟苷等。

杨梅（杨梅科）

Morella rubra Lour.

药 材 名　杨梅树皮、杨梅叶、杨梅。

药用部位　根、叶、树皮、果实。

功效主治　散瘀止血，止痛，生津止渴；治跌打损伤，骨折，痢疾，牙痛。

化学成分　杨梅树皮素、杨梅树皮苷等。

尼泊尔桤木（桦木科）

Alnus nepalensis D. Don

药 材 名　蒙自桦木、旱冬瓜、锅埋外（傣药）。

药用部位　叶、树皮、根茎。

功效主治　清火解毒，消肿止痛，凉血止血，涩肠止泻；治黄疸，风湿性关节痛，跌打瘀肿，鼻出血，外伤出血，骨折，腹痛腹泻，下痢红白。

化学成分　挥发油等。

江南桤木（桦木科）

Alnus trabeculosa Hand.-Mazz.

药 材 名　江南桤木。

药用部位　茎、叶。

功效主治　清热解毒；治湿疹，荨麻疹。

华南桦（桦木科）

Betula austrosinensis Chun ex P. C. Li

药 材 名 华南桦。

药用部位 树皮。

功效主治 清热，通淋，解毒；治淋证，水肿，疮毒。

亮叶桦（桦木科）

Betula luminifera H. Winkl.

药 材 名 亮叶桦叶、亮叶桦皮、亮叶桦根。

药用部位 叶、树皮、根。

功效主治 清热利尿；治水肿；外用治疖毒。

化学成分 水杨酸甲酯、芳樟醇等。

锥栗（壳斗科）

Castanea henryi Rehder et E. H. Wilson

药 材 名 锥栗。

药用部位 果实外壳。

功效主治 治湿热腹泻。

栗（壳斗科）

Castanea mollissima Blume

药 材 名　栗。

药用部位　果实、花序、壳斗。

功效主治　滋阴补肾，止泻等；治肾虚腰痛，腹泻，红白痢疾，久泻不止。

化学成分　天冬氨酸、地衣二醇等。

茅栗（壳斗科）

Castanea seguinii Dode

药 材 名　茅栗根、茅栗仁、茅栗叶。

药用部位　根、种仁、叶。

功效主治　清热解毒，消食；治肺热咳嗽，肺结核，食后腹胀，丹毒，疮毒。

化学成分　鞣质等。

枹丝锥（壳斗科）

Castanopsis calathiformis (Skan) Rehder et E. H. Wilson

药 材 名　枹丝栗、黄栗、山枇杷。

药用部位　树脂。

功效主治　治月经不调，闭经，不孕症。

锥（壳斗科）

Castanopsis chinensis (Spreng.) Hance

药 材 名 栲栗叶、栲栗。

药用部位 壳斗、叶、种子。

功效主治 健胃补肾，除湿热；治肾虚，痿弱，消瘦，湿热，腹泻。

棱刺锥（壳斗科）

Castanopsis clarkei King ex Hook. f.

药 材 名 棱刺锥、麻过累（傣药）。

药用部位 茎皮。

功效主治 解毒；治食物中毒。

甜槠（壳斗科）

Castanopsis eyrei (Champ.) Tutcher

药 材 名 甜槠、甜槠子。

药用部位 果实。

功效主治 清热去火、消肿止痛；治胃痛，腹泻，肠炎。

化学成分 山柰酚、槲皮素、杨梅素等。

红锥（壳斗科）

Castanopsis hystrix Miq.

药 材 名 红椽木子。

药用部位 种仁。

功效主治 滋养强壮，健胃消食；治食欲不振，脾虚泄泻。

化学成分 17(21)-何帕烯-3*β*-醇乙酸酯、无羁萜酮、无羁萜-3*β*-醇等。

苦槠（壳斗科）

Castanopsis sclerophylla (Lindl.) Schottky

药 材 名 槠子。

药用部位 树皮、叶、种仁。

功效主治 涩肠，止渴；治泻痢，津伤口渴。

化学成分 黄酮类、卵磷脂等。

钩锥（壳斗科）

Castanopsis tibetana Hance

药 材 名 钩栗。

药用部位 果实。

功效主治 敛肠，止痢；治痢疾。

化学成分 没食子酸、没食子酸甲酯、没食子酸乙酯等。

黄毛青冈（壳斗科）

Cyclobalanopsis delavayi (Franch.) Schottky

药 材 名　黄毛青冈、黄栎、哥麻过息打（傣药）。

药用部位　树皮。

功效主治　润肺止咳，平喘；治哮喘。

饭甑青冈（壳斗科）

Cyclobalanopsis fleuryi (Hickel et A. Camus) Chun ex Q. F. Zheng

药 材 名　饭甑稠、金钟饭甑子。

药用部位　叶、树皮、壳斗。

功效主治　清热解毒，收敛肺气，止咳；治肺燥咳嗽，痰火瘰疬，湿热痢疾，疝气。

化学成分　克列鞣质、山柰酚-7-*O*-*β*-D-葡萄糖苷、落新妇苷等。

青冈（壳斗科）

Cyclobalanopsis glauca (Thunb.) Oerst.

药 材 名　槠子。

药用部位　树皮、叶、种仁。

功效主治　涩肠止泻，生津止渴；治泄泻，痢疾，津伤口渴，伤酒。

化学成分　黄酮类、淀粉、卵磷脂等。

毛叶青冈（壳斗科）

Cyclobalanopsis kerrii (Craib) Hu

药 材 名　毛叶青冈、平脉椆、埋哥达牧（傣药）。

药用部位　树皮、壳斗。

功效主治　收敛止泻，截疟；治疟疾。

壶壳柯（壳斗科）

Lithocarpus echinophorus (Hickel et A. Camus) A. Camus

药 材 名　壶壳柯、壶斗石砾、锅麻杯（傣药）。

药用部位　叶、茎皮。

功效主治　清热解毒，利尿。叶：治咽喉炎，扁桃体炎。茎皮：治尿频，尿急，尿痛。

小叶青冈（壳斗科）

Cyclobalanopsis myrsinaefolia (Blume) Oerst.

药 材 名　苦槠子、杨梅叶青冈、细叶青冈。

药用部位　果实、种子。

功效主治　涩肠，止渴；治泻痢，津伤口渴。

化学成分　淀粉、鞣质等。

柯（壳斗科）

Lithocarpus glaber (Thunb.) Nakai

药 材 名　柯树皮。

药用部位　树皮。

功效主治　有小毒。行气，利水；治腹水肿胀，腹泻。

木姜叶柯（壳斗科）

Lithocarpus litseifolius (Hance) Chun

药 材 名　多穗石柯果、多穗石柯根、多穗石柯茎。

药用部位　果实、根、茎枝。

功效主治　滋补肝肾，祛风湿；治肾虚腰痛，风湿痹痛。

化学成分　三萜类、无羁萜酮等。

麻栎（壳斗科）

Quercus acutissima Carruth.

药 材 名　麻栎。

药用部位　果实及树皮、叶。

功效主治　止血，固涩，解毒；治痢疾，脱肛，痔疮。

化学成分　鞣质、无羁萜酮、β-香树脂酮等。

白栎（壳斗科）

Quercus fabrei Hance

药 材 名　白栎。

药用部位　带有虫瘿的果实、总苞或根。

功效主治　降火，虫瘿消疳去积；治小儿疳积，成人疝气，火眼。

化学成分　鞣质、淀粉等。

栓皮栎（壳斗科）

Quercus variabilis Blume

药 材 名　青杠碗、栓皮栎。

药用部位　果壳或果实。

功效主治　止咳，涩肠；治咳嗽，久泻，久痢，痔瘘出血，乳房红肿。

化学成分　鞣质、蛋白质、木脂素等。

木麻黄（木麻黄科）

Casuarina equisetifolia L.

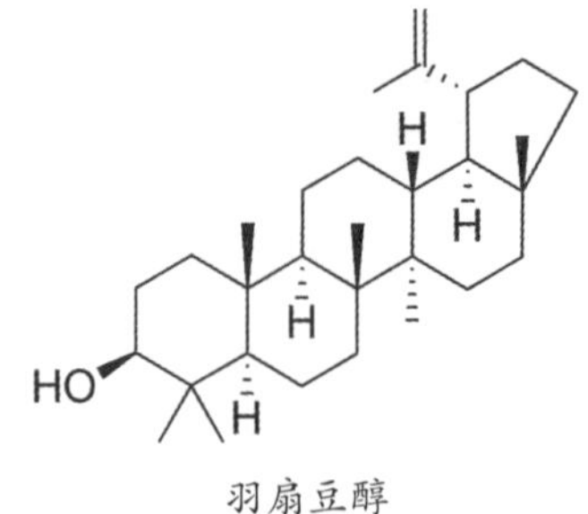

羽扇豆醇

药 材 名　木麻黄、木贼叶木麻黄、木贼麻黄。

药用部位　嫩枝、树皮。

生　　境　栽培，适生于海岸的疏松沙地，喜高温、潮湿环境。

采收加工　4—6月采摘嫩枝，或剥取树皮，均鲜用或晒干。

药材性状　枝条较长，主枝呈圆柱形，灰绿色或褐红色，小枝轮生，灰绿色，约有纵棱7条，纤细。节密生，鳞叶7枚轮生，下部白色，先端红棕色。枝条顶端有时有穗状雄花序和头状雌花序。节易脱落，枝条易折断，断面黄绿色。

性味归经　辛、苦，温。归肺、大肠、小肠经。

功效主治　宣肺止咳，行气止痛，收敛止泻，利湿；治感冒发热，咳嗽，慢性支气管炎，疝气，腹痛，泄泻，痢疾，小便不利，脚气肿痛。

化学成分　羽扇豆醇、蒲公英赛醇、黏霉烯醇、羽扇烯酮、β-香树脂醇、蒲公英赛醇乙酸酯、β-香树脂醇乙酸酯等三萜类；胡桃苷、阿福豆苷、三叶豆苷等黄酮类；儿茶精、原儿茶酸、没食子酸、莽草酸等多种酚类。

核心产区　福建、广东、广西、海南、台湾。

用法用量　内服：煎汤，3～9克。外用：适量，熏洗，或捣烂外敷患处。

本草溯源　《新华本草纲要》。

糙叶树（榆科）

Aphananthe aspera (Thunb.) Planch.

药 材 名　糙叶树皮。

药用部位　根皮、树皮。

功效主治　化瘀止痛；治腰部损伤。

化学成分　山柰酚-3-*O*-葡萄糖苷、槲皮素-3-*O*-芸香糖苷等。

紫弹树（榆科）

Celtis biondii Pamp.

药 材 名　紫弹树。

药用部位　叶、根皮、茎、枝。

功效主治　清热解毒，祛痰，利小便；治小儿脑积水，小儿头颅软骨病，腰骨酸痛，乳腺炎。

黑弹朴（榆科）

Celtis bungeana Blume

药 材 名　棒棒木。

药用部位　树干、枝条。

功效主治　祛痰止咳，平喘；治慢性咳嗽，哮喘。

化学成分　挥发油、糖类、羟基桂皮酰胺衍生物等。

朴树（榆科）

Celtis sinensis Pers.

药 材 名　朴树皮、朴树叶、朴树果。

药用部位　树皮、叶、成熟果实。

功效主治　散瘀止泻，清热利喉；治腰痛，漆疮，荨麻疹。

化学成分　黄酮类、三萜类等。

假玉桂（榆科）

Celtis timorensis Span.

药 材 名　假玉桂、埋哈刃（傣药）。

药用部位　心材。

功效主治　去瘀散结，消肿止血；治跌打瘀肿，扭挫伤。

四蕊朴（榆科）

Celtis tetrandra Roxb.

药 材 名　四蕊朴、埋哈松（傣药）。

药用部位　根、皮。

功效主治　止血；治便血。

白颜树（榆科）

Gironniera subaequalis Planch.

药 材 名　白颜树、大叶白颜树。

药用部位　叶。

功效主治　清凉，止血，止痛；治跌打瘀肿，刀伤出血。

青檀（榆科）

Pteroceltis tatarinowii Maxim.

药 材 名　青檀。

药用部位　茎、叶。

功效主治　祛风，止痛，止血；治跌打损伤。

化学成分　香草酸、胡萝卜苷、*α*-香树素。

狭叶山黄麻（榆科）

Trema angustifolium (Planch.) Blume

药 材 名　山郎木叶。

药用部位　叶。

功效主治　解毒敛疮，凉血止血，止痛；治疮疡溃破不敛，麻疹，外伤出血。

化学成分　熊果烷、*N*-反式-对香豆酰酪胺、穆坪马兜铃酰胺等。

光叶山黄麻（榆科）

Trema cannabinum Lour.

药 材 名　光叶山黄麻。

药用部位　根皮、全株。

功效主治　利水，解毒，活血祛瘀；治水泻，流行性感冒，毒蛇咬伤，筋骨折伤。

化学成分　还原糖、单宁、类固醇、生物碱类等。

山油麻（榆科）

Trema cannabinum Lour var. **dielsianum** (Hand. -Mazz.) C. J. Chen

药 材 名　山脚麻。

药用部位　叶、根。

功效主治　清热解毒，止痛，止血；治疔毒，外伤出血。

化学成分　(*E*)-2,3-Dihydrofarnesyl acetate、反式-金合欢醇乙酸酯等。

异色山黄麻（榆科）

Trema orientale (L.) Blume

药 材 名　山黄麻。

药用部位　根、茎皮、叶。

功效主治　清火解毒，止咳化痰，祛风止痒；治皮肤瘙痒，疔疮痈疖脓肿，漆树过敏，耳痈流脓血，咳嗽，腹泻呕吐。

化学成分　羽扇豆醇、西米杜酮、科罗索酸、乌苏酸等三萜类。

山黄麻（榆科）

Trema tomentosum (Roxb.) H. Hara

药 材 名　山黄麻。

药用部位　全株。

功效主治　散瘀，消肿，止血；治跌打损伤，肿痛。

化学成分　西米杜鹃醇、西米杜鹃酮、山黄麻萜醇、二十八烷酸等。

榔榆（榆科）

Ulmus parvifolia Jacq.

药 材 名　榔榆茎、榔榆叶、榔榆皮。

药用部位　叶、茎、树皮、根皮。

功效主治　叶：清热解毒，消肿止痛；治热毒疮疡，牙痛。茎：治腰背酸痛。树皮、根皮：治热淋，小便不利，疮疡肿毒，乳痈。

化学成分　曼宋酮C、曼宋酮G、曼宋酮E、豆甾醇、裂叶榆萜A等。

大叶榉树（榆科）

Zelkova schneideriana Hand.-Mazz.

药 材 名　榉树叶、榉树皮。

药用部位　叶、树皮。

功效主治　叶：清热解毒，凉血；治疮疡，崩中。树皮：清热解毒，利水；治感冒发热，水肿，痢疾，烫火伤。

化学成分　杨梅素、二氢杨梅素、槲皮素、杨梅苷等。

见血封喉（桑科）

Antiaris toxicaria Lesch.

药 材 名 见血封喉。

药用部位 乳汁、种子。

功效主治 有大毒。乳汁：强心，催吐，泻下，麻醉；治淋巴结结核。种子：解热；治痢疾。

化学成分 α-见血封喉苷、β-见血封喉苷和它们各自的19-脱氧苷、马来毒箭木苷等。

波罗蜜（桑科）

Artocarpus heterophyllus Lam.

药 材 名 木菠萝、菠萝蜜、将军木、蜜冬瓜。

药用部位 树液、果实等。

功效主治 树液：散结消肿，止痛；治疮疖红肿，急性淋巴结炎，湿疹。果实：滋养益气，生津止渴，通乳；治脾胃虚弱。

化学成分 Artoheteroid E、异叶波罗蜜环黄酮素、柘树黄酮C、桑皮酮T等。

白桂木（桑科）

Artocarpus hypargyreus Hance ex Benth.

药 材 名 白桂木根。

药用部位 根。

功效主治 祛风利湿，止痛；治风湿性关节痛，腰膝酸软，胃痛，黄疸。

化学成分 3β-乙酰化羽扇豆烯醇、二十二烷酸、白桦脂醇甲酯等。

桂木（桑科）

Artocarpus parvus Gagnep.

药 材 名　桂木。

药用部位　果、根。

功效主治　果：清肺止咳，活血止血；治肺结核咯血，支气管炎，鼻衄，吐血，咽喉肿痛。根：健胃行气，活血祛风；治胃炎，食欲不振，风湿痹痛，跌打损伤。

化学成分　Albanin A、brosimone I、环桂木黄素、β-香树素乙酯等。

二色波罗蜜（桑科）

Artocarpus styracifolius Pierre

药 材 名　二色波罗蜜、奶浆果、木皮。

药用部位　根。

功效主治　祛风除湿，舒筋活血；治风湿。

化学成分　柘树黄酮A、山柰酚、松属素、圣草酚、柚皮素等。

楮（桑科）

Broussonetia monoica Hance

药 材 名　构皮麻、小构树叶、小构树汁。

药用部位　全株、根、根皮、叶、树汁。

功效主治　全株、根、根皮：祛风除湿，活血止痛。叶：解毒祛风，止痒止血。树汁：解毒杀虫；治风湿痹痛，痢疾，黄疸，痈疖，跌打损伤。

化学成分　小构树醇U等黄酮类。

构树（桑科）

Broussonetia papyrifera (L.) L'Her. ex Vent.

药 材 名　楮实子。

药用部位　果实。

功效主治　补肾清肝，明目，利尿；治肝肾不足，腰膝酸软，虚劳骨蒸，头晕目昏，目生翳膜，水肿胀满。

化学成分　壬酸甲酯、月桂酸、肉豆蔻酸甲酯、十五烷酸甲酯等。

构棘（桑科）

Cudrania cochinchinensis (Lour.) Kudô et Masam.

药 材 名　穿破石、蒖芝。

药用部位　根。

功效主治　祛风湿，清热，消肿；治风湿痹痛，腰痛，跌打损伤，黄疸，癥瘕，痄腮，肺痨咳血，胃脘痛，淋浊。

化学成分　花旗松素、柑橘素、槲皮素、山柰酚等。

号角树（桑科）

Cecropia peltata L.

药 材 名　号角树。

药用部位　叶。

功效主治　消炎解毒；治肺炎，浮肿。

化学成分　荭草素、异荭草苷、牡荆苷、芦丁等。

毛柘藤（桑科）

Cudrania pubescens Trécul

药 材 名　毛柘藤。

药用部位　茎、叶。

功效主治　祛风散寒，止咳；治风湿痹痛，感冒咳嗽。

柘（桑科）

Cudrania tricuspidata (Carrière) Bureau ex Lavalle

药 材 名　柘木、柘木白皮。

药用部位　木材、除去栓皮的树皮或根皮。

功效主治　木材：治虚损，崩中血结，疟疾。除去栓皮的树皮或根皮：补肾固精，利湿解毒，止血，化瘀；治肾虚耳鸣，腰膝冷痛，遗精，带下，黄疸，疮疖呕血，咯血，崩漏，跌打损伤。

化学成分　花旗松素、奥洛波尔、槲皮素等。

水蛇麻（桑科）

Fatoua villosa (Thunb.) Nakai

药 材 名　水蛇麻。

药用部位　全草、根、叶。

功效主治　清热解毒；治疮毒疖肿。

化学成分　Villosins A-C等。

石榕树（桑科）

Ficus abelii Miq.

药 材 名 石榕树、水牛乳树、牛奶子。

药用部位 气根。

功效主治 消肿止痛，去腐生新；治乳痈，刀伤。

高山榕（桑科）

Ficus altissima Blume

药 材 名 高山榕、鸡榕、大叶榕。

药用部位 气根。

功效主治 清热解毒，活血，止痛；治跌打瘀痛。

化学成分 Ficusaltin A、ficusaltin B等。

大果榕（桑科）

Ficus auriculata Lour.

药 材 名 木瓜榕、大木瓜、锅麻哇（傣药）。

药用部位 树根、树皮。

功效主治 祛风除湿，活血止痛；治风湿骨痛，关节疼痛。

化学成分 三萜类、黄酮类、倍半萜类、香豆素类及生物碱类等。

垂叶榕（桑科）

Ficus benjamina L.

药 材 名　垂叶榕。

药用部位　气根、枝叶。

功效主治　行气，消肿散瘀；治跌打瘀痛，疝气。

化学成分　黄酮类等。

硬皮榕（桑科）

Ficus callosa Willd.

药 材 名　硬皮榕、锅勒朗（傣药）。

药用部位　树皮、根、叶。

功效主治　清火解毒，祛风止痛；治风湿骨痛，关节疼痛，风湿麻木。

无花果（桑科）

Ficus carica L.

药 材 名　无花果、无花果叶、无花果根。

药用部位　果实、叶、根。

功效主治　果实：清热生津，健脾开胃。叶：有小毒。清热利湿；治湿热泄泻。根：清肺利咽。三者均解毒消肿，果实和根治咽喉肿痛。

化学成分　怀特酮、甘草宁G、猫尾草异黄酮、indicanine C、木豆素等。

雅榕（桑科）

Ficus concinna (Miq.) Miq.

药 材 名 小叶榕、万年青。

药用部位 根、叶、果实。

功效主治 消肿，止痛；治蛊毒，脘痛，筋骨痛，痄腮，疮疡，跌打伤肿，外伤出血。

化学成分 雄黄兰皂苷、D-葡萄糖、L-阿拉伯糖、D-岩藻糖、观音兰黄酮苷等。

钝叶榕（桑科）

Ficus curtipes Corner

药 材 名 钝叶榕、锅海林吗（傣药）。

药用部位 树皮、根。

功效主治 清热解毒，除风止痒；治月子病；外用水煎煮洗患处治各种皮肤疾病。

化学成分 单萜类和倍半萜类等。

印度榕（桑科）

Ficus elastica Roxb. ex Hornem.

药 材 名 印度胶树、橡胶榕。

药用部位 气根。

功效主治 止血；治外伤出血。

化学成分 *β*-谷甾醇、biochanin A、elastiquinone等。

天仙果（桑科）

Ficus erecta Thunb.

药 材 名　天仙果。

药用部位　果实。

功效主治　润肠通便，解毒消肿；治便秘，痔疮肿痛。

化学成分　红色素、黄酮类色素、多糖等。

水同木（桑科）

Ficus fistulosa Reinw. ex Blume

药 材 名　水同木。

药用部位　根皮、叶。

功效主治　清热利湿，活血止痛；治湿热小便不利，腹泻，跌打肿痛。

化学成分　Fistulopsines A、fistulopsines B、腐鱼尸碱、娃儿藤碱等生物碱。

黄毛榕（桑科）

Ficus esquiroliana H. Lév.

药 材 名　黄毛榕。

药用部位　根皮。

功效主治　益气健脾，祛风除湿；治气虚，子宫脱垂，脱肛，便溏，水肿，风湿痹痛。

台湾榕（桑科）

Ficus formosana Maxim.

药 材 名 台湾榕。

药用部位 全株。

功效主治 养血，催乳，祛风利湿；治月经不调，产后或病后虚弱，乳汁不下，咳嗽，风湿痹痛，跌打损伤，背痈。

化学成分 Ficuformodiol A、ficuformodiol B、spatheliachromen、obovatin等。

冠毛榕（桑科）

Ficus gasparriniana Miq.

药 材 名 绿叶冠毛榕、小果榕。

药用部位 根、叶。

功效主治 下乳；治乳汁不足。

金毛榕（桑科）

Ficus fulva Reinw. ex Blume

药材名　金毛榕、埋勒满（傣药）。

药用部位　根皮。

功效主治　补益气血，除湿止痛，涩肠止泻；治气血虚弱，子宫下垂，脱肛，水肿，风湿痹痛，便溏泄泻。

异叶榕（桑科）

Ficus heteromorpha Hemsl.

药材名　奶浆果、奶浆木。

药用部位　果实、根、全株。

功效主治　果实：补血，下乳；治脾胃虚弱，缺乳。根、全株：祛风除湿，化痰止咳；治风湿痹痛，咳嗽，跌打损伤。

粗叶榕（桑科）

Ficus hirta Vahl

补骨脂素

药 材 名 五指毛桃、五爪龙、掌叶榕。

药用部位 根。

生　　境 栽培，生于丘陵、山地、坡地、平地和灌木丛。

采收加工 全年均可采收，洗净，除细根，切片，晒干。

药材性状 略呈圆柱形，有分枝，表面有斑纹及细皱纹，可见皮孔，质坚硬，皮部薄而韧，易剥离，木部宽广，有较密集的同心环纹。气微香，味甘。

性味归经 甘，微温。归肺、脾、胃、大肠、肝经。

功效主治 益气健脾，祛痰利湿，舒筋活络；治肺虚痰喘，脾胃气虚，肢倦无力，食少腹胀等。

化学成分 补骨脂素、佛手柑内酯等。

核心产区 广东、广西、海南、湖南、江西、福建、云南和贵州等。

用法用量 内服：煎汤，15～30克。外用：适量，水煎洗患处。

本草溯源 《生草药性备要》《岭南采药录》《植物名实图考》。

附　　注 五指毛桃为广东、广西习用药材，当地常作为黄芪代用品，称“南芪”，除药用外，五指毛桃也是广东民间常用的煲汤原料之一，具有悠久的食用历史，《广东省中药材标准》《广西壮族自治区壮药质量标准》《湖南省中药材标准》等地方标准中均有五指毛桃的记载。

对叶榕（桑科）

Ficus hispida L. f.

药 材 名　对叶榕。

药用部位　根、叶、果、皮。

功效主治　清热利湿，消积化痰；治感冒，气管炎，消化不良，痢疾，风湿性关节炎。

化学成分　对叶榕碱、香柑内酯、菲八氢吡吲哚等生物碱类。

榕树（桑科）

Ficus microcarpa L. f.

药 材 名　榕树。

药用部位　叶、气根。

功效主治　叶：清热，解表，化湿；治流行性感冒，疟疾，支气管炎，百日咳。气根：发汗，清热，透疹；治风湿骨痛，跌打损伤。

化学成分　土蜜树香堇苷B、二氢八角枫香堇苷A、ficusic acid等。

琴叶榕（桑科）

Ficus pandurata Hance

药 材 名　琴叶榕。

药用部位　根、叶。

功效主治　祛风除湿，解毒消肿，活血通经；治风湿痹痛，黄疸，疟疾，乳汁不通，乳痈，痛经，闭经，跌打损伤。

化学成分　1β-羟基-3β-乙酰氧基-11α-甲氧基-12-熊果烯等。

褐叶榕（桑科）

Ficus pubigera (Miq.) Wall. ex Brandis

药 材 名 褐叶榕、毛榕。

药用部位 叶。

功效主治 消肿止痛，止血；外用治跌打损伤。

薜荔（桑科）

Ficus pumila L.

药 材 名 薜荔、薜荔汁、薜荔根。

药用部位 茎、叶、根、乳汁。

功效主治 茎、叶、根：祛风除湿，活血通络；治风湿痹痛，坐骨神经痛。乳汁：祛风杀虫止痒，壮阳固精；治白癜风。

化学成分 熊果醇、白桦脂醇、豆甾-5,24(28)-二烯-3β-醇等。

舶梨榕（桑科）

Ficus pyriformis Hook. et Arn.

药 材 名 梨果榕。

药用部位 茎。

功效主治 清热利水，止痛；治小便淋沥，尿路感染，水肿，胃脘痛，腹痛。

化学成分 黄酮类等。

聚果榕（桑科）

Ficus racemosa L.

药 材 名 聚果榕、马郎果、锅勒景（傣药）。

药用部位 根。

功效主治 清热解毒，化湿；治疮疖，臁疮。

菩提树（桑科）

Ficus religiosa L.

药 材 名　印度菩提树皮。

药用部位　树皮。

功效主治　止痛，固齿；治牙痛，牙齿浮动。

化学成分　丝氨酸、蛋白酶等。

珍珠莲（桑科）

Ficus sarmentosa Buch. -Ham. ex Sm. var. **henryi** (King ex Oliv.) Corner

药 材 名　珍珠莲。

药用部位　根、藤。

功效主治　祛风除湿，消肿止痛，解毒杀虫；治风湿性关节痛，脱臼，乳痈，疮疖，癣症。

化学成分　圣草酚、高圣草酚、槲皮素、二氢槲皮素等黄酮类。

爬藤榕（桑科）

Ficus sarmentosa Buch. -Ham. ex Sm. var. **impressa** (Champ. ex Benth.) Corner

药 材 名　爬藤榕。

药用部位　根、茎。

功效主治　祛风除湿，行气活血，消肿止痛；治风湿痹痛，神经性头痛，小儿惊风，胃痛，跌打损伤。

化学成分　黄酮类等。

极简榕（桑科）

Ficus simplicissima Lour.

药 材 名　五指毛桃、五指毛桃果。

药用部位　根、果实。

功效主治　根：健脾补肺，行气利湿，舒筋活络；治脾虚浮肿，食少无力，肺痨咳嗽。果实：滋润生津；治便秘，产后少乳。

化学成分　氨基酸、糖类、甾体类、香豆素类等。

竹叶榕（桑科）

Ficus stenophylla Hemsl.

药 材 名　竹叶榕。

药用部位　根、茎、全株。

功效主治　祛痰止咳，行气活血，祛风除湿；治咳嗽，胸痛，跌打肿痛，肾炎，风湿骨痛，乳少。

化学成分　3,4-二氢补骨酯素、7-羟基香豆素、香柠檬内酯等。

棒果榕（桑科）

Ficus subincisa Buch. -Ham. ex Sm.

药 材 名　棒果榕、勒嘿（傣药）。

药用部位　根、叶。

功效主治　清火解毒，祛风止痒；治各种皮肤病，恶心呕吐。

笔管榕（桑科）

Ficus subpisocarpa Gagnep.

药 材 名　雀榕叶、雀榕根。

药用部位　叶、根。

功效主治　叶：除湿止痒；治漆过敏，湿疹，鹅口疮。根：治乳痈肿痛。两者均清热解毒。

地果（桑科）

Ficus tikoua Bureau

药 材 名　霜坡虎、飞土瓜、牛马藤。

药用部位　茎叶。

功效主治　清热利湿，活血通络，解毒消肿；治肺热咳嗽，痢疾，水肿，黄疸，小儿消化不良，风湿疼痛，跌打损伤。

化学成分　4-豆甾烯-3-酮、佛手柑内酯、胡萝卜苷等。

斜叶榕（桑科）

Ficus tinctoria G. Forst. subsp. **gibbosa** (Blume) Corner

药 材 名　斜叶榕、斜叶榕叶。

药用部位　树皮、叶。

功效主治　树皮：清热利湿，解毒；治感冒，高热惊厥，痢疾，目赤肿痛。叶：祛痰止咳，活血通络；治咳嗽，风湿痹痛。

杂色榕（桑科）

Ficus variegata Blume

药 材 名　杂色榕、青果榕、麻勒哇（傣药）。

药用部位　根。

功效主治　治遗尿。

青果榕（桑科）

Ficus variegata Blume var. **chlorocarpa** (Benth.) King

药 材 名　青果榕。

药用部位　茎皮、果实、叶、胶脂。

功效主治　清热泻火；治乳腺炎。

化学成分　甾类等。

变叶榕（桑科）

Ficus variolosa Lindl. ex Benth.

药 材 名　变叶榕。

药用部位　根。

功效主治　祛风除湿，活血止痛，催乳；治风湿痹痛，胃痛，疖肿，跌打损伤，乳汁不下。

黄葛树（桑科）

Ficus virens Aiton

药 材 名　黄葛树。

药用部位　根、叶。

功效主治　根：祛风除湿，清热解毒。叶：消肿止痛；治风湿骨痛，感冒，扁桃体炎，结膜炎。

化学成分　单宁、三萜皂苷类、酸性树脂、黄酮糖苷等。

牛筋藤（桑科）

Malaisia scandens (Lour.) Planch.

药 材 名　牛筋藤、蛙皮藤、鹊鸪藤、谷沙藤、饭果藤、煲稗子藤。

药用部位　根、叶。

功效主治　祛风湿，止痛，补血，利尿；治风湿骨痛，贫血。

桑（桑科）

Morus alba L.

药 材 名　桑叶、桑白皮、桑枝、桑椹。

药用部位　叶、根皮、嫩枝、果穗。

功效主治　叶：疏散风热，清肺润燥，清肝明目；治风热感冒，肺热燥咳。根皮：泻肺平喘，利水消肿。嫩枝：祛风湿，利关节；治肺热喘咳，水肿胀满尿少。果穗：滋阴补血，生津润燥；治肝肾阴虚，眩晕耳鸣，心悸失眠。

化学成分　桑皮苷A、绿原酸、二氢桑色素、氧化白藜芦醇、桑辛素O等。

鸡桑（桑科）

Morus australis Poir.

药 材 名　鸡桑根、鸡桑叶。

药用部位　根、根皮、叶。

功效主治　清肺，凉血，利湿；治肺热喘咳。

化学成分　Benzokuwanon E、hydroxymorusin等。

奶桑（桑科）

Morus macroura Miq.

药 材 名　奶桑。

药用部位　叶。

功效主治　疏风清热，清肝明目；治风热感冒，肺热咳嗽，咽喉肿痛，头痛，目赤。

假鹊肾树（桑科）

Pseudostreblus indicus Bureau

药 材 名　假鹊肾树。

药用部位　树皮、叶。

功效主治　清火解毒，凉血止血，消肿止痛；治腮腺炎，颌下淋巴结肿大，各种出血症，跌打损伤。

化学成分　佛手柑内酯、东莨菪素、伞形花内酯、丹参酮ⅡA等。

鹊肾树（桑科）

Streblus asper Lour.

药 材 名　鹊肾树。

药用部位　根、茎、叶。

功效主治　催顽痰；治发热，痢疾，齿龈炎，溃疡。

化学成分　乙酸苯胺乙酸酯、α-氨基丁酸酯等。

海岛苎麻（荨麻科）

Boehmeria formosana Hayata

药 材 名　海岛苎麻叶。

药用部位　叶。

功效主治　活血散瘀，消肿止痛；治跌打损伤，瘀血肿痛。

化学成分　草酸、单宁等。

序叶苎麻（荨麻科）

Boehmeria clidemioides Miq. var. **diffusa** (Wedd.) Hand.-Mazz.

药 材 名　水火麻。

药用部位　全草。

功效主治　祛风除湿；治风湿痹痛。

化学成分　多糖等。

细野麻（荨麻科）

Boehmeria gracilis C. H. Wright

药 材 名　麦麸草、麦麸草根、东北苎麻、山麻。

药用部位　地上部分、根。

功效主治　种子有毒。地上部分：祛风止痒，解毒利湿；治皮肤瘙痒，湿毒疮疹。根：活血消肿；治跌打损伤，痔疮肿痛。

化学成分　三萜类、黄酮类等。

野线麻（荨麻科）

Boehmeria japonica (L. f.) Miq.

药 材 名　水禾麻。

药用部位　根、全草。

功效主治　祛风除湿，接骨，解表寒；治风热感冒，麻疹，痈肿，毒蛇咬伤，皮肤瘙痒，风湿痹痛，跌打损伤，骨折，疮疥。

化学成分　三萜类、黄酮类等。

水苎麻（荨麻科）

Boehmeria macrophylla Hornem.

药 材 名　水苎麻。

药用部位　全草、根。

功效主治　祛风除湿，通络止痛；治风湿痹痛，跌打损伤。

化学成分　小穗、苎麻素等。

糙叶水苎麻（荨麻科）

Boehmeria macrophylla Hornem var. **scabrella** (Roxb.) D. G. Long

药 材 名　糙叶水苎麻。

药用部位　茎叶、根。

功效主治　祛风除湿，解毒，截疟；治风湿痹痛，疮毒，烧烫伤，疟疾。

化学成分　β-谷甾醇、β-谷甾醇葡萄糖苷、乌苏酸、染料木素等。

苎麻（荨麻科）

Boehmeria nivea (L.) Gaudich.

药 材 名　苎麻。

药用部位　根、叶。

功效主治　根：清热利尿，凉血安胎；治感冒发热，尿路感染，孕妇腹痛，先兆流产。叶：止血解毒；治创伤出血，蛇虫咬伤。

化学成分　纤维素、半纤维素、果胶、木质素、脂蜡质等。

长叶苎麻（荨麻科）

Boehmeria penduliflora Wedd. ex D. G. Long

药 材 名　长叶苎麻、水细麻、康摆摇（傣药）。

药用部位　根、茎皮。

功效主治　利水消肿，排石，疏风；治结石，产后胎盘不下，习惯性流产，感冒，风湿病，中耳炎，消化不良，口腔溃疡。

束序苎麻（荨麻科）

Boehmeria siamensis Craib

药 材 名 老母猪挂面、芽呼光（傣药）。

药用部位 全草。

功效主治 清热解毒，镇静祛风；治腹痛，泄泻，荨麻疹，皮肤瘙痒，湿疹，痘疮。

小赤麻（荨麻科）

Boehmeria spicata (Thunb.) Thunb.

药 材 名 小赤麻、小赤麻根。

药用部位 全草、叶、根。

功效主治 全草、叶：利尿消肿，解毒透疹；治水肿腹胀，麻疹。根：活血消肿，止痛；治跌打损伤，痔疮肿痛。

八角麻（荨麻科）

Boehmeria tricuspis (Hance) Makino

药 材 名 悬铃叶苎麻。

药用部位 根、叶。

功效主治 清热解毒，收敛止血，生肌；治咳血，衄血，尿血，崩漏，跌打损伤，无名肿毒。

化学成分 萹蓄苷、花旗松素等。

微柱麻（荨麻科）

Chamabainia cuspidata Wight

药 材 名　虫蚁菜。

药用部位　全草。

功效主治　止血生肌，除湿止痢；治外伤出血，痢疾，胃腹疼痛。

长叶水麻（荨麻科）

Debregeasia longifolia (Burm. f.) Wedd.

药 材 名　麻叶树、水珠麻。

药用部位　根。

功效主治　除风湿。

化学成分　黄酮及黄酮苷类等。

水麻（荨麻科）

Debregeasia orientalis C. J. Chen

药 材 名　冬里麻、冬里麻根。

药用部位　枝叶、根或根皮。

功效主治　枝叶：疏风止咳，清热透疹，化瘀止血；治外感咳嗽，咳血，小儿急惊风。根或根皮：祛风除湿，活血止痛；治风湿痹痛，跌打损伤。

化学成分　白桦脂酸、常春藤皂苷元、紫丁香苷等。

鳞片水麻（荨麻科）

Debregeasia squamata King ex Hook. f.

药 材 名　鳞片水麻。

药用部位　全株。

功效主治　止血，活血；治外伤出血，跌打损伤。

全缘火麻树（荨麻科）

Dendrocnide sinuata (Blume) Chew

药 材 名　老虎俐、老虎俐根皮。

药用部位　茎叶、根皮。

功效主治　茎叶：散瘀消肿；治跌打伤肿，骨折。根皮：健脾消疳；治小儿疳积。

火麻树（荨麻科）

Dendrocnide urentissima (Gagnep.) Chew

药 材 名　树火麻、麻风树、电树。

药用部位　树皮。

功效主治　驱蛔虫。

锐齿楼梯草（荨麻科）

Elatostema cyrtandrifolium (Zoll. et Moritzi) Miq.

药 材 名　毛叶楼梯草。

药用部位　全草。

功效主治　祛风除湿，解毒杀虫；治风湿痹痛，痈肿，疥疮。

楼梯草（荨麻科）

Elatostema involucratum Franch. et Sav.

药 材 名　楼梯草、楼梯草根。

药用部位　全草、根茎。

功效主治　全草：清热解毒，活血消肿；治发热，赤白痢疾，黄疸，风湿痹痛。根茎：理气清热；治劳伤疼痛。

化学成分　胡萝卜苷、棕榈酸、槲皮素等。

狭叶楼梯草（荨麻科）

Elatostema lineolatum Wight

药 材 名　豆瓣七。

药用部位　全草。

功效主治　活血通络，消肿止痛，清热解毒；治风湿痹痛，跌打损伤，骨折，外伤出血，痈疽肿痛。

多序楼梯草（荨麻科）

Elatostema macintyrei Dunn

药 材 名　多序楼梯草。

药用部位　全草。

功效主治　清热，润肺止咳，消肿止痛；治肝炎，咳嗽，跌打损伤。

宽叶楼梯草（荨麻科）

Elatostema platyphyllum Wedd.

药 材 名　阔叶赤车使者、无苞楼梯草、南海楼梯草。

药用部位　根、叶。

功效主治　祛风清热，解毒消肿；治高热，跌打损伤，毒蛇咬伤。

石生楼梯草（荨麻科）

Elatostema rupestre (Buch. -Ham. ex D. Don) Wedd.

药 材 名　石生楼梯草。

药用部位　全草。

功效主治　清热凉肝，润肺止咳；治肺热咳嗽。

大蝎子草（荨麻科）

Girardinia diversifolia (Link) Friis

药 材 名　大荨麻、火麻草、虎掌荨麻。

药用部位　全草。

功效主治　有毒。祛痰，利湿，解毒；治咳嗽痰多，水肿；外用治疮毒。

化学成分　东莨菪内酯、山柰素、β-谷甾醇等。

糯米团（荨麻科）

Gonostegia hirta (Blume) Miq.

药 材 名　糯米藤、捆仙绳、糯米菜。

药用部位　带根全草。

功效主治　清热解毒，健脾消积，利湿消肿，散瘀止血；治乳痈，肿毒，痢疾，消化不良，食积腹痛，疳积。

化学成分　齐墩果酸、坡模酸、常春藤皂苷元等。

珠芽艾麻（荨麻科）

Laportea bulbifera (Siebold et Zucc.) Wedd.

药 材 名　野绿麻、野绿麻根、铁秤砣、火麻。

药用部位　全草、根。

功效主治　全草：健脾消积；治小儿疳积。根：祛风除湿，活血止痛；治风湿痹痛，肢体麻木，跌打损伤。

化学成分　原儿茶酸乙酯、东莨菪内酯、反式肉桂酸等。

艾麻（荨麻科）

Laportea cuspidata (Wedd.) Friis

药 材 名　红线麻、山芋麻、红头麻。

药用部位　根。

功效主治　有小毒。祛风除湿，通经活络，消肿，解毒；治风湿痹痛，肢体麻木，腰腿疼痛，水肿，淋巴结结核，蛇咬伤。

假楼梯草（荨麻科）

Lecanthus peduncularis (Wall. ex Royle) Wedd.

药 材 名　勒管草、绿山麻柳、水苋菜。

药用部位　全草。

功效主治　润肺止咳；治肺热咳嗽，阴虚久咳，咯血。

化学成分　生物碱类等。

水丝麻（荨麻科）

Maoutia puya (Hook.) Wedd.

药 材 名　翻白叶麻、三元麻、野麻、啊车车朴（哈尼药）、子柯（基诺药）。

药用部位　根、全草。

功效主治　根：清热解毒，消肿止痛；治疮疖红肿。全草：治感冒发热，月经过多，风湿疼痛，外敷治生疮，伤口不收。

毛花点草（荨麻科）

Nanocnide lobata Wedd.

药 材 名　雪药、波丝草、小九龙盘。

药用部位　全草。

功效主治　清热解毒，消肿散结，止血；治肺热咳嗽，瘰疬，咯血，烧烫伤，痈肿，跌打损伤，蛇咬伤，外伤出血。

化学成分　有机酸、多糖、苷类、甾体类等。

紫麻（荨麻科）

Oreocnide frutescens (Thunb.) Miq.

药 材 名　紫麻、小麻叶、水麻叶。

药用部位　全株。

功效主治　清热解毒，行气活血，透疹；治感冒发热，跌打损伤，牙痛，麻疹不透，疡肿。

化学成分　表儿茶素、槲皮素、坡槿酮酸等。

广西紫麻（荨麻科）

Oreocnide kwangsiensis Hand.-Mazz.

药 材 名　广西紫麻、广西花点草根。

药用部位　根。

功效主治　接骨愈伤，解毒消肿；治骨折，疮毒疥癣。

倒卵叶紫麻（荨麻科）

Oreocnide obovata (C. H. Wright) Merr.

药 材 名　癞皮根、地道杜。

药用部位　根、全株。

功效主治　发表透疹，祛风胜湿，活血散瘀；治麻疹，水痘，风湿痹痛，跌打损伤，骨折。

红紫麻（荨麻科）

Oreocnide rubescens (Blume) Miq.

药 材 名　水麻树、滑水树。

药用部位　全株。

功效主治　行气活血；治跌打损伤。

短叶赤车（荨麻科）

Pellionia brevifolia Benth.

药 材 名　猴接骨草。

药用部位　全草。

功效主治　活血散瘀，消肿止痛；治跌打损伤，骨折。

赤车（荨麻科）

Pellionia radicans (Siebold et Zucc.) Wedd.

药 材 名　赤车、岩下青、赤车使者。

药用部位　全草、根。

功效主治　祛风胜湿，活血行瘀，解毒止痛；治风湿骨痛，骨折，疮疖，牙痛，骨髓炎，丝虫病引起的淋巴管炎。

吐烟花（荨麻科）

Pellionia repens (Lour.) Merr.

药 材 名　吐烟花、吐烟草。

药用部位　全草。

功效主治　清热利湿，宁心安神；治湿热黄疸，腹水，失眠，健忘，过敏性皮炎，下肢溃疡，疮疖肿毒。

化学成分　羽扇豆酮、羽扇豆醇等。

蔓赤车（荨麻科）

Pellionia scabra Benth.

药 材 名　蔓赤车、毛赤车、入脸麻。

药用部位　全草。

功效主治　清热解毒，散瘀消肿，凉血止血；治目赤肿痛，痄腮，蛇缠疮。

化学成分　胆甾醇、胡萝卜苷等。

长柄赤车（荨麻科）

Pellionia tsoongii (Merr.) Merr.

药 材 名　长柄赤车、半边风。

药用部位　全草。

功效主治　清热解毒；治疗疮肿毒。

圆瓣冷水花（荨麻科）

Pilea angulata (Blume) Blume

药 材 名　圆瓣冷水花、走马胎。

药用部位　全草。

功效主治　祛风通络，活血止痛；治风湿痹痛，跌打损伤。

湿生冷水花（荨麻科）

Pilea aquarum Dunn

药 材 名　四轮草。

药用部位　全草。

功效主治　清热解毒；治疮疖。

化学成分　石竹烯、1-萘胺、愈创兰油烃等。

基心叶冷水花（荨麻科）

Pilea basicordata W. T. Wang ex C. J. Chen

药 材 名　红草、接骨风、冷水花。

药用部位　全草。

功效主治　清热解毒，散瘀消肿；治疮疖，跌打肿痛，骨折，烧烫伤。

波缘冷水花（荨麻科）

Pilea cavaleriei H. Lév.

药 材 名　石油菜、石花菜、小石芥。

药用部位　全草。

功效主治　清肺止咳，利水消肿，解毒止痛；治肺热咳嗽，肺结核，肾炎性水肿，烧烫伤，跌打损伤，疮疖肿毒。

化学成分　3-吲哚甲醛、香豆酸、原儿茶酸等。

圆齿石油菜（荨麻科）

Pilea cavaleriei H. Lév. subsp. **crenata** C. J. Chen

药 材 名　石油菜。

药用部位　全草。

功效主治　清肺止咳，利水消肿，解毒止痛；治肺热咳嗽，跌打损伤，疮痈肿毒。

化学成分　蛇麻烷型倍半萜类等。

疣果冷水花（荨麻科）

Pilea gracilis Hand. -Mazz.

药 材 名　疣果冷水花、土甘草、铁杆水草。

药用部位　全草。

功效主治　清热解毒，消肿；治疮疖痈肿，水肿。

山冷水花（荨麻科）

Pilea japonica (Maxim.) Hand. -Mazz.

药 材 名　苔水花、日本冷水花。

药用部位　全草。

功效主治　清热解毒，利水通淋，止血；治小便淋痛，尿血，喉痛，乳蛾，小儿胎毒，丹毒，赤白带下，阴痒。

小叶冷水花（荨麻科）

Pilea microphylla (L.) Liebm.

药 材 名　透明草、玻璃草。

药用部位　全草。

功效主治　清热解毒；治痈肿疮疡，丹毒，无名肿毒，烧烫伤，毒蛇咬伤。

化学成分　反式-植物醇、棕榈油酸、(+)-桉油烯醇等。

大叶冷水花（荨麻科）

Pilea martini (H. Lév.) Hand. -Mazz.

药 材 名　大叶冷水花、异被冷水花。

药用部位　全草。

功效主治　清热解毒，消肿止痛，接骨利尿；治扭伤。

念珠冷水花（荨麻科）

Pilea monilifera Hand. -Mazz.

药 材 名　项链冷水花。

药用部位　全草。

功效主治　清热利湿，退黄，消肿散结，健脾和胃；治湿热黄疸，赤白带下，淋浊，尿血，小儿夏季热，疟母，消化不良，跌打损伤，外伤感染。

冷水花（荨麻科）

Pilea notata C. H. Wright

药 材 名　冷水花、水麻叶、土甘草。

药用部位　全草。

功效主治　清热利湿，退黄，消肿散结，健脾和胃；治湿热黄疸，赤白带下，淋浊，尿血，外伤感染。

化学成分　α-香树脂醇乙酸酯、亚麻油酸乙酯等。

盾叶冷水花（荨麻科）

Pilea peltata Hance

药 材 名　背花疮、独色草、四季青。

药用部位　全草。

功效主治　清热解毒，祛痰化瘀；治肺热咳喘，肺痨久咳，咯血，疮疡肿毒，跌打损伤，外伤出血，痞积。

化学成分　对伞花烃、α-法呢烯等。

镜面草（荨麻科）

Pilea peperomioides Diels

药 材 名　镜面草。

药用部位　全草。

功效主治　续筋接骨；治跌打损伤，肿痛。

矮冷水花（荨麻科）

Pilea peploides (Gaudich) Hook. et. Arn.

药 材 名　水石油菜、虎牙草、地油仔。

药用部位　全草。

功效主治　清热解毒，化痰止咳，祛风除湿，祛瘀止痛；治咳嗽，哮喘，风湿痹痛，水肿，跌打损伤。

石筋草（荨麻科）

Pilea plataniflora C. H. Wright

药 材 名　石筋草、石稔草、石头花。

药用部位　全草。

功效主治　舒筋活络，利尿，解毒；治风寒湿痹，筋骨疼痛，手足麻木，跌打损伤，水肿。

透茎冷水花（荨麻科）

Pilea pumila (L.) A. Gray

药 材 名　透茎冷水花、美豆、直苎麻。

药用部位　全草、根茎。

功效主治　清热，利尿，解毒；治尿路感染，急性肾炎，子宫内膜炎，子宫脱垂，赤白带下，跌打损伤，蛇虫咬伤。

三角形冷水花（荨麻科）

Pilea swinglei Merr.

药 材 名　三角叶冷水花、玻璃草、油面草。

药用部位　全草。

功效主治　清热解毒，祛瘀止痛；治疗肿痈毒，毒蛇咬伤，跌打损伤。

红雾水葛（荨麻科）

Pouzolzia sanguinea (Blume) Merr.

药 材 名 红水麻、青白麻叶、大黏叶、大黏药。

药用部位 根、叶、根皮。

功效主治 根、叶：祛风湿，舒筋络，消肿散毒；治膝眼风，骨折，风湿痹痛，乳痈，疮疖红肿。根皮：治胃肠炎，外伤出血，刀枪伤。

雾水葛（荨麻科）

Pouzolzia zeylanica (L.) Benn et R. Br.

药 材 名 雾水葛、地清散、啜脓膏。

药用部位 全草、带根全草。

功效主治 清热解毒，消肿排脓，利水通淋；治疮疡痈疽，乳痈，风火牙痛，痢疾，腹泻，小便淋痛，白浊。

化学成分 α-香树脂醇、丁香基-β-芸香糖苷等。

藤麻（荨麻科）

Procris crenata C. B. Rob.

药 材 名 藤麻、金玉石、石骨丹。

药用部位 全草。

功效主治 清热解毒，散瘀消肿；治无名肿毒，烧烫伤，跌打损伤，骨折。

大麻（大麻科）

Cannabis sativa L.

四氢大麻酚　　大麻二酚

药 材 名　火麻仁。

药用部位　成熟果实。

生　　境　栽培，也有半野生，大麻是一种喜温、抗旱植物，尤其适合种植在透水性好的砂质壤土中。

采收加工　秋季果实成熟时采收，除去杂质，晒干。

药材性状　呈卵圆形，表面灰绿色或灰黄色，有微细的白色或棕色网纹，两边有棱，顶端略尖，基部有一圆形果梗痕迹。果皮薄而脆，易破碎。种皮绿色，子叶2，乳白色，富油性。气微，味淡。

性味归经　甘，平。归脾、胃、大肠经。

功效主治　润肠通便；治血虚津亏，肠燥便秘。

化学成分　蛋白质、油脂、膳食纤维及大麻素类等，大麻素如四氢大麻酚（THC）、大麻二酚、四氢大麻酚酸、次大麻二酚、大麻萜酚等。

核心产区　广泛分布于我国东北、华北和西南等地，尤以山东（泰安、烟台）量大，南方各省区均有分布，尤以云南（红土高原）和广西（河池巴马）量大。

用法用量　煎汤，10～15克。

本草溯源　《神农本草经》《日华子本草》《本草纲目》《神农本草经疏》《本经逢原》《本草从新》。

附　　注　我国传统栽培的大麻分为两个变种，其果实（火麻仁）作为传统中药材，已列入《药食同源》目录。大麻中的四氢大麻酚具有强烈的致幻性及成瘾性，是大麻制毒的关键原料，目前全球药用大麻合法化的国家55个，娱乐用大麻合法化国家11个，大麻种植合法化国家31个，我国仅云南省和黑龙江省特许种植加工合法化。

葎草（大麻科）

Humulus scandens (Lour.) Merr.

药 材 名　葎草、勒草、黑草。

药用部位　全草。

功效主治　有毒。清热解毒，利尿通淋；治肺热咳嗽，肺痈，虚热烦渴，热淋，水肿，小便不利，湿热泻痢。

化学成分　木犀草素、*β*-葎草烯、蛇麻酮等。

满树星（冬青科）

Ilex aculeolata Nakai

药 材 名　满树星、鼠李冬青、秤星木。

药用部位　根皮、叶。

功效主治　疏风化痰，清热解毒；治感冒咳嗽，牙痛，烫伤，湿疹。

秤星树（冬青科）

Ilex asprella (Hook et Arn.) Champ. ex Benth.

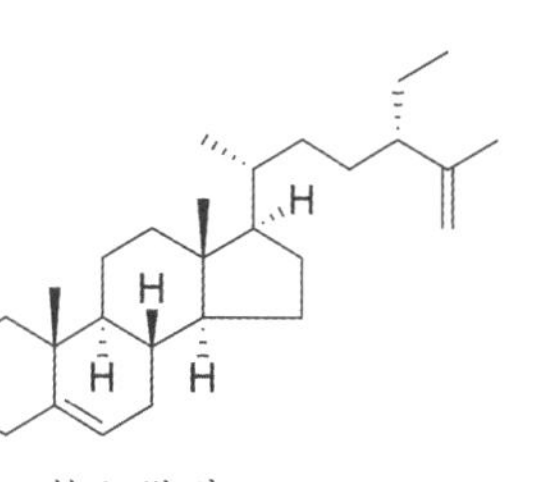

桢酮甾醇

药 材 名　岗梅、梅叶冬青、山梅。

药用部位　根、茎。

生　　境　栽培，生于丘陵、荒山坡地、平地。

采收加工　全年均可采收，除去嫩枝和叶，洗净，趁鲜时切或劈成片、块或段，晒干。

药材性状　类圆形或不规则片、段，外皮浅棕褐色或浅棕红色，稍粗糙，有细纵皱纹、细根痕及皮孔。气微，味苦而后甘。

性味归经　苦、微甘，凉。归肺、脾、胃经。

功效主治　清热解毒，生津止渴；治感冒发热、肺热咳嗽等。

化学成分　桢酮甾醇、丁香脂素、桢酮甾醇3-*O*-*β*-D-葡萄糖苷等。

核心产区　广东（茂名、梅州、河源、惠州）。

用法用量　内服：煎汤，30～60克。外用：适量，捣敷。

本草溯源　《生草药性备要》《陆川本草》《岭南采药录》。

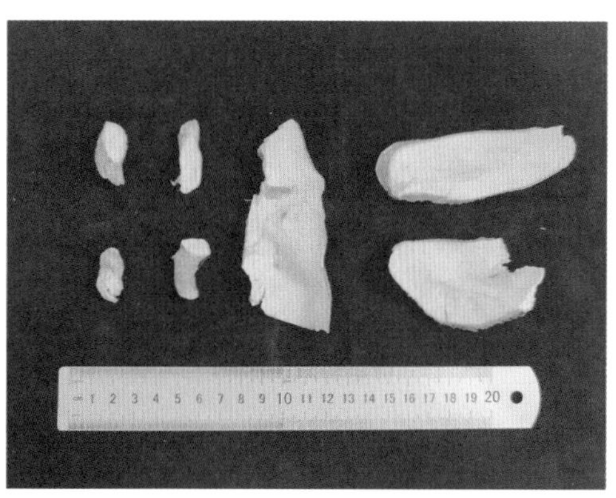

黄杨叶冬青（冬青科）

Ilex buxoides S. Y. Hu

药 材 名　黄杨叶冬青。

药用部位　叶、果实、树皮。

功效主治　清火，消肿；治疔疮，口疮。

冬青（冬青科）

Ilex chinensis Sims

药 材 名　四季青、冬青子、冬青皮。

药用部位　叶、果实、树皮。

功效主治　有小毒。叶：清热解毒，生肌敛疮，活血止血；治肺热咳嗽，咽喉肿痛，痢疾。果实：补肝肾，祛风湿，止血敛疮；治须发早白，风湿痹痛。树皮：凉血解毒，止血止带；治烫伤，月经过多。

化学成分　冬青三萜苷A、冬青三萜苷B等。

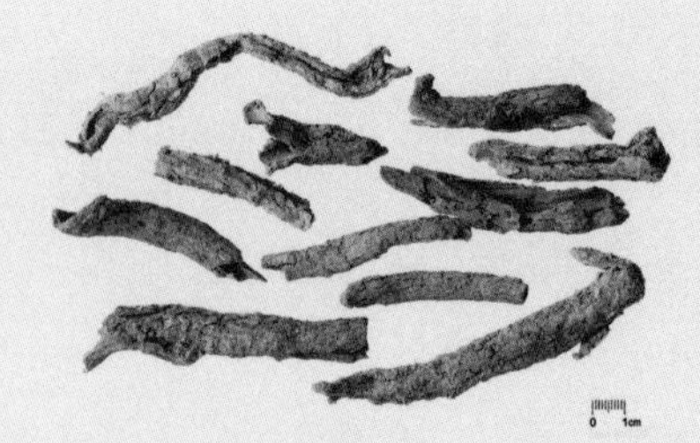

枸骨（冬青科）

Ilex cornuta Lindl. ex Paxton

药 材 名　苦丁茶、枸骨叶、枸骨树皮、枸骨子、功劳根。

药用部位　嫩叶、叶、树皮、果实、根。

功效主治　嫩叶：疏风清热，明目生津；治风热头痛，齿痛。叶：清热养阴，平肝益肾；治肺痨咳血，骨蒸潮热。树皮：补肝肾，强腰膝；治肝血不足，腰膝痿弱。果实：补肝肾，强筋活络，固涩下焦；治体虚低热，筋骨疼痛，崩漏。根：补肝益肾，疏风清热；治腰膝痿弱，关节疼痛，头风。

化学成分　咖啡碱、羽扇豆醇、熊果酸等。

黄毛冬青（冬青科）

Ilex dasyphylla Merr.

药 材 名　黄毛冬青、金毛冬青、苦莲奴。

药用部位　根。

功效主治　清热解毒；治无名肿毒。

伞花冬青（冬青科）

Ilex godajam (Colebr. ex Wall.) Wall. ex Hook. f.

药 材 名　米碎木。

药用部位　树皮。

功效主治　驱虫，止痛；治蛔虫病，腹痛。

榕叶冬青（冬青科）

Ilex ficoidea Hemsl.

药 材 名　上山虎。

药用部位　根。

功效主治　清热解毒，活血止痛；治肝炎，跌打肿痛。

化学成分　无羁萜、4-异无羁萜、羽扇豆醇等。

海南冬青（冬青科）

Ilex hainanensis Merr.

药 材 名　海南冬青、山绿茶。

药用部位　叶。

功效主治　清热平肝，活血通脉，清热解毒；治头痛眩晕，半身不遂，风热感冒，肺热咳嗽，痢疾泄泻。

化学成分　糠醛、3-己烯-1-醇等。

扣树（冬青科）

Ilex kaushue S. Y. Hu

药 材 名　苦丁茶。

药用部位　干燥叶。

功效主治　清热解毒，润肺止咳，祛风止痛；治风湿骨痛，肺热咳嗽，咽喉肿痛，咳血，眼翳。

化学成分　三萜类等。

广东冬青（冬青科）

Ilex kwangtungensis Merr.

药 材 名　广东冬青。

药用部位　叶、根、皮。

功效主治　清热解毒；治无名肿毒。

化学成分　齐墩果酸、熊果酸、常春藤皂苷元等。

大叶冬青（冬青科）

Ilex latifolia Thunb.

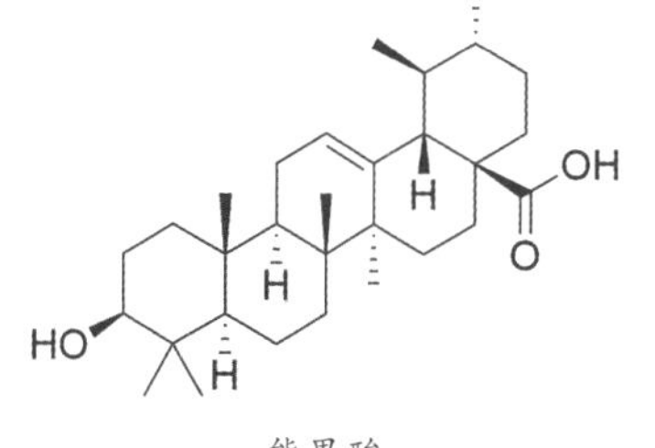

熊果酸

药 材 名　苦丁茶、大叶苦丁茶。

药用部位　叶。

生　　境　生于湿润的环境，幼树耐阴，大树喜光，较耐旱。砂壤土或黏质土中都能生长。

采收加工　在清明前后摘取成材苦丁茶树嫩叶，头轮多采，次轮少采，长梢多采，短梢少采。叶片采摘后，放在竹筛上通风，晾干或晒干。

药材性状　叶片呈卵状长椭圆形或长椭圆形，有的破碎或纵向微卷曲；先端锐尖或稍圆，基部钝，具疏齿；叶柄粗短；革质而厚；气微，味微苦。

性味归经　苦、甘，大寒。归肝、肺、胃经。

功效主治　散风热，清头目，除烦渴；治头痛，齿痛，目赤，热病烦渴，痢疾。

化学成分　熊果酸等。

核心产区　浙江、江苏、安徽、福建、广东和广西等。

用法用量　每次4克，沸水浸泡，代茶饮。

本草溯源　《本经逢原》《本草纲目拾遗》《本草再新》《本草求原》等。

附　　注　我国苦丁茶植物资源丰富，长江以南各省区均有分布，但各地所用苦丁茶植物有很大差别，这些植物科属不同，植物形态、化学成分或主治功效迥异。目前商品苦丁茶的来源主要为冬青科冬青属Ilex和木犀科女贞属Ligustrum植物。在冬青属植物中大叶冬青*I. latifolia*与苦丁茶冬青*I. kudingcha*被普遍认为“苦丁茶的正品”。女贞属植物中以粗壮女贞（小叶苦丁茶）*L. robustum*最为有名。

大果冬青（冬青科）

Ilex macrocarpa Oliv.

药 材 名　大果冬青、见水蓝、臭樟树、青刺香。

药用部位　根。

功效主治　清热解毒，润肺止咳，祛风止痛；治风湿骨痛，肺热咳嗽，咽喉肿痛，咳血，眼翳。

小果冬青（冬青科）

Ilex micrococca Maxim.

药 材 名　小果冬青、细果冬青、球果冬青。

药用部位　叶、根、皮。

功效主治　清热解毒，疗疮消肿；治痈疮疖肿。

毛冬青（冬青科）

Ilex pubescens Hook. et Arn.

药 材 名　毛冬青、毛冬青叶。

药用部位　根、叶。

功效主治　根：清热解毒，活血通络；治风热感冒，肺热喘咳，乳蛾。叶：清热凉血，解毒消肿；治烫伤，外伤出血。

化学成分　3, 4-二羟基苯乙酮、马栗树皮素等。

铁冬青（冬青科）

Ilex rotunda Thunb.

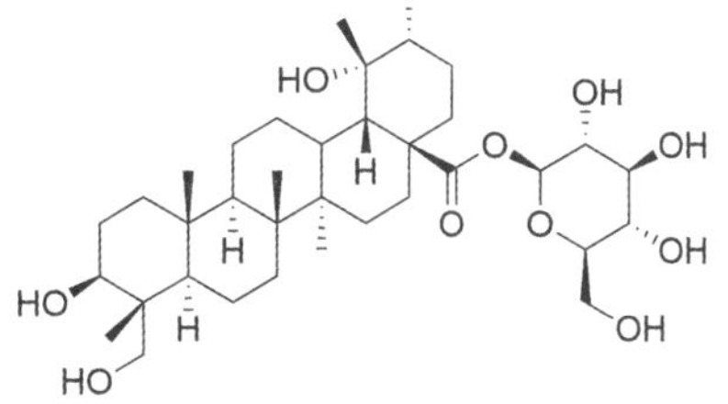

长梗冬青苷

药 材 名　铁冬青、救必应。

药用部位　树皮。

生　　境　栽培，生于平地。

采收加工　夏、秋二季剥取，晒干。

药材性状　卷筒状或略卷曲的板状，外表面灰白色至浅褐色，粗糙，有皱纹。内表面黄绿色或黑褐色，有细纵纹。质硬而脆，断面略平坦。

性味归经　苦，寒。归肺、胃、大肠、肝经。

功效主治　清热解毒，利湿止痛；治暑湿发热，咽喉肿痛，湿热泻痢，脘腹胀痛，风湿痹痛，湿疹，疮疖，跌打损伤。

化学成分　长梗冬青苷、紫丁香苷等。

核心产区　江苏、安徽、浙江、江西、福建、台湾、湖南、广东、广西、云南等地。

本草溯源　《岭南采药录》。

四川冬青（冬青科）

Ilex szechwanensis Loes.

药 材 名　四川冬青、川冬青、枝桃树、小万年青。

药用部位　根。

功效主治　清热解毒；治痈疮。

化学成分　三萜类、黄酮类等。

三花冬青（冬青科）

Ilex triflora Blume

药 材 名　小冬青。

药用部位　根。

功效主治　清热解毒；治疮疡肿毒。

绿冬青（冬青科）

Ilex viridis Champ. ex Benth.

药 材 名　亮叶冬青、青皮子樵、鸡子樵。

药用部位　叶。

功效主治　凉血解毒；治烧烫伤，外伤出血。

过山枫（卫矛科）

Celastrus aculeatus Merr.

药 材 名　过山枫。

药用部位　根。

功效主治　清热解毒，祛风除湿；治风湿痹痛，痛风，肾炎，胆囊炎，白血病。

化学成分　卫矛醇、β-谷甾醇等。

大芽南蛇藤（卫矛科）

Celastrus gemmatus Loes.

药 材 名　霜红藤、霜江藤、哥兰叶。

药用部位　根、茎、叶。

功效主治　祛风除湿，活血止痛，解毒消肿；治风湿痹痛，跌打损伤，月经不调，闭经，产后腹痛，疮痈肿痛，骨折，带状疱疹，毒蛇咬伤。

化学成分　1β,6α,8α-乙酰氧基-9β-苯甲酰氧基-β-二氢沉香呋喃等。

苦皮藤（卫矛科）

Celastrus angulatus Maxim.

药 材 名　苦树皮、苦皮子、山熊胆。

药用部位　茎皮。

功效主治　有毒；清热燥湿，解毒杀虫；治湿疹，疮毒，疥癣，蛔虫病，急性胃肠炎。

化学成分　苦皮藤素等。

青江藤（卫矛科）

Celastrus hindsii Benth.

药 材 名　青江藤。

药用部位　根。

功效主治　通经，利尿；治闭经，小便不利。

化学成分　青江藤烷A-C等。

粉背南蛇藤（卫矛科）

Celastrus hypoleucus (Oliv.) Warb. ex Loes

药 材 名 麻妹条叶、绵藤。

药用部位 叶、根。

功效主治 叶：止血生肌；治刀伤出血。根：化瘀消肿；治跌打伤肿。

化学成分 山柰苷、山柰酚-7-鼠李糖苷-3-葡萄糖苷等。

圆叶南蛇藤（卫矛科）

Celastrus kusanoi Hayata

药 材 名 圆叶南蛇藤、称星蛇、双虎排牙。

药用部位 根。

功效主治 宣肺除痰，止咳解毒；治喉痛，喉炎，初期肺结核。

化学成分 3β-Hydroxy-11,14-oxo-abieta-8,12-diene、3β-(rans-(3,4-dihydroxy-cinnamoyloxy)-11α-methoxy-12-ursene等。

窄叶南蛇藤（卫矛科）

Celastrus oblanceifolius C. H. Wang et P. C. Tsoong

药 材 名 窄叶南蛇藤、倒披针叶南蛇藤。

药用部位 根、茎。

功效主治 祛风除湿，活血行气，解毒消肿；治风湿痹痛，跌打损伤，疝气痛，疮疡肿毒，带状疱疹，湿疹。

化学成分 羽扇豆醇、20(29)-lupen-3-one、白桦脂醇等。

南蛇藤（卫矛科）

Celastrus orbiculatus Thunb.

药 材 名　南蛇藤果、南蛇藤、南蛇藤根、南蛇藤叶。

药用部位　果、藤茎、根、叶。

功效主治　果：养心安神，和血止痛；治心悸失眠，健忘多梦，牙痛。藤茎、根、叶：祛风除湿，通经止痛，活血解毒；治风湿性关节痛，四肢麻木，带状疱疹。

化学成分　南蛇藤醇、卫矛醇等。

灯油藤（卫矛科）

Celastrus paniculatus Willd.

药 材 名　灯油藤子、圆锥花南蛇藤根。

药用部位　种子、根。

功效主治　种子、根有小毒。种子：祛风止痛，通便，催吐；治风湿痹痛，便秘。根：清肠止痢，消肿解毒；治痢疾，腹泻腹痛，无名肿毒。

化学成分　锥序南蛇藤二醇、锥序南蛇藤呋喃四醇等。

短梗南蛇藤（卫矛科）

Celastrus rosthornianus Loes.

药 材 名　短柄南蛇藤果、短柄南蛇藤茎叶、短柄南蛇藤根。

药用部位　果实、茎叶、根及根皮。

功效主治　叶有小毒。果实：宁心安神；治失眠，多梦。茎叶、根及树皮：祛风除湿，活血止血，解毒消肿；治风湿痹痛，跌打损伤，脘腹痛，牙痛，疝气痛，月经不调，闭经，血崩，肌衄，疮肿，带状疱疹，湿疹。

化学成分　卫矛醇等。

显柱南蛇藤（卫矛科）

Celastrus stylosus Wall.

药 材 名　短柄南蛇藤果、短柄南蛇藤茎叶、短柄南蛇藤根。

药用部位　果实、茎叶、根及根皮。

功效主治　果实：宁心安神；治失眠，多梦。茎叶、根及根皮：祛风除湿，活血止血，解毒消肿；治风湿痹痛，跌打损伤，脘腹痛，牙痛，疝气痛，月经不调，闭经，血崩，肌衄，疮肿，带状疱疹，湿疹。

化学成分　卫矛醇等。

刺果卫矛（卫矛科）

Euonymus acanthocarpus Franch.

药 材 名　刺果藤仲、藤杜仲。

药用部位　藤。

功效主治　祛风除湿，通经活络；治风湿疼痛，外伤出血，跌打损伤，骨折。

化学成分　Tripterygiol、光叶花椒宁等。

星刺卫矛（卫矛科）

Euonymus actinocarpus Loes.

药 材 名　棱枝卫矛。

药用部位　根。

功效主治　祛风除湿，舒筋活络；治风湿痹痛，下肢扭伤转筋。

卫矛（卫矛科）

Euonymus alatus (Thunb.) Siebold

药 材 名　卫矛、鬼箭羽、神箭。

药用部位　具翅状物的枝条、翅状附属物。

功效主治　破血通经，解毒消肿，杀虫；治癥瘕结块，心腹疼痛，闭经，痛经，崩漏，产后瘀滞腹痛，毒蛇咬伤。

化学成分　4-豆甾烯-3-酮、新卫矛羰碱等。

百齿卫矛（卫矛科）

Euonymus centidens H. Lév.

药 材 名　扶芳木、竹叶青、山杜仲。

药用部位　全株。

功效主治　祛风散寒，理气平喘，活血解毒；治风寒湿痹，腰膝疼痛，胃脘胀痛，气喘，月经不调，跌打损伤，毒蛇咬伤。

化学成分　丁香脂素、刺苞木脂素A等。

裂果卫矛（卫矛科）

Euonymus dielsianus Loes.

药 材 名　裂果卫矛。

药用部位　茎皮、根。

功效主治　强筋壮骨，活血调经；治肾虚腰膝酸痛，月经不调，跌打损伤。

棘刺卫矛（卫矛科）

Euonymus echinatus Wall.

药 材 名　无柄卫矛。

药用部位　根皮、茎皮。

功效主治　祛风除湿，散瘀续骨；治风湿痹痛，跌打损伤，骨折。

化学成分　萜类、木脂素类等。

鸦椿卫矛（卫矛科）

Euonymus euscaphis Hand.-Mazz.

药 材 名　鸦椿卫矛。

药用部位　根、根皮。

功效主治　活血通经，祛风除湿，消肿解毒；治跌打瘀肿，腰痛，癥瘕，血栓闭塞性脉管炎，痛经，痔疮，漆疮。

扶芳藤（卫矛科）

Euonymus fortunei (Turcz.) Hand.-Mazz.

卫矛醇

药 材 名 扶芳藤、千金藤、山百足。

药用部位 带叶茎枝。

生　　境 生于林缘或攀缘于树上或墙壁上，庭院中也有栽培。

采收加工 茎、叶全年均可采，清除杂质，切碎，晒干。

药材性状 圆柱形，有纵皱纹，略弯曲，长短不一，茎棕褐色，表面粗糙，有较大且凸起的皮孔。质坚硬，不易折断，断面不整齐。气微，味淡。

性味归经 甘、苦、微辛，微温。归肝、肾、胃经。

功效主治 益肾壮腰，舒筋活络，止血消瘀；治肾虚腰膝酸痛，半身不遂，风湿痹痛，小儿惊风，咯血，吐血，血崩，月经不调，子宫脱垂，跌打骨折，创伤出血。

化学成分 卫矛醇、正三十三烷、木栓酮、表木栓醇、三十二醇、木栓醇、*β*-谷甾醇、胡萝卜苷、刺苞木脂素A、丁香脂素等。

核心产区 山西、陕西、山东、广西、贵州、云南等地。

用法用量 内服：煎汤，15～30克；或浸酒，或入丸、散。外用：适量，研粉调敷，或捣敷，或煎水熏洗患处。

本草溯源 《本草拾遗》《本草纲目》《中华本草》。

附　　注 孕妇忌服。

西南卫矛（卫矛科）

Euonymus hamiltonianus Wall.

药 材 名　披针叶卫矛。

药用部位　根皮、茎皮。

功效主治　祛风湿，强筋骨；治风湿痹痛，跌打损伤。

化学成分　Euonidiol、euoniside等。

常春卫矛（卫矛科）

Euonymus hederaceus Champ. ex Benth.

药 材 名　常春卫矛。

药用部位　根、树皮、叶。

功效主治　补肝肾，强筋骨，活血调经；治肾虚腰痛，久泻，风湿痹痛，月经不调，跌打损伤。

化学成分　28-hydroxyfriedelan-3-one-29-oic acid等。

冬青卫矛（卫矛科）

Euonymus japonicus Thunb.

药 材 名　调经草。

药用部位　根。

功效主治　调经化瘀；治月经不调，痛经。

化学成分　三萜类无羁萜、表无羁萜醇等。

疏花卫矛（卫矛科）

Euonymus laxiflorus Champ. ex Benth.

药 材 名　山杜仲、飞天驳。

药用部位　根皮、树皮。

功效主治　祛风湿，强筋骨，活血解毒，利水；治风湿痹痛，腰膝酸软，跌打骨折，疮疡肿毒，慢性肝炎。

化学成分　(+)-松脂醇，(-)-Isoyatein、京尼平苷等。

大果卫矛（卫矛科）

Euonymus myrianthus Hemsl.

药 材 名　大果卫矛、白鸡槿、青得方。

药用部位　根、茎。

功效主治　益肾壮腰，化瘀利湿；治肾虚腰痛，胎动不安，慢性肾炎，产后恶露不尽，跌打骨折，风湿痹痛，带下。

化学成分　萜类、木脂素类等。

中华卫矛（卫矛科）

Euonymus nitidus Benth.

药 材 名　华卫矛、杜仲藤。

药用部位　全株。

功效主治　祛风除湿，强壮筋骨；治风湿腰腿痛，肾虚腰痛，跌打损伤，高血压。

化学成分　萜类、木脂素类等。

矩叶卫矛（卫矛科）

Euonymus oblongifolius Loes. et Rehder

药 材 名　黄心卫矛。

药用部位　根、果。

功效主治　治血热鼻衄。

化学成分　二萜类、倍半萜类、三萜类、木脂素类、酚酸等。

云南卫矛（卫矛科）

Euonymus yunnanensis Franch.

药 材 名　云南卫矛、麻电顿（傣药）。

药用部位　根、茎。

功效主治　止血，止痛；治消化道出血。

美登木（卫矛科）

Gymnosporia acuminata Hook. f.

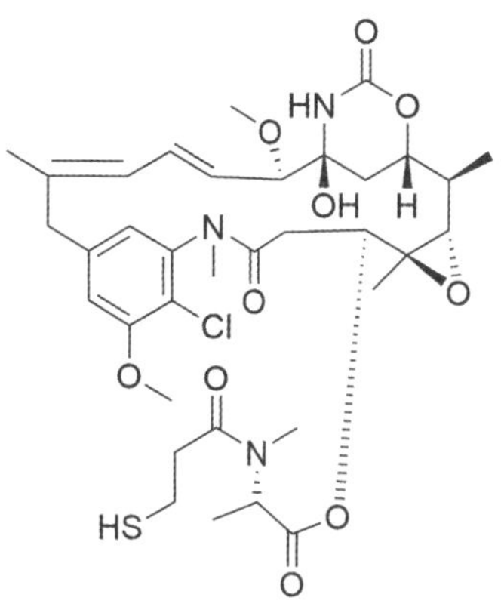

美登木素

药 材 名 美登木（傣药）。

药用部位 茎、叶。

生 境 野生或栽培，生于山地或山谷的丛林中。

采收加工 春、夏二季采收，切段晒干。

药材性状 叶易缩、易碎，上表面黄绿色或绿褐色，疏生粗糙茸毛；下表面灰黄色或灰绿色，密生茸毛。气微辛，味微酸，嚼之有刺喉感。

性味归经 苦、涩，凉。入风、土、水塔。

功效主治 活血化瘀，清火解毒，消肿止痛；治初期癌症，肺热咳嗽，咳吐黄痰，咽喉肿痛，口舌生疮，腹内包块肿痛，产后体虚，小便热涩疼痛。

化学成分 美登木素、鼠尾草酚等。

核心产区 云南（西双版纳）。

用法用量 内服：煎汤，30～60克。外用：适量，鲜品捣烂敷患处。

本草溯源 《全国中草药汇编》。

附 注 美登木具有确切的抗肿瘤活性，尤其是针对早期癌症。

滇南美登木（卫矛科）

Gymnosporia austroyunnanensis (S. J. Pei et Y. H. Li) M. P. Simmons

药 材 名　美登木（傣药）、埋叮囊（傣药）。

药用部位　茎、叶。

功效主治　清火解毒，消肿止痛；治肺热咳嗽，咳吐黄痰，咽喉肿痛，产后体虚，小便热涩疼痛。

化学成分　美登木素、美登普林、美登布丁等。

密花美登木（卫矛科）

Gymnosporia confertiflora (J. Y. Luo et X. X. Chen) M. P. Simmons

药 材 名　密花美登木、亚棱侧。

药用部位　茎、叶。

功效主治　有毒。祛瘀止痛，解毒消肿；治跌打损伤，腰痛。

化学成分　卫矛醇、美登木素、密花美登木醇、木栓酮、山柰酚等。

广西美登木（卫矛科）

Gymnosporia guangxiensis (C. Y. Cheng et W. L. Sha) M. P. Simmons

药 材 名　广西美登木、刺仔木。

药用部位　全株。

功效主治　祛风止痛，解毒抗癌；治风湿痹痛，癌肿，疮疖。

化学成分　美登素等。

雷公藤（卫矛科）

Tripterygium wilfordii Hook. f.

雷公藤内酯醇

药 材 名 雷公藤、断肠草。

药用部位 根的木质部。

生　　境 野生，生于山坡、山谷、溪边灌木林中。

采收加工 秋季挖取根部，抖净泥土，去皮晒干。

药材性状 根圆柱形，扭曲，常具茎残基，表面粗糙，具细密纵沟纹及裂隙，栓皮层常脱落，脱落处呈橙黄色。皮部易脱落。木部密布针眼状孔洞，射线较明显。

性味归经 苦、辛，凉。归肝、肾经。

功效主治 祛风除湿，活血通络，消肿止痛，杀虫解毒；治类风湿关节炎，风湿性关节炎，湿疹，银屑病，麻风病等。

化学成分 雷公藤内酯醇、雷公藤碱、雷公藤次碱等。

核心产区 福建（泰宁）、广东（平远）。

用法用量 内服：去皮根木质部分15～25克。外用：适量。

本草溯源 《神农本草经》《本草纲目拾遗》。

附　　注 全株有毒（雷公藤内酯醇等二萜类及生物碱），为保健食品禁用中药，凡心肝肾器质性病变、白细胞减少者慎用，孕妇禁服。

翅子藤（翅子藤科）

Loeseneriella merrilliana A. C. Sm.

药 材 名　翅子藤。

药用部位　根、茎、叶。

功效主治　祛风除湿，调经活血，止痛；治风湿性关节炎，类风湿关节炎，跌打损伤，骨折。

五层龙（翅子藤科）

Salacia chinensis L.

药 材 名　桫拉木。

药用部位　根。

功效主治　通经活络，祛风除痹；治风湿性关节炎，腰腿痛，跌打损伤。

化学成分　无羁萜、1-无羁萜烯-3-酮、无羁萜烯烷-1,3-二酮等。

心翼果（茶茱萸科）

Cardiopteris quinqueloba (Hassk.) Hassk.

药 材 名　裂叶心翼果。

药用部位　全株。

功效主治　解毒消肿；治疮痈肿毒。

粗丝木（茶茱萸科）

Gomphandra tetrandra (Wall.) Sleumer

药 材 名　黑骨走马。

药用部位　根。

功效主治　清热利湿，解毒；治骨髓炎，急性胃肠炎。

琼榄（茶茱萸科）

Gonocaryum lobbianum (Miers) Kurz

药 材 名　琼榄。

药用部位　根、茎、叶。

功效主治　清热解毒；治黄疸性肝炎，胸胁闷痛。

化学成分　13-十八碳烯酸甲酯、棕榈酸甲酯、11, 14-十八碳二烯酸等。

小果微花藤（茶茱萸科）

Iodes vitiginea (Hance) Hemsl.

药 材 名　吹风藤。

药用部位　根及茎藤。

功效主治　祛风利湿；治风湿性关节痛。

化学成分　顺-△7-十六碳烯酸、棕榈酸等。

定心藤（茶茱萸科）

Mappianthus iodoides Hand.-Mazz.

药 材 名　甜果藤、麦撇花藤。

药用部位　根及茎藤、全株。

功效主治　祛风除湿，调经活血，止痛；治风湿性关节炎，类风湿关节炎，黄疸，跌打损伤，月经不调，痛经。

化学成分　4,5-Dihydroblumenol A、vomifoliol acetate、corchoionol C等。

马比木（茶茱萸科）

Nothapodytes pittosporoides (Oliv.) Sleumer

药 材 名　马比木。

药用部位　根皮。

功效主治　祛风利湿，理气散寒；治风寒湿痹，浮肿，疝气。

化学成分　喜树碱、10-羟基脱氧喜树碱、9-甲氧基喜树碱等。

假海桐（茶茱萸科）

Pittosporopsis kerrii Craib

药 材 名　假海桐、埋比咪（傣药）。

药用部位　茎木、树皮。

功效主治　祛风除湿，通经络，杀虫止痒；治风湿痹痛，痢疾，牙痛，疥癣，腰脚不遂，血脉顽痹，腿膝疼痛，霍乱，赤白泻痢，血痢，疥癣。

赤苍藤（铁青树科）

Erythropalum scandens Blume

药 材 名　腥藤。

药用部位　全株。

功效主治　清热利尿；治肝炎，肠炎，尿道炎，急性肾炎，小便不利。

化学成分　正丁基-吡喃果糖苷、甲基异茜草素-1-甲醚、香草酸等。

华南青皮木（铁青树科）

Schoepfia chinensis Gardner et Champ.

药 材 名　碎骨仔树。

药用部位　根、树枝、叶。

功效主治　清热利湿，消肿止痛；治急性黄疸性肝炎，风湿性关节炎，跌打损伤。

化学成分　Schoepfins A-C、nothofagin、hemiphloin等。

青皮木（铁青树科）

Schoepfia jasminodora Siebold et Zucc.

药 材 名　脆骨风。

药用部位　全株。

功效主治　散瘀消肿，止痛；治风湿性关节炎，跌打肿痛。

化学成分　Schoepfiajasmins A-H、丁香苷、schoepfins B等。

五蕊寄生（桑寄生科）

Dendrophthoe pentandra (L.) Miq.

药 材 名　五蕊寄生。

药用部位　带叶茎枝。

功效主治　解毒，燥湿，壮腰健肾；治虚寒腹痛，腹泻，赤白痢疾，肾虚腰痛，腰膝酸软无力。

化学成分　儿茶素、原花青素B1、原花青素B3等。

离瓣寄生（桑寄生科）

Helixanthera parasitica Lour.

药 材 名　五瓣寄生。

药用部位　带叶茎枝。

功效主治　祛痰，止痢，祛风，消肿，补血气；治痢疾，肺结核，眼角炎。

化学成分　没食子酸乙酯、没食子酸、槲皮苷等。

油茶离瓣寄生（桑寄生科）

Helixanthera sampsonii (Hance) Danser

药 材 名　桑寄生。

药用部位　枝叶。

功效主治　祛痰，消炎；治肺病，咳嗽，伤积。

化学成分　齐墩果酸、熊果酸等。

栗寄生（桑寄生科）

Korthalsella japonica (Thunb.) Engl.

药 材 名　栗寄生。

药用部位　枝叶。

功效主治　祛风湿，补肝肾，行气活血，止痛；治风湿痹痛，肢体麻木，腰膝酸痛，头晕目眩，跌打损伤。

化学成分　Korthalin、柚皮素、柚皮素-7-*O*-葡萄糖苷等。

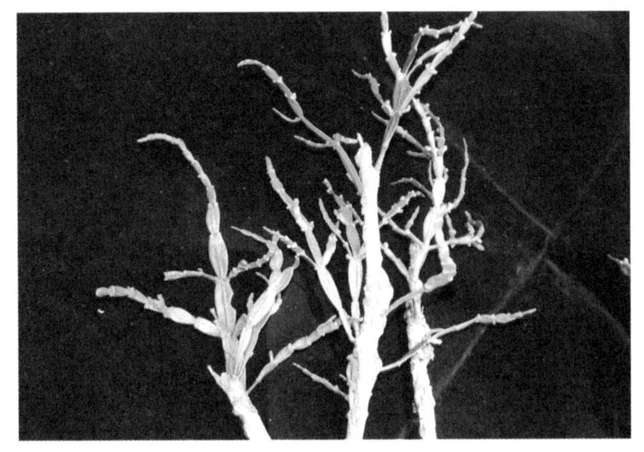

椆树桑寄生（桑寄生科）

Loranthus delavayi Tiegh.

药 材 名 椆树桑寄生。

药用部位 带叶茎枝。

功效主治 补肝肾，祛风湿，续筋骨；治风湿痹痛，腰膝疼痛，骨折。

化学成分 1,8-桉叶素、11-桉叶二烯、红没药烯等。

双花鞘花（桑寄生科）

Macrosolen bibracteolatus (Hance) Danser

药 材 名 双花鞘花。

药用部位 带叶茎枝。

功效主治 补肝肾，祛风湿；治风湿痹痛。

化学成分 α-芹子烯等。

鞘花（桑寄生科）

Macrosolen cochinchinensis (Lour.) Tiegh.

药 材 名 杉寄生、杉寄生叶。

药用部位 茎枝、叶。

功效主治 清热止咳，补肝肾，祛风湿；治瘕瘀，胃气痛，咳血，咳嗽，疝气，痢疾，脚气肿痛。

化学成分 环桉烯醇、表木栓醇、茳草苷等。

卵叶梨果寄生（桑寄生科）

Scurrula chingii (W. C. Cheng) H. S. Kiu

药 材 名 卵叶梨果寄生、卵叶寄生、发埋枫（傣药）。

药用部位 全株。

功效主治 清热解毒，解汞中毒；治风湿，肢体关节肿痛，汞中毒。

梨果寄生（桑寄生科）

Scurrula atropurpurea (Blume) Danser

药 材 名 梨果寄生。

药用部位 全株。

功效主治 有大毒。治偏头痛，风湿性关节痛，跌打损伤。

化学成分 (Z)-9-十八烯酸、可可碱、咖啡因、槲皮素、芦丁等。

红花寄生（桑寄生科）

Scurrula parasitica L.

药 材 名 红花寄生。

药用部位 带叶茎枝。

功效主治 补肝肾，祛风湿，降血压，养血安胎；治腰膝酸痛，风湿性关节炎，高血压，胎动不安。

化学成分 槲皮素、3-表乌苏酸等。

广寄生（桑寄生科）

Taxillus chinensis (DC.) Danser

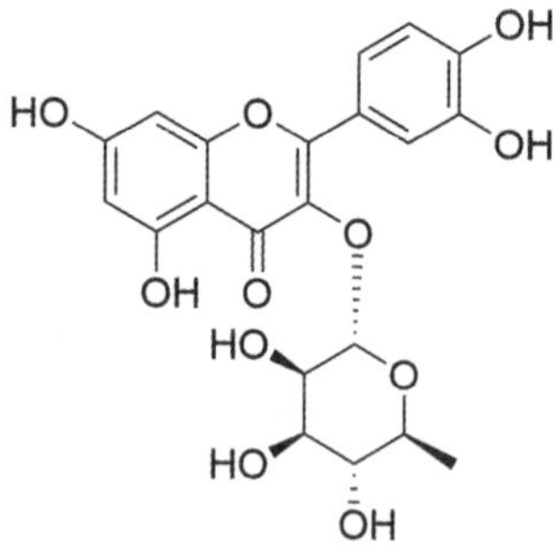

槲皮苷

药 材 名 桑寄生、寄生草、茑木。

药用部位 带叶茎枝。

生　　境 栽培，寄生在桑树等树上。

采收加工 冬季至次年春季采割，去粗茎，切厚片或粗段，干燥，或蒸后干燥。

药材性状 茎枝圆柱形，红褐色或灰褐色，具细纵纹，有多个细小凸起的棕色皮孔；断面不整齐，皮部红棕色，木部色较浅。叶多卷曲，革质。

性味归经 苦、甘，平。归肝、肾经。

功效主治 祛风湿，补肝肾，强筋骨，安胎；治风湿痹痛，腰膝酸软，筋骨无力，崩漏，月经过多，妊娠漏血，胎动不安，头晕目眩。

化学成分 槲皮苷、槲皮素、毒蛋白、多肽、凝集素及多糖等。

核心产区 江苏、广东、广西。

用法用量 内服：煎汤，9～12克；或入丸、散。外用：适量，捣敷。

本草溯源 《雷公炮炙论》《滇南本草》《本草蒙筌》《本草汇言》《本草再新》。

锈毛钝果寄生（桑寄生科）

Taxillus levinei (Merr.) H. S. Kiu

药 材 名　锈毛钝果寄生。

药用部位　带叶茎枝。

功效主治　清肺止咳，祛风湿；治肺热咳嗽，风湿痹痛，皮肤疮疖。

化学成分　原儿茶酸、异槲皮苷、槲皮素3-*O*-*β*-D-葡萄糖醛酸苷等。

木兰寄生（桑寄生科）

Taxillus limprichtii (Grüning) H. S. Kiu

药 材 名　木兰寄生。

药用部位　带叶茎枝。

功效主治　补肝肾，祛风湿，安胎；治腰膝酸痛，风湿痹痛，胎漏下血，胎动不安。

化学成分　槲皮素、齐墩果酸等。

毛叶钝果寄生（桑寄生科）

Taxillus nigrans (Hance) Danser

药 材 名 桑寄生。

药用部位 枝叶。

功效主治 补肝肾，强筋骨，祛风湿，安胎；治腰膝酸痛，筋骨痿软，肢体偏枯，风湿痹痛，胎动不安。

化学成分 广寄生苷、异槲皮苷、芦丁、7-*O*-没食子酰-(+)-儿茶素等。

川桑寄生（桑寄生科）

Taxillus sutchuenensis (Lecomte) Danser

药 材 名 桑寄生。

药用部位 枝叶。

功效主治 补肝肾，强筋骨，祛风湿；治腰膝酸痛，筋骨痿软，肢体偏枯，风湿痹痛，头昏目眩，胎动不安。

化学成分 广寄生苷、槲皮素、槲皮苷等。

大苞寄生（桑寄生科）

Tolypanthus maclurei (Merr.) Danser

药 材 名 大苞寄生。

药用部位 带叶茎枝。

功效主治 清热，补肝肾，祛风湿，止咳；治风湿性关节炎，内伤吐血，腰膝酸痛，风湿麻木。

扁枝槲寄生（桑寄生科）

Viscum articulatum Burm. f.

药 材 名 枫香寄生。

药用部位 带叶茎枝。

功效主治 祛风除湿，舒筋活血，止咳化痰，止血；治风湿痹痛，腰膝酸软，跌打疼痛，劳伤咳嗽，崩漏带下。

化学成分 齐墩果酸、古柯二醇、白桦脂醇等。

槲寄生（桑寄生科）

Viscum coloratum (Kom.) Nakai

药 材 名 槲寄生。

药用部位 带叶茎枝。

功效主治 祛风湿，补肝肾，强筋骨，安胎；治风湿痹痛，腰膝酸软，崩漏，月经过多，胎动不安。

化学成分 紫丁香苷、鼠李秦素、槲寄生新苷Ⅰ-Ⅶ等。

棱枝槲寄生（桑寄生科）

Viscum diospyrosicola Hayata

药 材 名 棱枝槲寄生。

药用部位 枝叶。

功效主治 祛风，强壮舒筋，清热止咳；治风湿性关节痛，肺病，吐血，水肿胀满。

化学成分 齐墩果酸等。

枫香槲寄生（桑寄生科）

Viscum liquidambaricola Hayata

药 材 名　枫香寄生。

药用部位　带叶茎枝。

功效主治　祛风去湿，舒筋活络；治风湿性关节炎，腰肌劳损，瘫痪，血崩，衄血，小儿惊风。

化学成分　丁香脂素、柚皮素-7-*O*-*β*-D-芹菜糖(1→2)-*β*-D-葡萄糖苷等。

柄果槲寄生（桑寄生科）

Viscum multinerve (Hayata) Hayata

药 材 名　柄果槲寄生。

药用部位　带叶茎枝。

功效主治　补肝肾，祛风湿，降血压；治腰膝酸痛，风湿性关节炎，坐骨神经痛，高血压，胎动不安。

化学成分　*β*-香树脂醇、羽扇豆醇、菜油甾醇等。

瘤果槲寄生（桑寄生科）

Viscum ovalifolium DC.

药 材 名　柚树寄生。

药用部位　带叶茎枝。

功效主治　清热消滞，化痰止咳；治咳嗽，痢疾，小儿疳积，麻疹，水痘。

化学成分　1-十八烯、棕榈酸乙酯、28-hydrxy-amyrone、白桦脂醇等。

寄生藤（檀香科）

Dendrotrophe varians (Blume) Miq.

药 材 名　寄生藤。

药用部位　全株。

功效主治　疏风解热，除湿；治流行性感冒，跌打损伤。

沙针（檀香科）

Osyris lanceolata Hochst. et Steud.

药 材 名　山苏木、干香树、芽扎方（傣药）。

药用部位　根、茎。

功效主治　调经止痛，疏风解表；治月经不调，痛经，感冒，心腹痛。

化学成分　胡萝卜苷、(+)-儿茶素、芒柄花萜醇等。

檀梨（檀香科）

Pyrularia edulis (Wall.) A. DC.

药 材 名　檀梨。

药用部位　种子、茎皮。

功效主治　活血化瘀；外用治跌打损伤。

化学成分　油酸、亚麻酸、棕榈酸、亚油酸等。

檀香（檀香科）

Santalum album L.

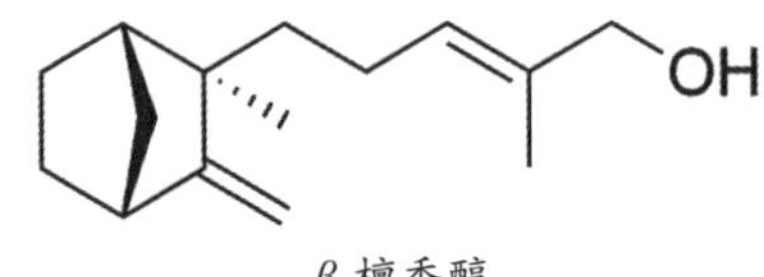

β-檀香醇

药 材 名 檀香、檀香泥、檀香油。

药用部位 树干的干燥心材、心材中的树脂、心材经蒸馏得到的挥发油。

生　　境 栽培或野生，生于丘陵、山地、河边。

采收加工 种植后30～40年采伐，锯成段，砍去色淡的边材，心材干燥入药。

药材性状 长短不一的圆柱形木段，有的略弯曲，一般长约1米，直径10～30厘米。外表面灰黄色或黄褐色，光滑细腻，有的具疤节或纵裂，横截面呈棕黄色，显油迹；棕色年轮明显或不明显，纵向劈开纹理顺直。质坚实，不易折断。气清香，燃烧时香气更浓；味淡，嚼之微有辛辣感。

性味归经 辛、温。归脾、胃、心、肺经。

功效主治 行气温中，开胃止痛；治寒凝气滞，胸膈不舒等。

化学成分 *β*-檀香醇、檀烯、*α*-檀香萜醇、香柠檬醇等。

核心产区 印度、马来西亚、印度尼西亚、澳大利亚。我国广东、广西和云南有栽培。

用法用量 内服：煎汤，2～5克。外用：适量，磨汁涂患处。

本草溯源 《本草经集注》《本草拾遗》《本草图经》《本草纲目》。

附　　注 为进口南药。

百蕊草（檀香科）

Thesium chinense Turcz.

药 材 名　百蕊草、百蕊草根。

药用部位　全草、根。

功效主治　清热解毒，解暑；治肺炎，肺脓肿，扁桃体炎，中暑，急性乳腺炎，淋巴结结核，急性膀胱炎。

化学成分　山柰酚、紫云英苷等。

红冬蛇菰（蛇菰科）

Balanophora harlandii Hook. f.

药 材 名　葛蕈。

药用部位　全草。

功效主治　凉血止血补血，清热解毒；治贫血，咳嗽，梅毒，疔疮。

化学成分　羽扇豆醇、β-香树脂醇、蒲桐甾醇、乙酸蛇麻脂醇酯等。

印度蛇菰（蛇菰科）

Balanophora indica (Arn.) Griff.

药 材 名　思茅蛇菰、鹿仙草、比邻（傣药）。

药用部位　全株。

功效主治　补肝益肾，止血生肌，调经活血，清热醒酒，强筋健骨，补肾壮阳，堕胎；治肝炎，肝硬化，腹水肿，消化道出血，阳痿，痛经，闭经，肺癌，皮肤病。

化学成分　三萜酯等。

疏花蛇菰（蛇菰科）

Balanophora laxiflora Hemsl.

药 材 名　穗花蛇菰。

药用部位　全草。

功效主治　清热解毒，凉血止血；治咳嗽，吐血。

化学成分　蛇菰素A、蛇菰素B、monogynol A等。

多花勾儿茶（鼠李科）

Berchemia floribunda (Wall.) Brongn.

药 材 名　黄鳝藤。

药用部位　茎、叶、根。

功效主治　祛风利湿，活血止痛；治风湿性关节痛，痛经，产后腹痛；外用治骨折肿痛。

化学成分　多花二醌A-E、2-乙酰大黄素甲醚等。

铁包金（鼠李科）

Berchemia lineata (L.) DC.

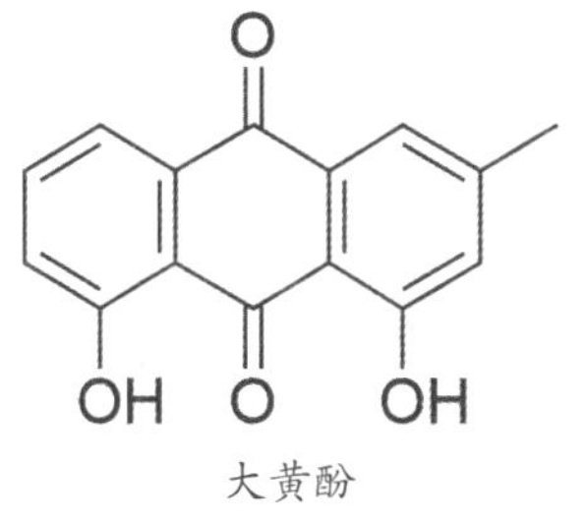

大黄酚

药 材 名　铁包金、老鼠耳、提云草。

药用部位　茎藤或根。

生　　境　野生，生于低海拔的山野、路旁或开阔土地上。

采收加工　全年可采挖，洗净，切段或片，晒干。

药材性状　圆柱状或块片状，外皮黑褐色或棕褐色，有网状裂隙及纵皱。质坚硬，断面木部较大，呈暗黄棕色至橙黄色，有许多点状小凹窝分散排列。

性味归经　苦，平。归肝、肺经。

功效主治　化瘀血，祛风湿，消肿毒；治肺痨久咳，咯血，吐血，跌打损伤，风湿疼痛，痈肿，荨麻疹。

化学成分　大黄酚、槲皮素、芸香苷、β-谷甾醇等。

核心产区　广东（汕头、梅州、云浮）。

用法用量　内服：煎汤，1.5～6克。外用：适量，捣敷。

本草溯源　《岭南采药录》。

附　　注　为壮族与西南少数民族常用药材。

勾儿茶（鼠李科）

Berchemia sinica C. K. Schneid.

药 材 名　铁包金。

药用部位　茎藤、根。

功效主治　消肿镇痛，祛风除湿；治痈疽疔疮，咳嗽咳血，消化道出血，跌打损伤，烫伤，风湿骨痛，风火牙痛。

化学成分　5,7-二羟基-2-甲基色原酮、连翘脂素、大黄素、槲皮素等。

云南勾儿茶（鼠李科）

Berchemia yunnanensis Franch.

药 材 名　女儿红叶、鸭公头叶、鸦公藤。

药用部位　叶。

功效主治　止血，解毒；治吐血，痈疽疔疮。

化学成分　甾体类、黄酮类、蒽醌类、木脂素类等。

苞叶木（鼠李科）

Chaydaia rubrinervis (H. Lév.) C. Y. Wu ex Y. L. Chen et P. K. Chou

药 材 名　十两叶。

药用部位　全株。

功效主治　利胆退黄，健脾止泻；治黄疸性肝炎，肝硬化腹水，腹泻。

毛咀签（鼠李科）

Gouania javanica Miq.

药 材 名　烧伤藤。

药用部位　茎叶。

功效主治　清热解毒，收敛止血；治烧烫伤，外伤出血，疮疖红肿，痈疮溃烂。

化学成分　黄酮类、三萜类等。

枳椇（鼠李科）

Hovenia acerba Lindl.

药 材 名　枳椇子、枳椇木皮、枳椇木汁。

药用部位　果实、种子、带花序轴的果实、根、树皮、树干流出的汁液、叶。

功效主治　止渴除烦，解酒毒，利二便；治醉酒，烦热，口渴，呕吐，二便不利。

化学成分　二氢杨梅素、杨梅素、acerboside B等。

铜钱树（鼠李科）

Paliurus hemsleyanus Rehder

药 材 名 金钱木根。

药用部位 根。

功效主治 祛风湿，解毒；治劳伤乏力，风湿痛。

化学成分 Zizyberenalic acid、ceanothanolic acid、野鸦椿酸等。

马甲子（鼠李科）

Paliurus ramosissimus (Lour.) Poir.

药 材 名 马甲子叶、马甲子根。

药用部位 叶、根。

功效主治 祛风，止痛，解毒；治感冒发热，胃痛，疮痈肿毒。

化学成分 马甲子碱、24-羟基美洲茶酸二甲酯、美洲茶酸等。

长叶冻绿（鼠李科）

Rhamnus crenata Siebold et Zucc.

药 材 名　黎罗根。

药用部位　根。

功效主治　消炎解毒，杀虫止痒，收敛；治黄疸性肝炎，疥癣，湿疹，黄水疮。

薄叶鼠李（鼠李科）

Rhamnus leptophylla C. K. Schneid.

药 材 名　绛梨木叶。

药用部位　叶。

功效主治　消食顺气，活血祛瘀；治食积腹胀，食欲不振，胃痛，嗳气，跌打损伤，痛经。

化学成分　Alaternin、蔷薇苷A等。

尼泊尔鼠李（鼠李科）

Rhamnus napalensis (Wall.) M. A. Lawson

药 材 名　大风药叶。

药用部位　叶。

功效主治　祛风除湿，利水消胀；治风湿痹痛，胁痛，黄疸，水肿。

皱叶鼠李（鼠李科）

Rhamnus rugulosa Hemsl.

药 材 名　皱叶鼠李。

药用部位　果实。

功效主治　清热解毒；治肿毒，疮疡。

冻绿（鼠李科）

Rhamnus utilis Decne.

药 材 名　冻绿叶。

药用部位　叶。

功效主治　清热利湿，消积通便；治水肿腹胀，疝瘕，瘰疬，疮疡，便秘。

化学成分　山柰酚、7-羟基-5-甲氧基苯酞、墨沙酮等。

山鼠李（鼠李科）

Rhamnus wilsonii C. K. Schneid.

药 材 名　山鼠李、庐山鼠李、冻绿。

药用部位　树皮、果实。

功效主治　杀虫；治小儿蛔虫病。

亮叶雀梅藤（鼠李科）

Sagerctia lucida Merr.

药 材 名　梗花雀梅藤。

药用部位　果实。

功效主治　清热，降火；治胃热口苦，牙龈肿痛，口舌生疮。

皱叶雀梅藤（鼠李科）

Sageretia rugosa Hance

药 材 名　皱叶雀梅藤。

药用部位　叶、根。

功效主治　降气，化痰，祛风利湿；治哮喘，胃痛，鹤膝风，水肿。

雀梅藤（鼠李科）

Sageretia thea (Osbeck) M. C. Johnst.

药 材 名　雀梅藤、雀梅藤叶。

药用部位　根、叶。

功效主治　行气化痰，解毒消肿，止痛；治咳嗽气喘，胃痛，鹤膝风，水肿，疮疥。

化学成分　大麦碱、无羁萜、无羁萜醇等。

毛果翼核果（鼠李科）

Ventilago calyculata Tul.

药 材 名　毛翼核果藤、河边茶、嘿介（傣药）。

药用部位　藤茎。

功效主治　止咳化痰，清热利尿；治感冒，咳嗽痰多，胸闷气促，尿频，尿急，尿痛。

翼核果（鼠李科）

Ventilago leiocarpa Benth.

药 材 名　翼核果。

药用部位　根。

功效主治　养血祛风，舒筋活络；治风湿筋骨痛，跌打损伤，腰肌劳损，贫血头晕，四肢麻木，月经不调。

化学成分　翼核果素、翼核果醌-I 、大黄素甲醚、大黄素等。

褐果枣（鼠李科）

Ziziphus fungii Merr.

药 材 名　无瓣枣、猫爪藤、嘿列苗（傣药）。

药用部位　果实。

功效主治　清火解毒，杀虫止痒；治疔疮脓肿，湿疹瘙痒，溃烂，毒虫咬伤。

枣（鼠李科）

Ziziphus jujuba Mill.

药 材 名　大枣、枣树皮、枣树根。

药用部位　成熟果实、树皮、根。

功效主治　成熟果实：补脾益气，养心安神；治脾虚泄泻，心悸，失眠。树皮：消炎，止血，止泻；治气管炎，痢疾。根：行气，活血。

化学成分　光千金藤碱、ziziphin、酸枣仁皂苷B等。

滇刺枣（鼠李科）

Ziziphus mauritiana Lam.

药 材 名　滇刺枣。

药用部位　树皮、叶。

功效主治　清火解毒，消炎生肌，杀虫止痒，敛水止泻；治烧烫伤。

化学成分　滇刺枣碱A、滇刺枣碱B、安木非宾碱D、欧鼠李叶碱等。

小果枣（鼠李科）

Ziziphus oenopolia (L.) Mill.

药 材 名　小果枣、锈毛叶野枣、埋马（傣药）。

药用部位　树皮。

功效主治　止痛消炎；治小便热涩疼痛，头痛。

皱枣（鼠李科）

Ziziphus rugosa Lam.

药 材 名　锈毛野枣、弯腰果、埋马（傣药）。

药用部位　根、茎。

功效主治　祛风通血，消肿止痛，活血调经，利水化石；治风湿痹痛，腰膝疼痛，肾结石，月经不调，恶露不尽，跌打损伤，骨折。

长叶胡颓子（胡颓子科）

Elaeagnus bockii Diels

药 材 名　马鹊树。

药用部位　根、枝叶、果实。

功效主治　止咳平喘，活血止痛；治跌打损伤，风湿性关节痛，牙痛，痔疮。

化学成分　白芷内酯、补骨脂素、香草酸等。

密花胡颓子（胡颓子科）

Elaeagnus conferta Roxb.

药 材 名　羊奶果、麻弯、麻乱（傣药）。

药用部位　根。

功效主治　补土，利水退黄，止咳平喘；治腹痛腹泻，赤白下痢，黄疸，咳喘。

蔓胡颓子（胡颓子科）

Elaeagnus glabra Thunb.

药 材 名　蔓胡颓子、蔓胡颓子叶、蔓胡颓子根。

药用部位　果实、枝叶、根、根皮。

功效主治　平喘止咳，收敛止泻，利水通淋，散瘀消肿；治支气管哮喘，慢性气管炎，跌打损伤，腹泻。

化学成分　齐墩果酸、熊果酸、阿江榄仁酸等。

角花胡颓子（胡颓子科）

Elaeagnus gonyanthes Benth.

药 材 名　角花胡颓子、蔓胡颓子。

药用部位　根、叶、果实。

功效主治　平喘止咳，祛风通络，行气止痛，消肿解毒，收敛止泻；治慢性支气管炎，风湿性关节炎，腰腿痛。

化学成分　齐墩果酸、熊果酸等。

披针叶胡颓子（胡颓子科）

Elaeagnus lanceolata Warb.

药 材 名　盐匏藤果。

药用部位　果实。

功效主治　活血通络，疏风止咳；治跌打骨折，劳伤，风寒咳嗽，小便失禁。

化学成分　Isoamericanol B、长春花苷、丁香脂素等。

鸡柏紫藤（胡颓子科）

Elaeagnus loureiroi Champ.

药 材 名　南胡颓子、金锁匙、角罗风。

药用部位　全株。

功效主治　止咳平喘，收敛止泻；治哮喘，泄泻，咯血，慢性骨髓炎，胃痛；外用治疮癣，痔疮，肿毒痛，跌打肿痛。

银果牛奶子（胡颓子科）

Elaeagnus magna (Servett.) Rehder

药 材 名　银果牛奶子。

药用部位　根。

功效主治　生津润燥，消食开胃；治口干咽燥，纳食不香。

胡颓子（胡颓子科）

Elaeagnus pungens Thunb.

药 材 名　胡颓子、胡颓子叶、胡颓子根。

药用部位　果实、叶、根。

功效主治　祛风利湿，祛瘀止血，止咳平喘；治传染性肝炎，咯血，吐血，便血，崩漏，支气管炎。

化学成分　羽扇豆醇、熊竹素、熊果酸等。

攀援胡颓子（胡颓子科）

Elaeagnus sarmentosa Rehder

药 材 名　羊奶果、蒙自胡颓子、牛虱子果。

药用部位　根、果、叶。

功效主治　止咳平喘，收敛止泻；治哮喘，慢性支气管炎，肠炎，腹泻，跌打肿痛，风湿疼痛。

绿叶胡颓子（胡颓子科）

Elaeagnus viridis Servett.

药 材 名　绿叶胡颓子、白绿叶、麻乱（傣药）。

药用部位　嫩叶。

功效主治　涩肠止泻；治腹泻。

蓝果蛇葡萄（葡萄科）

Ampelopsis bodinieri (H. Lév. et Vaniot) Rehder

药 材 名　上山龙。

药用部位　根皮。

功效主治　消肿解毒，止痛止血，排脓生肌；治跌打损伤，骨折，风湿腿痛，便血，慢性胃炎。

广东蛇葡萄（葡萄科）

Ampelopsis cantoniensis (Hook. et Arn.) Planch.

药 材 名　无莿根。

药用部位　根、全株。

功效主治　祛风化湿，清热解毒；治夏季感冒，风湿痹痛，痈疽肿痛，湿疮湿疹，骨髓炎，急性淋巴结结核。

化学成分　杨梅树皮素、二氢杨梅树皮素等。

羽叶蛇葡萄（葡萄科）

Ampelopsis chaffanjonii (H. Lév. et Vaniot) Rehder

药 材 名　羽叶蛇葡萄。

药用部位　根皮。

功效主治　祛风；治风湿痹痛。

化学成分　蛇葡萄素、蛇葡萄苷等。

三裂蛇葡萄（葡萄科）

Ampelopsis delavayana Planch. ex Franch.

药 材 名　金刚散。

药用部位　根、茎藤。

功效主治　清热利湿，活血通淋，止血生肌；治疝气，偏坠，白浊，淋证，风湿痹痛，跌打损伤。

化学成分　Catechin、vulgarsaponin A、progallin A等。

掌裂蛇葡萄（葡萄科）

Ampelopsis delavayana Planch. ex Franch var. **glabra** (Diels et Gilg.) C. L. Li

药 材 名　独脚蟾蜍。

药用部位　块根。

功效主治　清热解毒，化痰；治结核性脑膜炎，痰多胸闷，肠痈，噤口痢，疮疖痈肿，瘰疬，跌打损伤。

化学成分　Vulgarsaponin A、儿茶酸、原花青素B等。

显齿蛇葡萄（葡萄科）

Ampelopsis grossedentata (Hand.-Mazz.) W. T. Wang

药 材 名　甜茶藤、白茶、藤茶。

药用部位　茎叶、根。

功效主治　清热解毒，利湿消肿；治感冒发热，咽喉肿痛，黄疸性肝炎，目赤肿痛，痈肿疮疔。

化学成分　二氢杨梅素、杨梅素、山柰酚等。

异叶蛇葡萄（葡萄科）

Ampelopsis heterophylla Blume

药 材 名　紫葛。

药用部位　根皮。

功效主治　清热，散瘀，通络，解毒；治产后心烦口渴，脚气水肿，跌打损伤，痈肿恶疮，中风半身不遂。

化学成分　羽扇豆醇、没食子酸乙酯、没食子酸等。

光叶蛇葡萄（葡萄科）

Ampelopsis heterophylla Blume var. **hancei** Planch.

药 材 名　山葡萄。

药用部位　根、根皮。

功效主治　清热利湿，解毒消肿；治湿热黄疸，肠炎，痢疾，无名肿毒，跌打损伤。

锈毛蛇葡萄（葡萄科）

Ampelopsis heterophylla Blume var. **vestita** Rehder

药 材 名　山葡萄。

药用部位　根、根皮。

功效主治　清热利湿，解毒，散瘀止血；治肾炎性水肿，小便不利，风湿痹痛，跌打损伤，内伤出血，疮毒。

葎叶蛇葡萄（葡萄科）

Ampelopsis humulifolia Bunge

药 材 名　七角白蔹。

药用部位　根皮。

功效主治　消炎解毒，活血散瘀，祛风除湿；治跌打损伤，骨折，风湿腿痛。

化学成分　羽扇豆醇、*β*-谷甾醇、胡萝卜苷等。

白蔹（葡萄科）

Ampelopsis japonica (Thunb.) Makino

药 材 名　白蔹、白蔹子。

药用部位　块根、果实。

功效主治　清热解毒，消痈散结，敛疮生肌；治痈疽发背，疔疮，瘰疬，烧烫伤。

化学成分　酒石酸、没食子酸、延胡索酸等。

大叶蛇葡萄（葡萄科）

Ampelopsis megalophylla Diels et Gilg

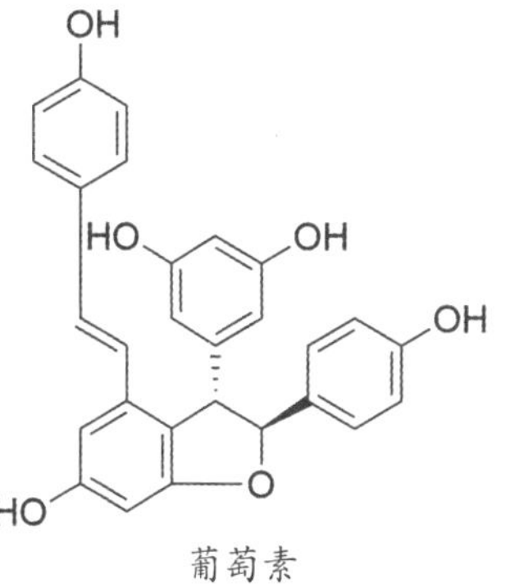

葡萄素

药 材 名　藤茶。

药用部位　枝叶。

生　　境　野生或栽培，生于海拔1 300～1 950米的山坡灌丛或山谷疏林中。

采收加工　夏季采摘嫩枝叶，置沸水中稍烫一下，及时捞起，沥干水分，摊放于通风处吹干，至表面有星点白霜时，即可烘干收藏。

药材性状　茎枝呈圆柱形，表面褐色。质坚硬，难折断，断面不平坦，浅褐色。羽状复叶互生，灰绿色或灰褐色。无臭，味微涩。

性味归经　苦、微涩，凉。归肝、胃经。

功效主治　清热利湿，平肝降压，活血通络；治痢疾，泄泻，小便淋痛，高血压，头昏目涨，跌打损伤。

化学成分　葡萄素等。

核心产区　陕西、甘肃、湖北、云南、四川、江西等。

用法用量　煎汤，15～30克；或泡茶。

本草溯源　《滇南本草》。

角花乌蔹莓（葡萄科）

Cayratia corniculata (Benth.) Gagnep.

药 材 名　九牛薯。

药用部位　块根。

功效主治　清热解毒，祛风化痰；治风热咳嗽。

乌蔹莓（葡萄科）

Cayratia japonica (Thunb.) Gagnep.

药 材 名　乌蔹莓。

药用部位　全草。

功效主治　解毒消肿，活血散瘀，利尿，止血；治咽喉肿痛，目翳，咯血，血尿，痢疾，跌打损伤。

化学成分　樟脑、香桧烯、棕榈酸、芹菜素、木犀草素等。

毛乌蔹莓（葡萄科）

Cayratia japonica (Thunb.) Gagnep. var. **mollis** (Wall.) Momiy.

药 材 名　乌蔹莓。

药用部位　全草、根。

功效主治　祛风明目，凉血消痈，活血，散瘀止痛；治目赤肿痛，肺痈，跌打损伤，烫伤。

化学成分　β-谷甾醇、木犀草素、樟脑等。

尖叶乌蔹莓（葡萄科）

Cayratia japonica (Thunb.) Gagnep. var. **pseudotrifolia** (W. T. Wang) C. L. Li

药 材 名　乌蔹莓。

药用部位　全草、根。

功效主治　舒筋活血；治骨折。

化学成分　芹菜素、胡萝卜苷、木犀草素等。

华中乌蔹莓（葡萄科）

Cayratia oligocarpa (H. Lév. et Vaniot) Gagnep.

药 材 名　大母猪藤、母猪蔓。

药用部位　根、叶。

功效主治　祛风除湿，通络止痛；治风湿痹痛，牙痛，无名肿毒。

化学成分　洋芹素、木犀草素、羽扇豆醇等。

三叶乌蔹莓（葡萄科）

Cayratia trifolia (L.) Domin

药 材 名　狗脚迹、三爪龙、芽播朵（傣药）。

药用部位　全株。

功效主治　消炎止痛，散瘀活血，祛风湿；治跌打损伤，骨折，风湿骨痛，腰肌劳损，湿疹，皮肤溃疡。

化学成分　黄酮类等。

苦郎藤（葡萄科）

Cissus assamica (M. A. Lawson) Craib

药 材 名　风叶藤。

药用部位　根。

功效主治　拔脓消肿，散瘀止痛；治跌打损伤，扭伤，风湿性关节痛，骨折，痈疮肿毒。

化学成分　乌苏酸、羽扇豆醇、β-谷甾醇等。

青紫葛（葡萄科）

Cissus discolor Blume

药 材 名　花斑叶、芽摆来（傣药）。

药用部位　全草。

功效主治　疏风解毒，消肿散瘀，接骨续筋；治麻疹，湿疹，过敏性皮炎。

化学成分　三萜类等。

翅茎白粉藤（葡萄科）

Cissus hexangularis Thorel ex Planch.

药 材 名　六方藤。

药用部位　藤。

功效主治　祛风活络，散瘀活血；治风湿性关节痛，腰肌劳损，跌打损伤。

化学成分　白藜芦醇等。

鸡心藤（葡萄科）

Cissus kerrii Craib

药 材 名　鸡心藤。

药用部位　藤。

功效主治　清热利湿，解毒消肿；治湿热痢疾，痈肿疔疮，湿疹瘙痒，毒蛇咬伤。

化学成分　白藜芦醇、白桦脂醇、蒲公英赛酮、白菜素、菜油甾醇等。

翼茎白粉藤（葡萄科）

Cissus pteroclada Hayata

药 材 名　翼茎白粉藤。

药用部位　根、藤、叶、全草。

功效主治　祛风湿，舒筋络；治风湿痹痛，关节胀痛，腰肌劳损。

化学成分　豆甾醇、胡萝卜甾醇、蒲公英赛酮、齐墩果酸等。

白粉藤（葡萄科）

Cissus repens Lam.

药 材 名　白粉藤。

药用部位　根、藤、叶、全草。

功效主治　有小毒；清热利湿，解毒消肿；治跌打肿痛，无名肿毒，疔疮，毒蛇咬伤，瘀火瘰疬，肾炎，痢疾。

化学成分　白藜芦醇等。

四棱白粉藤（葡萄科）

Cissus subtetragona Planch.

药 材 名　四棱白粉藤。

药用部位　根、藤、叶、全草。

功效主治　化痰散结，消肿解毒，祛风活络；治瘰疬，扭伤骨折，腰肌劳损，风湿骨痛，坐骨神经痛，疮疡肿毒。

化学成分　掌叶防己碱、木兰花碱、心叶白粉藤酮等。

掌叶白粉藤（葡萄科）

Cissus triloba (Lour.) Merr.

药 材 名　白粉藤根、贺些柏（傣药）。

药用部位　根。

功效主治　清热解毒，消肿止痛，接骨续筋，收涩固脱；治疗疮脓肿，斑疹，带下阴痒，脱宫，脱肛，阴道松弛，风湿痹痛，跌打损伤，骨折。

单羽火筒树（葡萄科）

Leea asiatica (L.) Ridsdale

药 材 名　子不离母、山荸荠、端嘿（傣药）。

药用部位　根、叶。

功效主治　散结消肿；治结石，疮结肿痛，疮疔肿痛。

化学成分　黄酮类等。

密花火筒树（葡萄科）

Leea compactiflora Kurz

药 材 名　马骨节、理肺散、九子不离母。

药用部位　块根。

功效主治　润肺止咳；治肺痨咳嗽，百日咳，咽喉肿痛。

光叶火筒树（葡萄科）

Leea glabra C. L. Li

药 材 名　光叶火筒树。

药用部位　根。

功效主治　清热解毒，消肿拔毒。

火筒树（葡萄科）

Leea indica (Burm. f.) Merr.

药 材 名　火筒树、祖公柴、五指枫、红吹风。

药用部位　根、叶。

功效主治　清热解毒；治感冒发热。

化学成分　没食子酸、没食子酸甲酯、槲皮素-3-*O*-鼠李糖苷等。

大叶火筒树（葡萄科）

Leea macrophylla Roxb. ex Hornem.

药 材 名　大叶火筒、端亨（傣药）。

药用部位　叶。

功效主治　祛风解毒，消肿排毒，活血止痛；治跌打瘀肿，风湿痹痛，乳房肿痛，乳汁不通，痈疽疮疥。

糙毛火筒树（葡萄科）

Leea setuligera C. B. Clarke

药 材 名　糙毛火筒树。

药用部位　根。

功效主治　清热解毒。

异叶爬山虎（葡萄科）

Parthenocissus dalzielii Gagnep.

药 材 名　异叶爬山虎。

药用部位　藤、根、茎、叶。

功效主治　祛风活络，活血止痛；治风湿筋骨痛，赤白带下，产后腹痛，骨折，跌打肿痛，疮疖。

化学成分　豆甾-4-烯-3-酮、胡萝卜苷、芹菜素、木犀草素、槲皮素、槲皮素3-*O*-*β*-D-葡萄糖苷等。

绿叶地锦（葡萄科）

Parthenocissus laetevirens Rehder

药 材 名　大绿藤。

药用部位　藤、根、茎、叶。

功效主治　舒筋活络，消肿散瘀，续筋接骨；治荨麻疹，湿疹，过敏性皮炎。

化学成分　(*E*)-5-styrylbenzene-1,3-diol、(*E*)-4-styrylphenol等。

五叶地锦（葡萄科）

Parthenocissus quinquefolia (L.) Planch.

药 材 名　五叶地锦。

药用部位　根、茎。

功效主治　祛风湿，通经络；治风湿痹痛。

化学成分　白藜芦醇等。

地锦（葡萄科）

Parthenocissus tricuspidata (Siebold et Zucc.) Planch.

药 材 名　爬山虎。

药用部位　根、茎。

功效主治　祛风通络，活血解毒；治风湿性关节痛，跌打损伤，痈疖肿毒。

化学成分　莽草酸、花青苷、白藜芦醇等。

十字崖爬藤（葡萄科）

Tetrastigma cruciatum Craib et Gagnep.

药 材 名　扁担藤、嘿扁（傣药）。

药用部位　藤茎。

功效主治　祛风解毒，消肿止痛；治风湿痹痛，颈项强直，腰膝疼痛，跌打损伤，骨折，湿疹，带状疱疹。

七小叶崖爬藤（葡萄科）

Tetrastigma delavayi Gagnep.

药 材 名　一把蔑、嘿吗野（傣药）。

药用部位　藤茎。

功效主治　清热利尿，散瘀活血，祛风湿；治膀胱炎，尿道炎，风湿骨痛，跌打损伤，蛇咬伤，疔疮肿毒。

三叶崖爬藤（葡萄科）

Tetrastigma hemsleyanum Diels et Gilg

药 材 名　三叶青。

药用部位　块根。

功效主治　清热解毒，祛风化痰，活血止痛；治白喉，小儿高热惊厥，肝炎，痢疾，扁桃体炎，淋巴结结核，跌打损伤。

化学成分　新绿原酸、绿原酸、荭草苷、牡荆苷等。

蒙自崖爬藤（葡萄科）

Tetrastigma henryi Gagnep.

药 材 名　蒙自崖爬藤。

药用部位　块根、全草。

功效主治　活血化瘀，解毒；治跌打损伤。

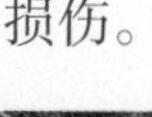

景洪崖爬藤（葡萄科）

Tetrastigma jinghongense C. L. Li

药 材 名　景洪崖爬藤。

药用部位　根。

功效主治　活血化瘀，解毒；治跌打损伤。

毛枝崖爬藤（葡萄科）

Tetrastigma obovatum (M. A. Lawson) Gagnep.

药 材 名　毛枝崖爬藤、蒙沙厄（傣药）。

药用部位　藤茎。

功效主治　祛风除湿，活血通络；治风湿痹痛，劳伤，咳嗽，跌打损伤，骨折。

崖爬藤（葡萄科）

Tetrastigma obtectum (Wall. ex M. A. Lawson) Planch. ex Franch.

药 材 名　小五爪龙、三叶葡萄、嘿夯龙（傣药）。

药用部位　全草、根。

功效主治　祛风活血，消肿止痛；治风湿骨痛，跌打损伤，中风偏瘫后遗症。

无毛崖爬藤（葡萄科）

Tetrastigma obtectum (Wall. ex M. A. Lawson) Planch. ex Franch var. **glabrum** (H. Lév.) Gagnep.

药 材 名　小九节铃。

药用部位　根。

功效主治　有小毒。接骨生肌，止血消炎；治骨折，瘰疬，外伤出血。

化学成分　Tetrastigma A-D等。

扁担藤（葡萄科）

Tetrastigma planicaule (Hook. f.) Gagnep.

药 材 名　扁担藤。

药用部位　藤茎。

功效主治　祛风除湿，舒筋活络；治风湿骨痛，腰肌劳损，跌打损伤，半身不遂。

化学成分　原儿茶酸等。

小果葡萄（葡萄科）

Vitis balansana Planch.

药 材 名　大血藤。

药用部位　根皮。

功效主治　舒筋活血，清热解毒，接骨，生肌利湿；治风湿瘫痪，劳伤，疮疡肿毒，赤痢。

化学成分　白藜芦醇等。

蘡薁（葡萄科）

Vitis bryoniifolia Bunge

药 材 名　蘡薁。

药用部位　果实。

功效主治　清热利湿，解毒消肿，生津止渴；治暑热伤津，口干，湿热，黄疸，风湿性关节炎，跌打损伤，痢疾，痈疮肿毒，瘰疬。

化学成分　酒石酸、苹果酸等多种有机酸，鞣质等。

闽赣葡萄（葡萄科）

Vitis chungii F. P. Metcalf

药 材 名　红扁藤。

药用部位　全株。

功效主治　消肿拔毒；治疮疖痈肿。

刺葡萄（葡萄科）

Vitis davidii (Rom. Caill.) Foëx.

药 材 名　刺葡萄。

药用部位　果实。

功效主治　祛风湿，利小便；治慢性关节炎，跌打损伤。

化学成分　白藜芦醇等。

葛藟葡萄（葡萄科）

Vitis flexuosa Thunb.

药 材 名　葛藟。

药用部位　根、根皮、果实。

功效主治　补五脏，续筋骨，长肌肉；治关节酸痛，跌打损伤，咳嗽，吐血。

化学成分　Flexuosol A等。

毛葡萄（葡萄科）

Vitis heyneana Roem. et Schult.

药 材 名　毛葡萄。

药用部位　根皮、叶。

功效主治　调经活血，舒筋通络，消肿止痛；治月经不调，带下，跌打损伤，筋骨疼痛，外伤出血。

化学成分　白桦脂醇、白藜芦醇苷等。

小叶葡萄（葡萄科）

Vitis sinocinerea W. T. Wang

药 材 名　小叶葡萄。

药用部位　根、叶。

功效主治　清热解毒，消肿止痛，活血祛瘀；治疮疡肿毒，跌打损伤。

葡萄（葡萄科）

Vitis vinifera L.

药 材 名　葡萄。

药用部位　根、果实。

功效主治　解表透疹，利尿，安胎，祛风湿；治麻疹不透，小便不利，胎动不安，风湿骨痛，水肿；外用治骨折。

化学成分　矢车菊素、芍药花素、飞燕草素、白藜芦醇等。

山油柑（芸香科）

Acronychia pedunculata (L.) Miq.

药 材 名　山油柑、沙糖木、石苓舅。

药用部位　根心、叶、果。

功效主治　祛风活血，理气止痛，健脾消食；治跌打肿痛，支气管炎，胃痛，疝气痛，食欲不振，消化不良。

化学成分　鲍尔烯醇、山油柑碱等。

木橘（芸香科）

Aegle marmelos (L.) Corrêa

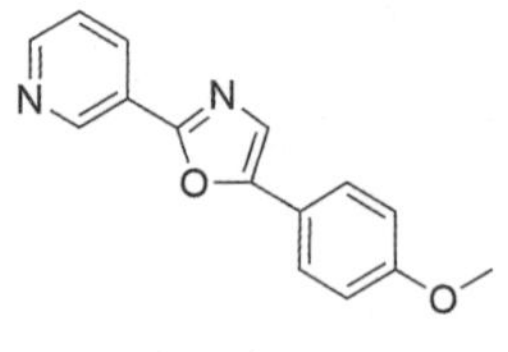

O-甲基哈佛地亚酚

药 材 名　木橘、孟加拉苹果、印度枳、三叶木桔、麻丙罕（傣药）。

药用部位　果实。

生　　境　栽种，生于海拔600～1 000米、略干燥的坡地及乡村路旁。

采收加工　鲜用或晒干备用。

药材性状　长圆形或近球形，表面较光滑。外果皮较硬脆，断面微带红色，中果皮和内果皮呈淡黄色。具松节油样香气，味微苦，常呈黏液性。

性味归经　幼果：微涩，凉。成熟果：甘，凉。

功效主治　幼果：收敛，止痢。成熟果：化痰止咳，散结。

化学成分　*O*-甲基哈佛地亚酚、别欧前胡内酯甲醚、*β*-紫罗兰酮等。

核心产区　云南（西双版纳）。

本草溯源　《滇药录》。

酒饼簕（芸香科）

Atalantia buxifolia (Poir.) Oliv.

药 材 名　酒饼簕。

药用部位　根。

功效主治　祛风解表，化痰止咳，理气止痛；治感冒，头痛，咳嗽，支气管炎，疟疾，胃痛，风湿性关节炎，腰腿痛。

化学成分　东风桔碱、松柏醛、羽扇豆醇、酒饼簕苦素等。

广东酒饼簕（芸香科）

Atalantia kwangtungensis Merr.

药 材 名　广东酒饼簕。

药用部位　根。

功效主治　祛风解表，化痰止咳，行气止痛；治疟疾，感冒头痛，咳嗽，风湿痹痛，胃脘寒痛，牙痛。

化学成分　酒饼簕苦素等。

臭节草（芸香科）

Boenninghausenia albiflora (Hook.) Rchb. ex Meisn.

药 材 名　臭节草。

药用部位　全草。

功效主治　有毒。解表截疟，活血散瘀，解毒；治疟疾，感冒发热，支气管炎，跌打损伤；外用治外伤出血，痈疽疮疡。

化学成分　芦丁、白鲜碱、香柠檬内酯、花椒树皮素甲、异茴芹素等。

酸橙（芸香科）

Citrus × aurantium L.

药 材 名　枳壳、枳实。

药用部位　干燥未成熟果实（壳薄虚大为枳壳）、干燥幼果（皮浓而小为枳实）。

生　　境　栽培于丘陵、低山地带和江河湖泊的沿岸。

采收加工　枳壳为7月果皮尚绿时采收，自中部横切为两半，晒干或低温干燥。枳实为5—6月收集自落的果实，除去杂质，晒干或低温干燥。

药材性状　枳壳半球形，外果皮棕褐色至褐色，有颗粒状凸起，凸起的顶端有凹点状油室；有明显的花柱残迹或果梗痕。切面中果皮黄白色，光滑而稍隆起，边缘散有1～2列油室，内藏种子。枳实呈半球形，外果皮黑绿色或棕褐色，具颗粒状凸起和皱纹，有明显的花柱残迹或果梗痕，切面中果皮略隆起，黄白色，边缘有1～2列油室，瓤囊棕褐色。

性味归经　枳壳：具有苦、辛、酸，微寒；归脾、胃经。枳实：苦、辛、酸，微寒；归脾、胃经。

功效主治　枳壳理气宽中，行滞消胀；治胸胁气滞，胀满疼痛，食积不化，痰饮内停，胃下垂，脱肛，子宫脱垂。枳实：破气消积，化痰散痞；治积滞内停，痞满胀痛，泻痢后重，大便不通，痰滞气阻胸痹，结胸，胃下垂，脱肛，子宫脱垂。

化学成分　柚皮苷、野漆树苷、忍冬苷、川陈皮素等。

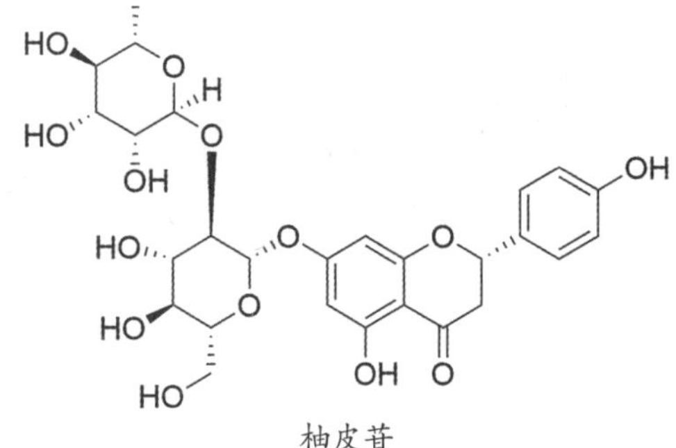

柚皮苷

核心产区　四川、广东、江西、湖南、湖北、江苏等地。

用法用量　内服：煎汤，3～10克；或入丸、散。外用：适量，煎水洗或炒热熨。

本草溯源　《神农本草经》《本草拾遗》《本草图经》《本草汇言》《神农本草经疏》《本草备要》。

附　　注　果实枳壳、幼果枳实为可用于保健食品的中药，孕妇慎用。

柠檬（芸香科）

Citrus × limon (L.) Osbeck

药 材 名　柠檬。

药用部位　根、叶、果皮。

功效主治　化痰止咳，生津健胃，行气止痛，止咳平喘；治支气管炎，百日咳，食欲不振，中暑烦渴，胃痛，疝气痛，睾丸炎，咳嗽。

化学成分　橙皮苷、香叶木苷、柚皮苷、新橙皮苷、黄柏酮、柠檬苦素等。

柚（芸香科）

Citrus maxima (Burm.) Merr.

药 材 名　柚。

药用部位　根、叶、花、果实、果皮。

功效主治　宽中理气，化痰止咳，解毒消肿；治气滞腹胀，胃痛，咳嗽气喘，疝气痛，乳腺炎，扁桃体炎。

化学成分　柚皮素、柠檬苦素等。

化州柚（芸香科）

Citrus grandis (L.) Osbeck var. **tomentosa** Hort.

柚皮苷

药 材 名 化橘红。

药用部位 幼果（化橘红胎）、未成熟或近成熟的干燥外层果皮。

生　　境 栽培，生于丘陵或低山地带。

采收加工 夏季采收，幼果杀青后干燥，或杀青后压制成圆柱形、干燥，或切片、杀青、干燥；未成熟、近成熟果实置沸水中略烫后，将果皮割成5或7瓣，除去果瓤和部分中果皮，压制成形，干燥。

药材性状 呈对折的七角星状或展平的五角星状，单片呈柳叶形。外表面黄绿色，密布茸毛，有皱纹及小油室；内表面有脉络纹。质脆，断面外缘有1列油室，气芳香。

性味归经 辛、苦，温。归肺、脾经。

功效主治 理气宽中，燥湿化痰；治咳嗽痰多，食积伤酒，呕恶痞闷。

化学成分 柚皮苷、橙皮素、柚皮素、柠檬烯等。

核心产区 广东（化州）。

用法用量 煎汤，3～6克；或入丸、散。

本草溯源 《神农本草经》《本草经集注》《新修本草》《本草品汇精要》《本草纲目》《本草从新》《本草纲目拾遗》《中华本草》。

附　　注 广东省立法保护的岭南中药材，化橘红是中国广东化州市道地药材，中国国家地理标志保护品种。自古以来，化橘红就有“南方人参”之说，是明清时期宫廷贡品，被誉为治痰珍品。

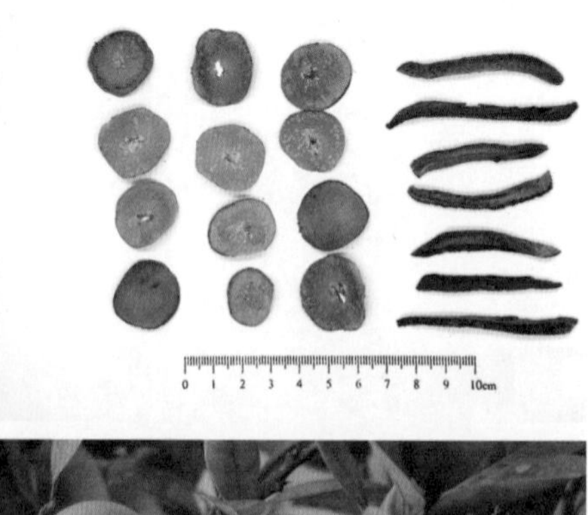

香橼（芸香科）

Citrus medica L.

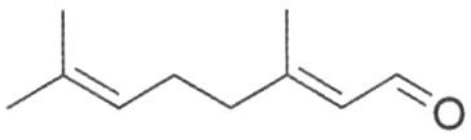

柠檬醛

药 材 名　香橼、枸橼。

药用部位　成熟果实。

生　　境　栽培或野生，生于疏松肥沃、富含腐殖质、排水良好的砂质壤土中。

采收加工　定植后4～5年结果，待果实变黄时采摘。未切片者，打成小块；切片者润透，切丝，晾干。

药材性状　类球形、半球形或圆片。顶端有花柱残痕及隆起的环圈，基部有果梗残基。质坚硬。剖面或横切薄片，边缘油点明显。气香，味酸而苦。

性味归经　辛、苦、酸，温。归肝、脾、肺经。

功效主治　疏肝理气，宽中，化痰；治肝胃气滞，胸胁胀痛，脘腹痞满，呕吐噫气，咳嗽痰多。

化学成分　柠檬醛、枸橼酸、水芹烯等。

核心产区　长江流域及其以南地区均有分布，目前浙江、江苏是香橼的主产区。

用法用量　煎汤，3～10克；或入丸、散。

本草溯源　《本草经集注》《本草图经》《本草纲目》。

附　　注　药食同源，阴虚血燥及孕妇气虚者慎服。

佛手（芸香科）

Citrus medica L. var. **sarcodactylis** (Hoola van Nooten) Swingle

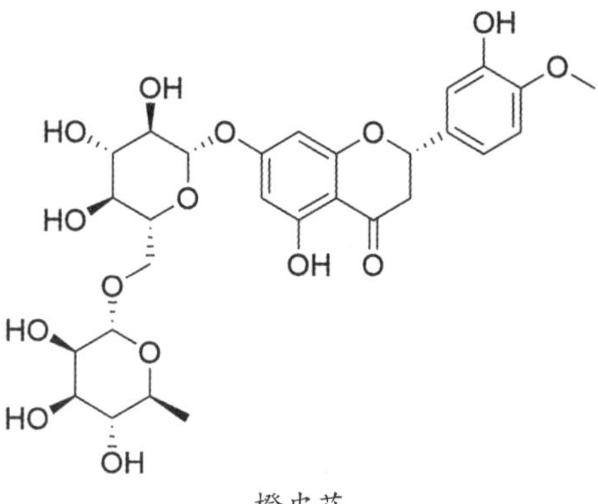

橙皮苷

药 材 名 广佛手、佛手柑。

药用部位 果实。

生　　境 栽培，生于低海拔丘陵、山地、坡地或平地。

采收加工 秋季果实尚未变黄或变黄时采收，纵切成薄片，晒干或低温干燥。

药材性状 类椭圆形或卵圆形的薄片，顶稍宽，常有3～5个手指状的裂瓣。外皮黄绿色或橙黄色，有皱纹和油点。果肉浅黄白色或浅黄色，散有线状或点状维管束。质硬而脆，受潮后柔韧。

性味归经 辛、苦、酸，温。归肝、脾、胃、肺经。

功效主治 疏肝理气，和胃止痛，燥湿化痰；治肝胃气滞，胸胁胀痛，胃脘痞满等。

化学成分 橙皮苷、柠檬烯、6,7-二甲氧基香豆素等。

核心产区 广东（肇庆）、广西（凌云、灌阳、大新）、福建（福安、莆田）、四川（泸州、内江）、重庆、云南（普洱、楚雄）、浙江（金华）。

用法用量 煎汤，3～10克；入丸、散或沸水泡饮。

本草溯源 《滇南本草》《本草品汇精要》《本草纲目》《本经逢原》《本草从新》。

附　　注 药食同源，为广东省立法保护的岭南中药材。

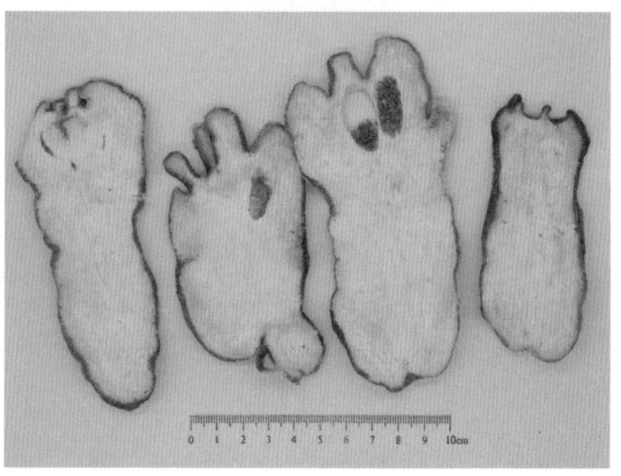

柑橘（芸香科）

Citrus reticulata Blanco

药 材 名　陈皮、橘红、青皮。

药用部位　果实、果皮。

功效主治　破气散结，疏肝止痛，消食化滞；治胃腹胀满，咳嗽痰多。

化学成分　芦丁、柠檬苦素等。

茶枝柑（芸香科）

Citrus reticulata ‘Chachi’

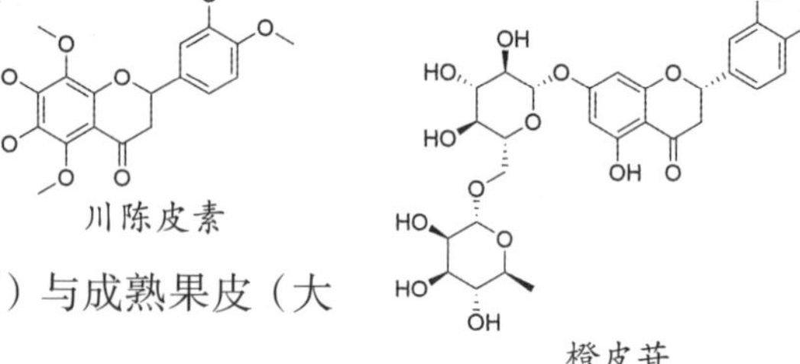

药 材 名　广陈皮、新会陈皮。

药用部位　幼果（柑胎）、近成熟（二红柑或微红柑）与成熟果皮（大红柑）。

生　　境　茶枝柑仅自然分布于新会古兜山脉、牛枯岭山脉和圭峰山脉的河谷地带，人工驯化栽培始于13世纪，已有700多年历史。其适合种植于土层深厚，有机质含量宜在1.5%以上，活土层厚度宜在60厘米以上，地下水位深度宜在1米以下。

采收加工　幼果采收后晒干即可；采摘近成熟或成熟果实，剥取果皮，晒干或低温干燥，存放陈化三年或三年以上。

药材性状　呈3瓣状，于基部相连，形状整齐，厚度均匀，约1毫米。裂片常向外反卷，露出淡黄色内表面，有圆形油室。外表面橙黄色至棕紫色，皱缩，有许多凹入的点状油室，对光照视，透明清晰，大小均匀。内表面黄白色至棕红色。质轻，较柔软，易于折断。气香浓郁，味微辛，甘而略苦涩。

性味归经　苦、辛，温。归肺、脾经。

功效主治　理气健脾，燥湿化痰；治脘腹胀满，食少吐泻，咳嗽痰多。

化学成分　橙皮苷、川陈皮素、橘皮素及挥发油等。

核心产区　广东（新会）、广西（浦北）。

用法用量　煎汤，3～10克；入丸、散剂；沸水泡饮。

本草溯源　《神农本草经》《本草经集注》《本草图经》《本草品汇精要》《本草纲目》《本草害利》。

附　　注　药食同源，为广东省立法保护的岭南中药材（广陈皮），广陈皮与普通陈皮成分含量有别，按干燥品计算，广陈皮含橙皮苷不得少于2.0%，含川陈皮素和橘皮素的总量不得少于0.42%，而普通陈皮仅有一个指标，即橙皮苷含量≥3.5%。

齿叶黄皮（芸香科）

Clausena dunniana H. Lév.

药 材 名　齿叶黄皮。

药用部位　根、叶。

功效主治　疏风解表，行气散瘀，除湿消肿；治感冒，麻疹，哮喘，水肿，胃痛，风湿痹痛，湿疹，扭伤骨折。

化学成分　欧前胡内酯、齿叶黄皮素、去甲齿叶黄皮素等。

假黄皮（芸香科）

Clausena excavata Burm. f.

药 材 名　假黄皮。

药用部位　根、叶。

功效主治　疏风解表，行气利湿，截疟；治上呼吸道感染，流行性感冒，疟疾，急性胃肠炎，痢疾，湿疹。

化学成分　山黄皮素、齿叶黄皮素、去甲齿叶黄皮素等。

黄皮（芸香科）

Clausena lansium (Lour.) Skeels

药 材 名　黄皮。

药用部位　根、叶、果实。

功效主治　解表散热，顺气化痰；治流行性感冒，疟疾，感冒发热，胃痛，腹痛，痰饮咳喘。

化学成分　黄皮新肉桂酰胺、欧前胡内酯、黄皮呋喃香豆素、芸香酚内酯、狭叶香茶菜素、九里香碱、山小桔灵等。

光滑黄皮（芸香科）

Clausena lenis Drake

药 材 名　光滑黄皮。

药用部位　叶。

功效主治　解表散热，顺气化痰；治外感风热之流行性感冒，肺气不降之喘咳、痰稠。

化学成分　香豆素类、咔唑生物碱类、黄酮类等。

华南吴萸（芸香科）

Euodia austro-sinensis Hand.-Mazz.

药 材 名　树腰子。

药用部位　果实、根、叶。

功效主治　温中散寒，行气止痛；治胃痛，头痛。

化学成分　吴茱萸次碱等。

楝叶吴萸（芸香科）

Euodia glabrifolia (Champ. ex Benth.) N. P. Balakr.

药 材 名　楝叶吴茱萸。

药用部位　根、叶、果实。

功效主治　暖胃，止痛，清热化痰，止咳；治胃痛吐清水，头痛，肺结核。

化学成分　吴茱萸碱、吴茱萸次碱等。

三椏苦（芸香科）

Euodia lepta (Spreng.) Merr.

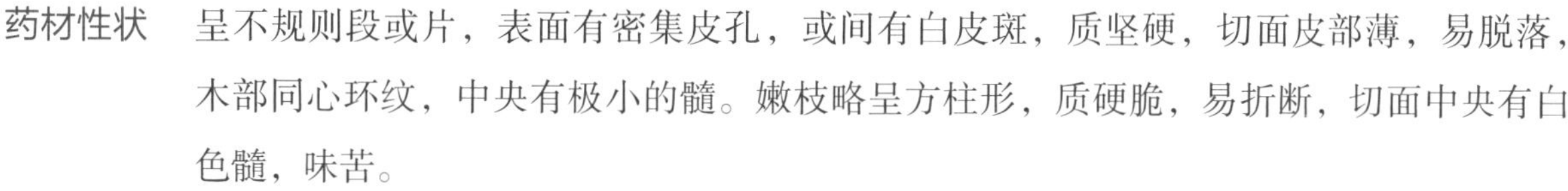

药 材 名　三椏苦、三丫苦、三叉苦。

药用部位　茎、带叶嫩枝、根。

生　　境　栽培，生于低山、丘陵灌丛和山谷疏林中。

采收加工　全年可采，洗净，趁鲜切成段或片，干燥。

药材性状　呈不规则段或片，表面有密集皮孔，或间有白皮斑，质坚硬，切面皮部薄，易脱落，木部同心环纹，中央有极小的髓。嫩枝略呈方柱形，质硬脆，易折断，切面中央有白色髓，味苦。

性味归经　苦，寒。归肝、肺、胃经。

功效主治　清热解毒，行气止痛，燥湿止痒；治热病高热不退，咽喉肿痛，热毒疮肿；外用治皮肤湿热疮疹，皮肤瘙痒。

化学成分　棕榈酸、亚油酸、白鲜碱等。

核心产区　广东（茂名、云浮、肇庆、河源、梅州、潮汕）等。

用法用量　内服：煎汤，根15～50克，叶15～25克。外用：适量，鲜叶捣烂或煎汤洗患处，也可阴干研粉调制软膏搽患处。

本草溯源　《岭南采药录》《山草药指南》。

吴茱萸（芸香科）

Euodia rutaecarpa (A. Juss.) Benth.

吴茱萸胺

药 材 名　吴茱萸、吴萸、臭辣子。

药用部位　近成熟果实。

生　　境　生于山地、路旁或疏林下。

采收加工　8—11月果实尚未开裂时，剪下果枝，晒干或低温干燥，除去枝、叶、果梗等杂质。

药材性状　球形或略呈五角状扁球形，表面暗黄绿色至褐色，粗糙，有多数点状凸起或凹下的油点。顶端有五角星状的裂隙，基部残留被有黄色茸毛的果梗。质硬而脆，横切面可见子房5室。

性味归经　辛、苦，热。归肝、脾、胃、肾经。

功效主治　散寒止痛，降逆止呕，助阳止泻；治厥阴头痛、寒疝腹痛、寒湿脚气、脘腹胀痛、呕吐吞酸、五更泄泻。

化学成分　挥发油与生物碱，挥发油主含吴茱萸烯、罗勒烯、吴茱萸内酯、吴茱萸内酯醇和吴茱萸酸等；生物碱有吴茱萸胺、吴茱萸次碱、吴茱萸因碱、羟基吴茱萸碱和吴茱萸卡品碱。

核心产区　福建（福鼎）、江西（樟树）、广西（河池）、广东（韶关）、四川（广安）。

用法用量　内服：煎汤，2～5克。外用：适量。

本草溯源　《日华子本草》《本草图经》《本草纲目》《神农本草经疏》《本草通玄》《本草求真》

附　　注　有小毒。

牛纠吴萸（芸香科）

Euodia trichotoma (Lour.) Pierre

药 材 名　五除叶。

药用部位　叶。

功效主治　理气止痛，祛风除湿；治胃痛，腹痛，腹泻，感冒，咳嗽，荨麻疹，湿疹，皮肤疮疡。

单叶吴萸（芸香科）

Euodia viticina Wall. ex Kurtz

药 材 名　单叶吴茱萸、烘南晚（傣药）。

药用部位　根、叶。

功效主治　清火解毒，消肿止痛，杀虫止痒，除风利水；治便秘，口苦咽干，腹扭痛，疔疮痈疖脓肿，头昏目眩，跌打损伤，风寒湿痹。

金橘（芸香科）

Fortunella margarita (Lour.) Swingle

药 材 名　金橘。

药用部位　根、叶、果实。

功效主治　醒脾行气；治风寒咳嗽，胃气痛，食积胀满，疝气。

化学成分　金柑苷、枸橼酸、松柏苷、丁香苷等。

亮叶山小橘（芸香科）

Glycosmis cymosa (Kurz.) V. Naray.

药 材 名　亮叶山小橘。

药用部位　根、叶、果实。

功效主治　祛痰止咳，理气消积，散瘀消肿；治感冒咳嗽，消化不良，食积腹痛，疝气痛；外用治跌打瘀血肿痛。

小花山小橘（芸香科）

Glycosmis parviflora (Sims) Little

药 材 名　山小橘。

药用部位　根、叶。

功效主治　祛痰止咳，理气消积，散瘀消肿；治感冒咳嗽，消化不良，食欲不振，食积腹痛，跌打瘀血肿痛。

化学成分　山小橘碱、尖叶石松碱、山小橘查耳酮等。

山小橘（芸香科）

Glycosmis pentaphylla (Retz.) DC.

药 材 名　山桔叶、五叶山小桔。

药用部位　根、叶。

功效主治　散瘀消肿，化痰消积，祛风解毒。

化学成分　生物碱、硫酰胺类、萜类等。

大管（芸香科）

Micromelum falcatum (Lour.) Tanaka

药 材 名　白木、小柑、野黄皮树。

药用部位　根、根皮。

功效主治　散瘀行气，止痛，活血；治毒蛇咬伤，胸痹，跌打扭伤。

化学成分　月橘碱、小芸木宁、脱水长叶九里香内酯、九里香乙素等。

小芸木（芸香科）

Micromelum integerrimum (Roxb. ex DC.) Wight et Arn. ex M. Roem.

药 材 名　小芸木。

药用部位　根、树皮、叶。

功效主治　有毒。疏风解表，散瘀止痛；治感冒咳嗽，胃痛，风湿骨痛，跌打肿痛，骨折。

化学成分　小芸木宁、东莨菪素等。

豆叶九里香（芸香科）

Murraya euchrestifolia Hayata

药 材 名　豆叶九里香、山黄皮。

药用部位　带嫩枝的叶。

功效主治　祛风解表，行气止痛，活血化瘀；治恶寒发热，咳嗽，哮喘，风湿痹痛，四肢麻木，跌打损伤，湿疹。

化学成分　柠檬烯酸、紫苏醛等。

九里香（芸香科）

Murraya exotica L.

药 材 名　九里香。

药用部位　叶、带叶嫩枝。

功效主治　有毒。解毒消肿，祛风活络，局部麻醉；治跌打肿痛，风湿骨痛，胃痛，牙痛，破伤风。

化学成分　Murratin L、murratin H、chloticol、meranzin hydrate acetate、meranzin hydrate 2'-palmitate等。

广西九里香（芸香科）

Murraya kwangsiensis (C. C. Huang) C. C. Huang

药 材 名　广西黄皮、山柠檬、千里香。

药用部位　全株。

功效主治　疏风解表，活血消肿；治感冒，麻疹，角膜炎，跌打损伤，骨折。

化学成分　异马汉九里香碱、香叶醛、九里香酚碱、β-谷甾醇等。

千里香（芸香科）

Murraya paniculata (L.) Jack

九里香甲素

药 材 名　九里香、满山香。

药用部位　叶、带叶嫩枝。

生　　境　栽培，生于干旱的旷地或疏林中。

采收加工　全年均可采收，除去老枝，阴干。

药材性状　小叶片呈卵形或椭圆形，最宽处在中部或中部以下，长2～8厘米，宽1～3厘米，先端渐尖或短尖。

性味归经　辛、微苦，温。归肝、胃经。

功效主治　行气止痛，活血散瘀；治胃痛，风湿痹痛；外用治牙痛，跌扑肿痛，蛇虫咬伤。

化学成分　九里香甲素、九里香酮、九里香乙素、九里香丙素、长叶九里香内酯二醇等。

核心产区　广西、广东、江西等。

用法用量　内服：煎汤，6～12克，或浸酒服。外用：捣敷。

本草溯源　《生草药性备要》《陆川本草》《本草求原》《岭南采药录》。

附　　注　2020年版《中国药典》收载药材“九里香”的来源为芸香科九里香属植物九里香 *Murraya exotica* 或千里香 *M. paniculata* 的干燥叶和带叶嫩枝。这是两个植物分类形态特征几乎一样的近缘种，但它们的化学成分是有差别的，九里香主要化学成分为香豆素类，千里香主要化学成分为多甲氧基黄酮类。

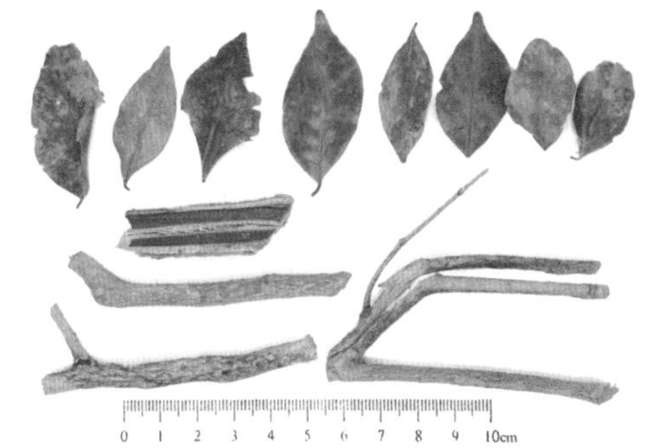

川黄檗（芸香科）

Phellodendron chinense C. K. Schneid.

小檗碱

药 材 名　黄柏、川黄柏、黄檗皮。

药用部位　树皮。

生　　境　生于山地杂木林中或山谷洪流附近。

采收加工　剥取树皮后，除去粗皮，晒干。

药材性状　板片状或浅槽状，外表面黄褐色或黄棕色，平坦或具纵沟纹，有的可见皮孔痕及残存的灰褐色粗皮；内表面暗黄色或淡棕色，具细密的纵棱纹。体轻，质硬，断面呈纤维性，呈裂片状分层，深黄色。

性味归经　苦，寒。归肾、膀胱经。

功效主治　清热燥湿，泻火除蒸，解毒疗疮；治湿热泻痢，黄疸尿赤，带下阴痒，热淋涩痛，盗汗，疮疡肿毒，湿疹湿疮。

化学成分　小檗碱、木兰碱、黄柏碱等多种生物碱以及内酯、甾醇类、黏液质、黄酮类。

核心产区　四川、湖北、贵州、云南、江西、浙江等地。

用法用量　内服：煎汤，3～12克。外用：适量。

本草溯源　《神农本草经》《名医别录》《新修本草》《经史证类备急本草》《本草纲目》《本经疏证》。

秃叶黄檗（芸香科）

Phellodendron chinense C. K. Schneid var. **glabriusculum** C. K. Schneid.

药 材 名　秃叶黄檗。

药用部位　树皮。

功效主治　清热解毒，泻火，健胃；治热痢，泄泻，痔疮，便血，结膜炎，口腔炎，中耳炎，痨病发热，风湿性关节炎，皮肤湿疹。

化学成分　小檗碱、黄柏碱、黄柏酮、黄柏内酯等。

枳（芸香科）

Poncirus trifoliata (L.) Raf.

药 材 名　枳。

药用部位　枳壳。

功效主治　健胃消食，理气止痛；治胃痛，胸腹胀痛，便秘，呕吐。

化学成分　柠檬苦素、枸橘苷、柚皮苷、桉油醇等。

芸香（芸香科）

Ruta graveolens L.

药 材 名　臭草、臭艾、小午草。

药用部位　全草。

功效主治　有毒。祛风通络，活血散瘀；治跌打肿痛，风湿骨痛，蛇咬伤肿痛，外伤出血。

化学成分　芦丁、伞花内酯、芸香马林、芸香枯亭等。

乔木茵芋（芸香科）

Skimmia arborescens T. Anderson ex Gamble

药 材 名 乔木茵芋。

药用部位 茎叶。

功效主治 祛风除湿；治风湿痹痛。

化学成分 槲皮素、橙皮苷、东莨菪内酯、茵芋苷等。

茵芋（芸香科）

Skimmia reevesiana (Fortune) Fortune

药 材 名 茵芋。

药用部位 茎叶。

功效主治 有毒。祛风胜湿；治风湿痹痛，四肢挛急，两足软弱。

化学成分 茵芋碱、茵芋苷、单叶芸香品碱、吴茱萸定碱、吴茱萸素、茵芋宁碱等。

飞龙掌血（芸香科）

Toddalia asiatica (L.) Lam.

药 材 名 飞龙掌血。

药用部位 根、根皮、叶。

功效主治 有小毒。散瘀止血，祛风除湿，消肿解毒；治风湿痹痛，跌打损伤，胃痛，月经不调，痛经，闭经；外用治骨折，外伤出血。

化学成分 白屈菜红碱、茵芋碱、小檗碱、飞龙掌血默碱、飞龙掌血内酯等。

刺花椒（芸香科）

Zanthoxylum acanthopodium DC.

药 材 名　野花椒、盐花椒。

药用部位　根、果实。

功效主治　温中散寒，止痛，杀虫，避孕；治胃痛，风湿性关节痛，虫积腹痛。

化学成分　柄果脂素、挥发油等。

椿叶花椒（芸香科）

Zanthoxylum ailanthoides Siebold et Zucc.

药 材 名　椿叶花椒。

药用部位　果实、叶。

功效主治　祛风通络，活血散瘀；治跌打肿痛，风湿骨痛，蛇咬伤肿痛，外伤出血。

化学成分　2-十三酮、D-柠檬烯、2-十二醇等。

竹叶花椒（芸香科）

Zanthoxylum armatum DC.

药 材 名　竹叶花椒。

药用部位　果实。

功效主治　温中散寒，燥湿杀虫，行气止痛；治胃腹冷痛，呕吐，泄泻，血吸虫病，蛔虫病，脂溢性皮炎。

化学成分　山椒素、柠檬烯、芳樟醇等。

毛竹叶花椒（芸香科）

Zanthoxylum armatum DC. var. **ferrugineum** (Rehder et E. H. Wilson) C. C. Huang

药 材 名　野花椒。

药用部位　果实。

功效主治　温中散寒，理气止痛；治脘腹冷痛，呕吐，泄泻。

化学成分　Zanthlignans A、连翘苷元、planispine A等。

岭南花椒（芸香科）

Zanthoxylum austrosinense C. C. Huang

药 材 名　岭南花椒。

药用部位　根。

功效主治　祛风解表，行气活血，消肿止痛；治风寒感冒，风湿痹痛，气滞胃痛，龋齿痛，跌打肿痛，骨折，毒蛇咬伤。

化学成分　D-柠檬烯、邻-异丙基苯等。

簕欓花椒（芸香科）

Zanthoxylum avicennae (Lam.) DC.

药 材 名　簕欓花椒。

药用部位　根、果、叶。

功效主治　祛风利湿，活血止痛。根：治黄疸性肝炎，肾炎性水肿。果：治胃痛，腹痛。叶：治乳腺炎，疖肿。

化学成分　β-水芹烯、α-蒎烯等。

花椒（芸香科）

Zanthoxylum bungeanum Maxim.

药 材 名 花椒、青椒。

药用部位 干燥成熟果实。

功效主治 温中止痛，杀虫止痒；治脘腹冷痛，呕吐泄泻，虫积腹痛，湿疹，阴痒。

化学成分 柠檬烯、1,8-桉叶素等。

蚬壳花椒（芸香科）

Zanthoxylum dissitum Hemsl.

药 材 名 单面针、山枇杷。

药用部位 根。

功效主治 有小毒。活血散瘀，续筋接骨；治跌打损伤，扭伤，骨折。

化学成分 原阿片碱、别隐品碱等。

刺壳花椒（芸香科）

Zanthoxylum echinocarpum Hemsl.

药 材 名 刺壳花椒。

药用部位 根。

功效主治 运脾消食，行气止痛；治脾运不健，厌食腹胀，脘腹气滞作痛。

化学成分 木兰花碱、α-别隐品碱等。

拟蚬壳花椒（芸香科）

Zanthoxylum laetum Drake

药 材 名　拟砚壳花椒、拟山枇杷。

药用部位　根。

功效主治　止痛；治牙痛。

化学成分　去甲基白屈菜红碱、氧化两面针碱等。

大叶臭花椒（芸香科）

Zanthoxylum myriacanthum Wall. ex Hook. f.

药 材 名　驱风通、雷公木。

药用部位　茎、枝叶。

功效主治　祛风除湿，活血散瘀，消肿止痛；治风湿骨痛，感冒风寒，小儿麻痹后遗症，跌打骨折，外伤出血。

化学成分　桧烯、苧烯等。

毛大叶臭花椒（芸香科）

Zanthoxylum myriacanthum Wall.ex Hook. f. var. **pubescens** (C. C. Huang) C. C. Huang

药 材 名　毛大叶臭花椒、麻欠。

药用部位　根皮、树皮及嫩叶。

功效主治　祛风除湿，活血散瘀，消肿止痛；治多类痛症。

两面针（芸香科）

Zanthoxylum nitidum (Roxb.) DC.

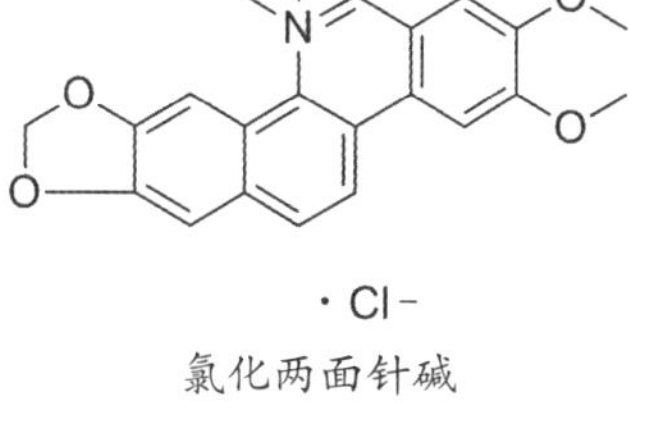

氯化两面针碱

药 材 名　两面针、入地金牛、蔓椒。

药用部位　根。

生　　境　栽培，生于山野坡地的灌木丛中。

采收加工　全年均可采挖，洗净，切片或段，晒干。

药材性状　厚片或圆柱形短段，淡棕黄色或淡黄色，有类圆形皮孔样斑痕。切面皮部淡棕色，木部淡黄色，有同心性环纹和密集的小孔。气微香，味辛辣，麻舌而苦。

性味归经　苦、辛，平。归肝、胃经。

功效主治　活血化瘀，行气止痛，祛风通络，解毒消肿；治跌打损伤，胃痛，牙痛，风湿痹痛，毒蛇咬伤；外用治烧烫伤。

化学成分　氯化两面针碱、光叶花椒碱、二氢两面针碱、牡荆苷等。

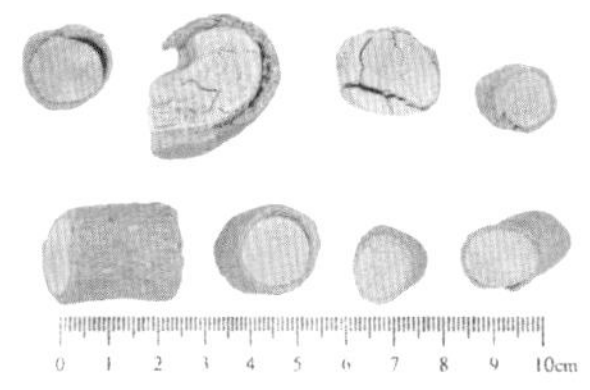

核心产区　广西（贺州）、广东（云浮、河源）。

用法用量　内服：5～10克。外用：适量，研末调敷或煎水洗患处。

本草溯源　《神农本草经》《本草求原》《岭南采药录》。

附　　注　根、茎、叶有小毒（氧化两面针碱、氯化两面针碱）。

尖叶花椒（芸香科）

Zanthoxylum oxyphyllum Edgew.

药 材 名　尖叶花椒、麻干腾（傣药）。

药用部位　果实。

功效主治　除湿，消肿，止痛；治蜈蚣咬伤，疥疮，过敏。

花椒簕（芸香科）

Zanthoxylum scandens Blume

药 材 名　花椒簕、藤花椒、花椒藤。

药用部位　茎叶、根。

功效主治　祛风活血；治跌打肿痛，脘腹瘀滞疼痛。

化学成分　6,7-二甲氧基-香豆素、芝麻素等。

野花椒（芸香科）

Zanthoxylum simulans Hance

药 材 名　野花椒、柄果花椒。

药用部位　根、果皮、叶。

功效主治　有毒。温中止痛，驱虫健胃；治胃痛，腹痛，蛔虫病。

化学成分　茵芋碱、加锡弥罗果碱等。

臭椿（苦木科）

Ailanthus altissimus (Mill.) Swingle

药 材 名　臭椿。

药用部位　树皮、根皮、果实。

功效主治　燥湿清热，止泻止血；治慢性痢疾，肠炎，便血，遗精，带下，胃痛，尿血。

化学成分　(+)-新橄榄树脂素、(7*S*,8*R*)-4,7,9,9′-四羟基-3,3′-二甲氧基-8-*O*-4′-新木脂素等。

鸦胆子（苦木科）

Brucea javanica (L.) Merr.

Bruceine A

药 材 名　鸦胆子。

药用部位　成熟果实。

生　　境　野生或栽培，生于海拔950～1 000米的旷野、山麓灌丛中或疏林中。

采收加工　秋季果实成熟时采收，除去杂质，晒干。

药材性状　卵形。表面黑色或棕色。果壳质硬而脆，种子卵形，表面类白色或黄白色，具网纹；种皮薄，子叶乳白色，富油性。气微，味极苦。

性味归经　苦，寒。归大肠、肝经。

功效主治　清热解毒，截疟，止痢；治痢疾，疟疾。外用腐蚀赘疣，治鸡眼。

化学成分　Bruceine A、油酸等。

核心产区　云南。

用法用量　内服：多去壳取仁，0.5～2克，用胶囊或龙眼肉包裹，饭后吞服。外用：适量，捣敷；或制成鸦胆子油局部涂敷；或煎水洗。

本草溯源　《生草药性备要》《本草纲目拾遗》《医学衷中参西录》《岭南采药录》。

附　　注　有小毒。

柔毛鸦胆子（苦木科）

Brucea mollis Wall. ex Kurz.

药 材 名　柔毛鸦胆子。

药用部位　果实。

功效主治　清热解毒；治痢疾，痔疮出血。

化学成分　Infractin、(+)-丁香脂素等。

马来苦木（新拟）（苦木科）

Eurycoma longifolia Jack

药 材 名　东革阿里、马来西亚人参。

药用部位　根。

功效主治　壮阳；治性功能障碍。

化学成分　东革内酯、9,10-二甲氧基铁屎米酮、欧瑞苦码内酯A等。

牛筋果（苦木科）

Harrisonia perforata (Blanco) Merr.

药 材 名　牛筋果、弓刺、连江簕。

药用部位　根。

功效主治　清热解毒；治疟疾。

化学成分　Harriperfin E、kihadanin A等。

苦木（苦木科）

Picrasma quassioides (D. Don) Benn.

药 材 名　苦木、苦树皮、苦皮树。

药用部位　枝、叶。

功效主治　清热解毒，祛湿；治风热感冒，咽喉肿痛，湿热泻痢，湿疹，疮疖，蛇虫咬伤。

化学成分　苦木内酯、黄楝素等。

阿拉伯乳香树（橄榄科）

Boswellia sacra Flück

α-乳香酸

药 材 名 乳香、乳头香、天泽香。

药用部位 树脂。

生　　境 多生长在贫瘠、干旱之地。

采收加工 乳香树干的皮部有离生树脂道，通常春季为盛产期。采收时，于树干的皮部由下向上按顺序切伤，开一狭沟，使树脂从伤口处渗出，流入沟中，数天后结成硬块，即可采取，运回加工。

药材性状 呈长卵形滴乳状、类圆形颗粒或黏合成大小不等的不规则块状物。大者长达2厘米（乳香珠）或5厘米（原乳香）。表面黄白色，半透明，被有黄白色粉末，久存则颜色加深。质脆，遇热软化。破碎面有玻璃样或蜡样光泽。具特异香气，味微苦。

性味归经 辛、苦，温。归心、肝、脾经。

功效主治 活血定痛，消肿生肌；治胸痹心痛，胃脘疼痛等。

化学成分 *α*-乳香酸、*β*-乳香酸、乙酰基-*β*-乳香酸、乙酰基-*α*-乳香酸等。

核心产区 原生地为阿拉伯半岛南端，埃塞俄比亚北部、索马里、土耳其等地有分布。

用法用量 内服：煎汤或入丸、散，3～5克。外用：适量，研末调敷。

本草溯源 《名医别录》《本草拾遗》《本草纲目》《本草汇言》《神农本草经疏》。

附　　注 进口南药。

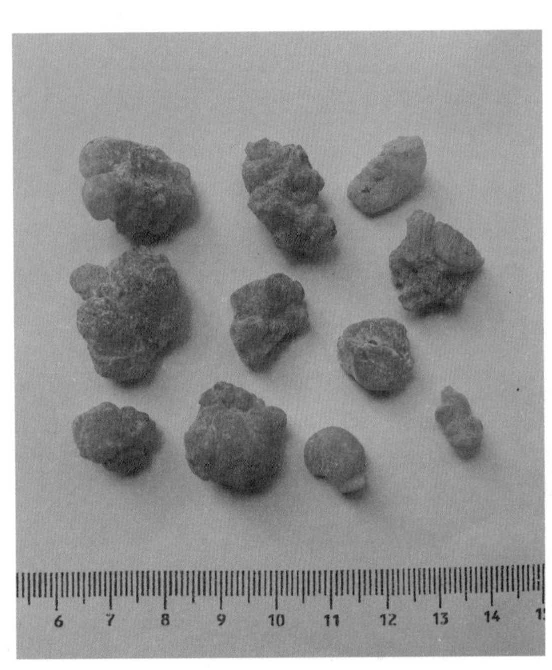

橄榄（橄榄科）

Canarium album (Lour.) Raeusch. ex DC.

药 材 名　橄榄、白榄、黄榄。

药用部位　果实。

功效主治　清热解毒，利咽喉；治咽喉肿痛，咳嗽，暑热烦渴，肠炎腹泻。

化学成分　甲酚、麝香草酚等。

方榄（橄榄科）

Canarium bengalense Roxb.

药 材 名　方榄、三角榄。

药用部位　果实。

功效主治　清肺利咽，生津止渴；治咽痛，咳嗽，烦渴。

化学成分　没食子酸、没食子酸乙酯、没食子酸甲酯、鞣花酸等。

乌榄（橄榄科）

Canarium pimela K. D. Koenig

药 材 名　乌榄、黑榄、木威子。

药用部位　根、叶、果实。

功效主治　舒筋活络，祛风除湿；治风湿腰腿痛，手足麻木。

化学成分　α-蒎烯、2-侧柏烯等。

没药（橄榄科）

Commiphora myrrha (T. Nees) Engl.

丁香酚

药 材 名　没药、末药。

药用部位　树脂。

生　　境　栽培或野生，生于海拔500～1 500米的山坡地。

采收加工　11月至翌年2月采收。树脂可由树皮裂缝自然渗出；或将树皮割破，使树脂从伤口渗出。初呈淡黄色黏稠液，遇空气凝固成红棕色硬块。

药材性状　不规则小块状或类圆形颗粒状，表面棕褐色或黑褐色，有光泽。具特异香气，略有醋香气，味苦而微辛。

性味归经　辛、苦，平。归心、肝、脾经。

功效主治　散瘀定痛，消肿生肌；治胸痹心痛，胃脘疼痛等。

化学成分　丁香酚、间甲苯酚、没药罕酸、没药尼酸、树胶等。

核心产区　索马里、埃塞俄比亚、阿拉伯半岛等。

用法用量　3～5克，炮制去油，多入丸、散用。

本草溯源　《药性论》《海药本草》《开宝本草》《本草图经》《本草纲目》。

附　　注　进口南药，孕妇及胃弱者慎用。

白头树（橄榄科）

Garuga forrestii W. W. Sm.

药 材 名　白头树。

药用部位　树皮。

功效主治　清热解毒；治烧烫伤。

化学成分　13α,14β,17α-羊毛甾-7,24-二烯-1β,3β-二醇、豆甾-5-烯-3β,7α-二醇等。

羽叶白头树（橄榄科）

Garuga pinnata Roxb.

药 材 名　椤麻。

药用部位　树皮。

功效主治　清热解毒，去腐生肌；治疟疾，烧烫伤，疮疡溃烂。

化学成分　60-Hydroxygaruganin Ⅴ、90-desmethylgarugamblin Ⅰ等。

米仔兰（楝科）

Aglaia odorata Lour.

药 材 名　米仔兰、碎米兰、米兰花、珠兰。

药用部位　枝叶、花。

功效主治　枝叶：活血散瘀，消肿止痛；治跌打损伤，骨折，痈疮。花：行气解郁；治气郁胸闷，食滞腹胀。

化学成分　米仔兰醇、米仔兰酮二醇等。

碧绿米仔兰（楝科）

Aglaia perviridis Hiern

药 材 名　碧绿米仔兰。

药用部位　枝叶。

功效主治　活血散瘀，消肿止痛；治跌打损伤，骨折。

化学成分　5,7,4′三甲氧基双氢黄酮、5,7,4′三甲氧基黄芪苷、胡椒碱、尿嘧啶、尿嘧啶核苷等。

山楝（楝科）

Aphanamixis polystachya (Wall.) R. Parker

药 材 名　苦油木、大叶沙罗、红果树、红萝木。

药用部位　根、叶。

功效主治　祛风止痛；治风湿痹痛、四肢麻木。

化学成分　Schleicheol 2、β-扶桑甾醇等。

印度楝（楝科）

Azadirachta indica A. Juss.

药 材 名　印度楝树、印度蒜楝、印度假苦楝、宁树。

药用部位　树皮、树胶提取物、果实、种子。

功效主治　树皮：收敛；可作收敛剂和滋补药。树胶提取物：杀虫。果实、种子：所含芳香油可药用。

化学成分　印楝素、印苦楝素等。

麻楝（楝科）

Chukrasia tabularis A. Juss.

药 材 名　麻楝、白椿。

药用部位　根皮。

功效主治　消炎退热；治感冒发热。

化学成分　3-Hydroxy-1-(4-hydroxy-3,5-dimethoxyphenyl) propan-1-one、黄花菜木脂素D等。

浆果楝（楝科）

Cipadessa baccifera (Roxb. ex Roth) Miq.

药 材 名　假茶辣。

药用部位　根、叶。

功效主治　清热解毒，行气通便，截疟；治风湿痹痛，跌打损伤，痢疾，疟疾，感冒，大便秘结，小儿皮炎，脓疮，蛇虫咬伤。

化学成分　Cineracipadesin C、cineracipadesin G等。

香港樫木（楝科）

Dysoxylum hongkongense (Tutcher) Merr.

药 材 名　香港樫木。

药用部位　根。

功效主治　截疟；治疟疾。

鹧鸪花（楝科）

Heynea trijuga Roxb. ex Sims

药 材 名　海木。

药用部位　根。

功效主治　有小毒。清热解毒，祛风湿，利咽喉；治风湿腰腿痛，咽喉炎，扁桃体炎，心胃气痛。

楝（楝科）

Melia azedarach L.

药 材 名　苦楝皮、苦楝叶。

药用部位　根皮、树皮、叶。

功效主治　有毒。根皮、树皮：杀虫；治蛔虫病，钩虫病，蛲虫病，疥疮，头癣，水田皮炎。叶：杀钉螺。

化学成分　苦楝素、印楝波灵A等。

羽状地黄莲（楝科）

Munronia pinnata (Wall.) W. Theob.

药 材 名　矮陀陀。

药用部位　全株。

功效主治　舒筋活络，祛风止痛，解热截疟；治跌打损伤，风湿性关节炎，感冒发热，疟疾。

化学成分　左旋松脂素、消旋丁香脂素、左旋落叶松脂素和左旋双氢芝麻脂素等。

红椿（楝科）

Toona ciliata M. Roem.

药 材 名　红椿、赤昨工、红楝子。

药用部位　根皮。

功效主治　除热，燥湿，涩肠止血；治久泻久痢，便血，崩漏，带下黄浊，遗精，小便白浊，小儿疳积，疮疥，蛔虫病。

化学成分　柠檬烯、γ-松油烯等。

香椿（楝科）

Toona sinensis (A. Juss.) M. Roem.

药 材 名　香椿、红椿、椿芽树。

药用部位　根皮、叶、嫩枝、果。

功效主治　祛风利湿，止血止痛。根皮：治痢疾，肠炎，尿路感染，便血，血崩，带下，风湿腰腿痛。叶、嫩枝：治痢疾。果：治胃溃疡和十二指肠溃疡，慢性胃炎。

化学成分　Cedrodorol B、11β-acetoxyobacunol等。

茸果鹧鸪花（楝科）

Trichilia sinensis Bentv.

药 材 名　白骨走马。

药用部位　根、叶、果实。

功效主治　有小毒。杀虫止痒，燥湿止血；治蛔虫病腹痛，下肢溃疡，慢性骨髓炎，疥疮湿疹，外伤出血。

化学成分　Trichiliasinenoids D、trichiliasinenoids E等。

杜楝（楝科）

Turraea pubescens Hell.

药 材 名　杜楝。

药用部位　枝叶。

功效主治　解毒，收敛，止泻；治急、慢性细菌性痢疾，泄泻，咽喉炎，内外伤出血。

化学成分　Turranin G、turrapubins A等。

伯乐树（伯乐树科）

Bretschneidera sinensis Hemsl.

药 材 名　钟萼木、南华木、山桃树。

药用部位　树皮。

功效主治　祛风活血；治筋骨疼痛。

化学成分　3-表白桦脂酸、β-谷甾醇等。

天师栗（七叶树科）

Aesculus chinensis Bunge var. **wilsonii** (Rehder) Turland et N. H. Xia

药 材 名　娑罗子。

药用部位　果实。

功效主治　疏肝理气，止痛；治胸乳胀痛，胃脘痛，痛经。

化学成分　油酸、硬脂酸甘油酯等。

云南异木患（无患子科）

Allophylus hirsutus Radlk.

药 材 名　云南异木患。

药用部位　根、茎、叶。

功效主治　根、茎：通利关节，散瘀活血；治风湿痹痛，跌打损伤。叶：治感冒。

长柄异木患（无患子科）

Allophylus longipes Radlk.

药 材 名　长柄异木患、叫沙短（傣药）。

药用部位　根、叶。

功效主治　清火解毒，调补血水，下乳，安神；治咽喉肿痛，咳嗽，月经不调，产后体质虚弱，乳汁不下，失眠多梦。

化学成分　蛇藤酸、甲基埃斯特瑞、白桦脂酸、白桦脂醛、白桦脂醇、熊果酸、东莨菪内酯等。

异木患（无患子科）

Allophylus viridis Radlk.

药 材 名　异木患、大果。

药用部位　根、茎、叶。

功效主治　祛风散寒，健胃，行气止痛；治心痛，气虚阳痿，腹胀冷痛。

化学成分　Zizyberenalic acid、3-oxotrirucalla-7, 24-dien-21-oic acid等。

倒地铃（无患子科）

Cardiospermum halicacabum L.

药 材 名　倒地铃、假苦瓜、包袱草。

药用部位　全草。

功效主治　凉血解毒，散瘀消肿；治跌打损伤，疮疖痈肿，湿疹，毒蛇咬伤。

化学成分　十五烷酸、芹菜素等。

茶条木（无患子科）

Delavaya toxocarpa Franch.

药 材 名　茶条木、黑枪杆、滇木瓜。

药用部位　种子油。

功效主治　治疥癣。

化学成分　二苯胺、棕榈酸甲酯、棕榈酸等。

龙眼（无患子科）

Dimocarpus longan Lour.

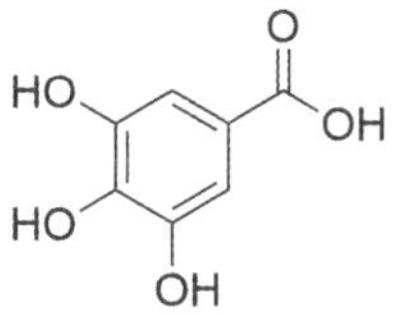

没食子酸

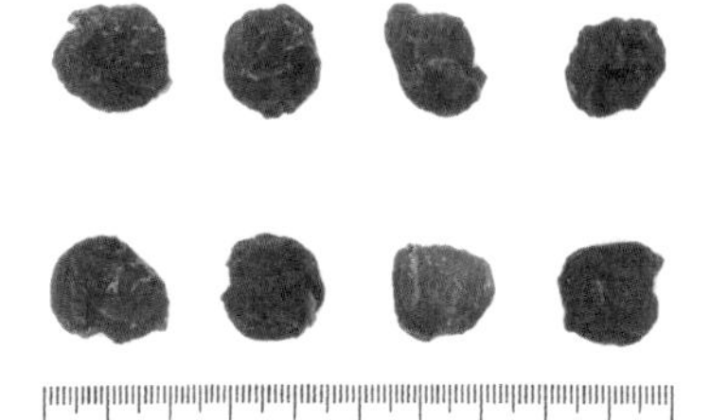

药 材 名　龙眼、桂圆、贺眼、圆眼。

药用部位　假种皮、根、叶。

生　　境　栽培，生于丘陵地区、坡地、平地、堤岸和园圃。

采收加工　夏、秋二季采收成熟果实，干燥，除去壳、核，晒至干爽不黏；根、叶全年可采。

药材性状　呈不规则薄片状或呈囊状，棕黄色至棕褐色，半透明。外表面皱缩，内表面光亮且有细纵皱纹。薄片者质柔润，囊状者质稍硬。气微香，味甜。

性味归经　甘，温。归心、脾经。

功效主治　补益心脾，养血安神；治气血不足，心悸怔忡，健忘失眠，血虚萎黄。

化学成分　没食子酸、山柰酚、没食子酸乙酯等。

核心产区　广东（高州）、广西（平南）、福建（莆田、泉州）。

用法用量　煎汤，根、叶9～15克；假种皮，生食10～15颗。

本草溯源　《开宝本草》《日用本草》《滇南本草》。

附　　注　种皮、龙眼肉药食同源，野生种被列为《国家重点保护野生植物名录》二级保护植物。

车桑子（无患子科）

Dodonaea viscosa Jacq.

药 材 名　车桑子、山杨柳、油明子。

药用部位　叶、花、果、全株。

功效主治　解毒，消炎，止痒；治皮肤疮痒，疮毒，湿疹，荨麻疹，皮疹。

化学成分　坡柳酸、车桑子酸等。

复羽叶栾树（无患子科）

Koelreuteria bipinnata Franch.

药 材 名　摇钱树。

药用部位　根、花、果实。

功效主治　清热泻肝明目，行气消肿止痛；治目痛流泪，疝气痛，腰痛。

化学成分　花生一烯酸、油酸等。

栾树（无患子科）

Koelreuteria paniculata Laxm.

药 材 名　栾华、木栾、五乌拉叶。

药用部位　花。

功效主治　清肝明目；治目赤肿痛，多泪。

化学成分　栾树皂苷A、栾树皂苷B等。

荔枝（无患子科）

Litchi chinensis Sonn.

5-反式香豆酰奎宁酸

药 材 名　荔枝核、荔仁、大荔核。

药用部位　成熟种子。

生　　境　栽培，生于亚热带地区。

采收加工　夏季采摘成熟果实，除去果皮和肉质假种皮，洗净，晒干。

药材性状　长圆形或卵圆形，略扁。表面棕红色或紫棕色，平滑，有光泽，略有凹陷及细波纹，一端有类圆形黄棕色种脐，质硬。气微。

性味归经　甘、微苦，温。归肝、肾经。

功效主治　行气散结，祛寒止痛；治寒疝腹痛，睾丸肿痛。

化学成分　5-反式香豆酰奎宁酸、柚皮苷、柚皮素-7-*O*-芸香糖苷、原花青素A2、对羟基苯甲酸、对羟基肉桂酸、对羟基桂皮酸等。

核心产区　广东、福建、广西、贵州、云南。

用法用量　内服：煎汤，5～10枚；烧存性研末；或浸酒。外用：适量，捣烂敷患处；或烧存性研末撒患处。

本草溯源　《本草衍义》《本草纲目》《本草汇言》《景岳全书》《神农本草经疏》《本草备要》《本草求原》。

褐叶柄果木（无患子科）

Mischocarpus pentapetalus (Roxb.) Radlk.

药 材 名　褐叶柄果木。

药用部位　根、叶。

功效主治　行气止痛，消炎，下奶；治咳嗽，身体衰弱，外伤肿痛。

韶子（无患子科）

Nephelium chryseum Blume

药 材 名　韶子。

药用部位　果实。

功效主治　收敛止痢，行气止痛，消炎；治痢疾，口腔炎，溃疡。

化学成分　维生素C、花生酸等。

红毛丹（无患子科）

Nephelium lappaceum L.

药 材 名　红毛丹、红毛果。

药用部位　果实、根。

功效主治　滋养强壮，补血理气，健发美肤，降火解热，增强人体免疫力，缓解腹泻。

化学成分　柠檬酸、维生素、氨基酸、葡萄糖、蔗糖等。

番龙眼（无患子科）

Pometia pinnata J. R. Forst. et G. Forst.

药 材 名　绒毛番龙眼。

药用部位　树皮。

功效主治　清火解毒，敛疮生肌，涩肠止泻，理气止痛；治乏力，外伤，疮疡久不收口，脘腹胀痛，腹泻。

川滇无患子（无患子科）

Sapindus delavayi (Franch.) Radlk.

药 材 名　皮哨子、打冷冷、锅麻尚（傣药）。

药用部位　果实。

功效主治　祛湿止痛；治疝气，疥癞。

化学成分　无患子皂苷等。

毛瓣无患子（无患子科）

Sapindus rarak DC.

药 材 名 毛瓣无患子、麻沙（傣药）。

药用部位 根、果皮、嫩叶。

功效主治 清火解毒，消肿止痛，杀虫止痒，凉血止血；治咽喉肿痛，小便热涩疼痛，尿血，腹痛，便秘，便血，蚊虫叮咬，疥疮痈疖脓肿，疥癣。

无患子（无患子科）

Sapindus saponaria L.

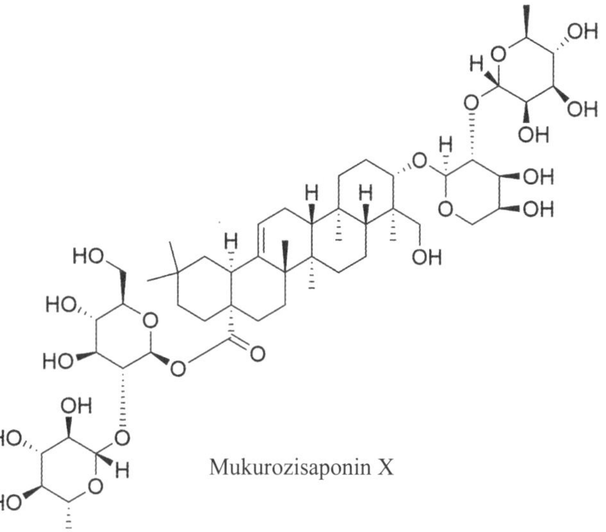

Mukurozisaponin X

药 材 名 无患子、油患子、苦患子。

药用部位 根、果实。

生　　境 喜生于温暖、土壤松而稍湿润的山坡疏林中或树旁较肥沃的向阳地。

采收加工 果实秋季采；根全年可采，切片晒干。

药材性状 核果球形，有棱，果皮黄色或棕黄色，肉质，可做肥皂用，故俗称“洗手果”；种子球形，黑色而硬。

性味归经 果：苦、微辛，寒。根：苦，凉。

功效主治 果：清热除痰，利咽止泻；治白喉，咽喉炎，扁桃体炎。根：清热解毒，化痰散瘀；治感冒高热，咳嗽，哮喘，毒蛇咬伤。

化学成分 Mukurozisaponin X、无患子皂苷、脂肪油、蛋白质等。

核心产区 华东、中南至西南地区，主产于广东、广西等地。

用法用量 内服：煎汤，3～6克；或研末。外用：适量，烧灰或研末吹喉、擦牙，或煎汤洗、熬膏涂患处。

本草溯源 《本草拾遗》《本草纲目》《中华本草》。

附　　注 有小毒，脾胃虚寒者慎用。

紫果槭（槭树科）

Acer cordatum Pax

药 材 名　紫果槭、油柴、油棍。

药用部位　根。

功效主治　凉血解毒，止咳化痰；治咳血，扁桃体炎，支气管炎。

樟叶槭（槭树科）

Acer coriaceifolium H. Lév.

药 材 名　樟叶槭。

药用部位　根。

功效主治　祛风湿，止痛；治风湿性关节炎。

青榨槭（槭树科）

Acer davidii Franch.

药 材 名　青榨槭、青虾蟆、大卫槭。

药用部位　根、树皮。

功效主治　根、树皮有小毒。祛风除湿，散瘀消肿，消食健脾；治风湿痹痛，肢体麻木，关节不利，泄泻，小儿消化不良。

化学成分　杨梅树皮素、无色飞燕草素等。

罗浮槭（槭树科）

Acer fabri Hance

药 材 名　蝴蝶果、红翅槭、红槭。

药用部位　果实。

功效主治　清热，利咽喉；治咽喉肿痛，声音嘶哑，咽喉炎，扁桃体炎。

五裂槭（槭树科）

Acer oliverianum Pax

药 材 名　五裂槭。

药用部位　枝叶。

功效主治　清热解毒，理气止痛；治痈疮，气滞腹痛。

化学成分　(1*R*)-(+)-*α*-蒎烯、莰烯等。

南亚泡花树（清风藤科）

Meliosma arnottiana (Weight) Walp.

药 材 名　小果泡花树。

药用部位　树皮。

功效主治　清热解毒，利水镇痛；治水肿，腹水。

垂枝泡花树（清风藤科）

Meliosma flexuosa Pamp.

药 材 名　垂枝泡花树。

药用部位　根皮。

功效主治　清热解毒，镇痛，利水；治水肿，腹水，痈疮肿毒，毒蛇咬伤。

香皮树（清风藤科）

Meliosma fordii Hemsl.

药 材 名　香树皮、罗浮泡花树。

药用部位　树皮、叶。

功效主治　滑肠通便；治便秘。

笔罗子（清风藤科）

Meliosma rigida Siebold et Zucc.

药 材 名　笔罗子、野枇杷、花木香。

药用部位　果实。

功效主治　利水，消肿；治水肿腹胀，无名肿毒，蛇咬伤。

化学成分　鞣质等。

白背清风藤（清风藤科）

Sabia discolor Dunn

药 材 名　灰背清风藤。

药用部位　根、茎。

功效主治　祛风利湿，活血通络，止痛；治风湿痹痛，跌打损伤，肝炎。

化学成分　白桦脂醇、齐墩果酸等。

山檨叶泡花树（清风藤科）

Meliosma thorelii Lecomte

药 材 名　山檨叶泡花树、罗壳木。

药用部位　根、枝叶。

功效主治　祛风除湿，消肿止痛；治风湿骨痛，跌打损伤，腰膝疼痛。

簇花清风藤（清风藤科）

Sabia fasciculata Lecomte ex L. Chen

药 材 名 小发散。

药用部位 全草。

功效主治 祛风除湿，散瘀消肿；治跌打损伤，风湿痹痛。

化学成分 3-氧代-12-烯-28-齐墩果酸甲酯、白桦脂醇等。

清风藤（清风藤科）

Sabia japonica Maxim.

药 材 名 青风藤、寻风藤。

药用部位 茎叶、根。

功效主治 祛风通络，消肿止痛；治风湿痹痛，皮肤瘙痒，跌打肿痛，骨折，疮疖肿毒。

化学成分 原荇叶碱、*N*-甲基莲叶桐种碱等。

柠檬清风藤（清风藤科）

Sabia limoniacea Wall. ex Hook. f. et Thomson

药 材 名 黑钻、海风藤。

药用部位 藤茎。

功效主治 祛风除湿，散瘀止痛；治风湿痹痛，产后腹痛。

化学成分 桦木醇、香草酸、对羟基苯甲酸等。

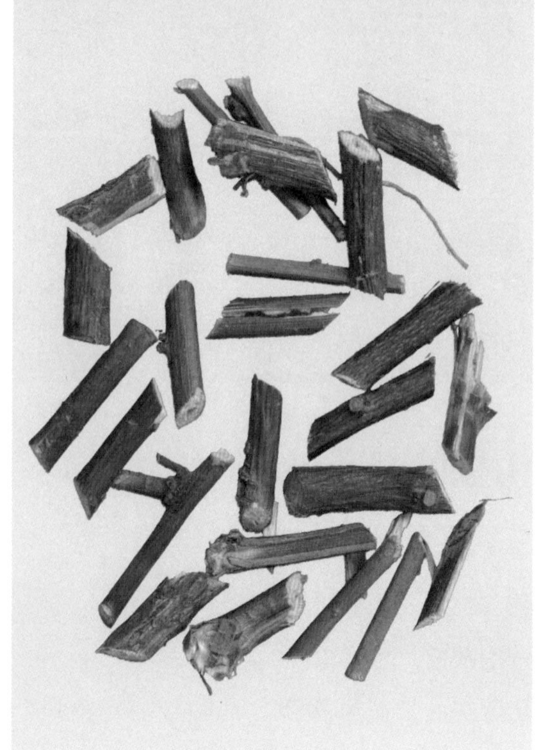

毛萼清风藤（清风藤科）

Sabia limoniacea Wall. ex Hook. f. et Thomson var. **ardisoides** H. Y. Chen

药 材 名　毛萼清风藤、长序清风藤、柠檬清风藤。

药用部位　根、茎、叶。

功效主治　祛风止痛；治风湿，跌打损伤。

化学成分　9,12-十八碳二烯酸、棕榈酸等。

小花清风藤（清风藤科）

Sabia parviflora Wall. ex Roxb.

药 材 名　小花清风藤。

药用部位　茎和叶。

功效主治　清热利湿，止血；治湿热黄疸，外伤出血。

化学成分　β-谷甾醇、木栓酮、(20*S*)-3-oxo-20-hydroxytaraxastane、9-芴酮等。

尖叶清风藤（清风藤科）

Sabia swinhoei Hemsl.

药 材 名　尖叶青风藤、海南清风藤、伞序清风藤。

药用部位　根、茎。

功效主治　祛风止痛；治风湿，跌打损伤。

化学成分　清风藤内酯、清风藤酮等。

野鸦椿（省沽油科）

Euscaphis japonica (Thunb.) Kanitz

药 材 名 野鸦椿。

药用部位 根、果实。

功效主治 根：解表，清热，利湿；治感冒头痛，痢疾，肠炎。果实：祛风散寒，行气止痛；治月经不调，疝痛，胃痛。

化学成分 白桦脂醇、丁烯酮等。

山香圆（省沽油科）

Turpinia montana (Blume) Kurz

药 材 名 山香圆、羊屎蒿。

药用部位 根、叶。

功效主治 利咽消肿，活血止痛；治乳蛾喉痹，咽喉肿痛，疮疡肿毒，跌打肿痛。

化学成分 Argutoside F、槲皮素等。

锐尖山香圆（省沽油科）

Turpinia arguta (Lindl.) Seem.

药 材 名　两指剑、千打捶、山香圆。

药用部位　根、叶。

功效主治　活血散瘀，消肿止痛；治跌打损伤，脾脏肿大。

化学成分　科罗索酸-28-*O*-*β*-D-吡喃葡萄糖苷、坡模酸等。

腰果（漆树科）

Anacardium occidentale L.

药 材 名　鸡腰果、槚如树。

药用部位　树皮。

功效主治　杀菌；治银屑病，铜钱癣，足癣。

化学成分　腰果酚、腰果寡肽等。

南酸枣（漆树科）

Choerospondias axillaris B. L. Burtt et A. W. Hill

HO HO O OH

原儿茶酸

药 材 名 南酸枣、五眼果、人面子。

药用部位 成熟果实。

生　　境 生长于海拔300～2 000米的山坡、丘陵或沟谷林中。

采收加工 秋季果实成熟时采收，除去杂质，干燥。

药材性状 果实呈椭圆形或卵圆形，表面黑褐色或棕褐色，稍有光泽，具不规则的皱褶；基部有果梗痕。果肉棕褐色。核近卵形，红棕色或黄棕色，顶端有5个明显的小孔。质坚硬。种子5颗，长圆形。无臭，味酸。

性味归经 甘、酸、微涩，平。归脾、肝经。

功效主治 行气活血，养心，安神；治气滞血瘀，胸痹作痛等。

化学成分 原儿茶酸、鞣花酸、没食子酸、柠檬酸等。

核心产区 我国主要分布于西藏、云南、贵州、广西、广东、湖南、湖北、江西、福建、浙江、安徽等地。印度、日本和中南半岛也有产出。

用法用量 内服：鲜果，嚼食，2～3枚；果核，煎汤，15～24克。外用：果核，煅炭研末调敷。

本草溯源 《本草纲目拾遗》《全国中草药汇编》。

人面子（漆树科）

Dracontomelon duperreanum Pierre

药 材 名　人面子、人面果、银稔。

药用部位　果实。

功效主治　健胃生津，止渴；治消化不良，食欲不振，热病口渴。

化学成分　木犀草素、槲皮素等。

厚皮树（漆树科）

Lannea coromandelica (Houtt.) Merr.

药 材 名　厚皮树、胶皮麻、厚皮麻。

药用部位　树皮。

功效主治　解毒；治河豚、木薯、地菠萝中毒。

化学成分　槲皮素-3-*O*-芸香糖苷、乙酰蒲公英赛醇、*β*-谷甾醇、胡萝卜苷等。

杧果（漆树科）

Mangifera indica L.

药 材 名　芒果核、马蒙、麻蒙果。

药用部位　果核。

功效主治　止咳，健胃，行气；治咳嗽，食欲不振，睾丸炎，坏血病。

化学成分　饱和甘油酯、槲皮素、杧果苷等。

林生杧果（漆树科）

Mangifera sylvatica Roxb.

药 材 名　森林芒果、锅蒙巴（傣药）。

药用部位　果仁。

功效主治　健胃消食，化痰行气；治饮食积滞，食欲不振，咳嗽，疝气，睾丸炎。

藤漆（漆树科）

Pegia nitida Colobr.

药 材 名　秘脂藤、秘脂花、檬嘿（傣药）。

药用部位　全株。

功效主治　清热解毒，止咳，除风止痒，消肿止痛；治咳嗽，关节红肿疼痛，腰痛，漆树过敏。

利黄藤（漆树科）

Pegia sarmentosa (Lecomte) Hand.-Mazz.

药 材 名　利黄藤、脉果漆。

药用部位　茎、叶。

功效主治　清热利湿，解毒消肿；治毒蛇咬伤，黄疸性肝炎，风湿痹痛。

化学成分　α-姜烯、β-红没药烯等。

黄连木（漆树科）

Pistacia chinensis Bunge

药 材 名 黄连木、黄楝树、楷树。

药用部位 树皮、叶。

功效主治 清热解毒；治痢疾，皮肤瘙痒，疮痒。

化学成分 *β*-月桂烯、顺式-*β*-罗勒烯等。

清香木（漆树科）

Pistacia weinmanniifolia J. Poiss. ex Franch.

药 材 名 清香木。

药用部位 树皮、叶。

功效主治 温中利膈，顺气止痛，生津解渴，固齿祛口臭，安神，定心，消炎解毒，止泻。

盐肤木（漆树科）

Rhus chinensis Mill.

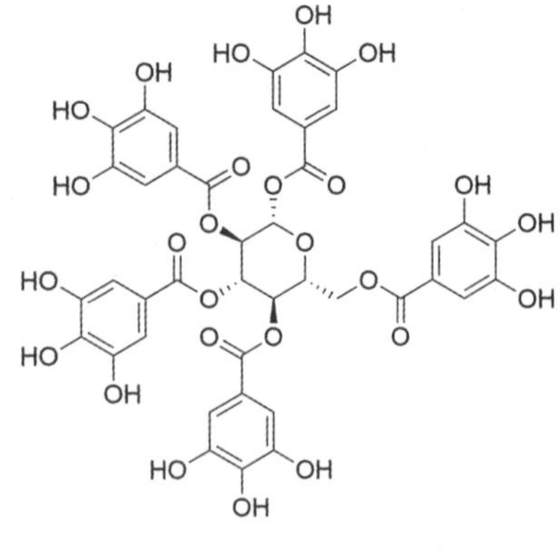

1,2,3,4,6-五没食子酰葡萄糖

药 材 名　五倍子、角倍、肚倍。

药用部位　叶上由五倍子蚜寄生而形成的虫瘿。

生　　境　生于石灰岩山灌丛、疏林中。

采收加工　秋季采摘，置沸水中略煮或蒸至表面呈灰色，干燥。分为“肚倍”和“角倍”。

药材性状　肚倍为长圆形或纺锤形囊状，表面灰褐色或灰棕色。质硬而脆，易破碎，断面角质样，有光泽，有黑褐色死蚜虫及灰色粉状排泄物。角倍呈菱形，具不规则的钝角状分枝，柔毛较明显，壁较薄。

性味归经　涩，寒。归肺、大肠、肾经。

功效主治　敛肺降火，涩肠止泻，敛汗，止血，收湿敛疮；治肺虚久咳，肺热痰嗽，痈肿疮毒，皮肤湿烂。

化学成分　1,2,3,4,6-五没食子酰葡萄糖、鞣质、没食子酸等。

核心产区　华南各省。

用法用量　内服：3～6克。外用：适量。

本草溯源　《本草拾遗》《开宝本草》《重修政和经史证类备急本草》《本经逢原》《本草求真》。

附　　注　外感风寒，肺有实热之咳嗽，以及积滞未尽之泻痢者禁服。

滨盐肤木（漆树科）

Rhus chinensis Mill. var. **roxburghii** (DC.) Rehder

药 材 名　盐酸树、五倍子、锅麻婆（傣药）。

药用部位　根、叶、去掉栓皮的树皮。

功效主治　解毒消肿，散瘀止痛。根：治咽喉炎，扁桃体炎，呕吐，慢性胃炎。叶：外用治湿疹瘙痒。去掉栓皮的树皮：清热解毒，活血止痢；治血痢，疮疥痈肿，蛇犬咬伤。

槟榔青（漆树科）

Spondias pinnata (L. f.) Kurz

药 材 名　嘎哩啰（傣药）、楠过（傣药）。

药用部位　果实、树皮。

功效主治　清火解毒，消肿止痛，镇心安神，止咳化痰，生肌敛疮；治感冒咳嗽，痰多喘息，百日咳，疔疮脓肿，疥癣，湿疹，风疹引起的皮肤瘙痒，烫伤。

化学成分　槟榔碱、槟榔次碱等。

小漆树（漆树科）

Toxicodendron delavayi (Franch.) F. A. Barkley

药 材 名　漆树、野漆树、埋蒙哈囡（傣药）。

药用部位　根、叶。

功效主治　祛风除湿，消肿止痛；治风湿疼痛，无名肿毒，毒蛇咬伤。

野漆树（漆树科）

Toxicodendron succedaneum (L.) Kuntze

药 材 名　野漆树。

药用部位　叶。

功效主治　有毒。平喘，解毒，散瘀消肿，止痛止血；治哮喘，肝炎，胃痛，跌打损伤，骨折。

化学成分　非瑟素、黄颜木素、硫黄菊素、紫铆花素等。

木蜡树（漆树科）

Toxicodendron sylvestre (Siebold et Zucc.) Kuntze

药 材 名　木蜡树根、木蜡树叶。

药用部位　根、叶。

功效主治　叶有小毒。散瘀消肿，止血生肌；治哮喘，肝炎，胃痛，跌打损伤。

化学成分　没食子酸甲酯等。

漆树（漆树科）

Toxicodendron vernicifluum (Stokes) F. A. Barkley

药 材 名　漆树木心、漆树根、漆子、生漆。

药用部位　心材、根、种子、树脂。

功效主治　有毒。破瘀，消积；治妇女瘀血阻滞，虫积。

化学成分　漆酚、虫胶酶、槲毒素等。

栗豆藤（牛栓藤科）

Agelaea trinervis (Llanos) Merr.

药 材 名　栗豆藤。

药用部位　树皮、叶、根。

功效主治　祛风，止痛；治胃痛，风湿性关节痛。

小叶红叶藤（牛栓藤科）

Rourea microphylla (Hook. et Arn.) Planch.

药 材 名　荔枝藤。

药用部位　茎或叶。

功效主治　活血通经，止血止痛；治跌打损伤肿痛，外伤出血。

化学成分　柽柳素-3-*O*-α-L-鼠李糖苷、东莨菪素、伞形花内酯等。

红叶藤（牛栓藤科）

Rourea minor (Gaertn.) Leenh.

药 材 名　红叶藤、锅赶马（傣药）。

药用部位　根、叶。

功效主治　生肌收口，消炎止血；治疗疮破溃，热水烫伤，烧伤。

化学成分　金丝桃苷、槲皮素、落新妇苷、β-谷甾醇、大黄素甲醚、红灰青素、硬脂酸、软脂酸等。

青钱柳（胡桃科）

Cyclocarya paliurus (Batalin) Iljinsk.

药 材 名　青钱柳叶。

药用部位　叶。

功效主治　祛风止痒，清热解毒；治皮肤癣疾，糖尿病，高脂血症。

化学成分　青钱柳苷、青钱柳酸、甜茶树苷等。

黄杞（胡桃科）

Engelhardia roxburghiana Lindl. ex Wall.

药 材 名　黄杞皮、黄杞叶。

药用部位　树皮、叶。

功效主治　行气化湿，清热止痛；治脾胃湿滞，湿热泄泻，疝气腹痛，感冒发热。

化学成分　山柰酚、黄杞苷、花旗松素等。

胡桃（胡桃科）

Juglans regia L.

药 材 名　胡桃根、胡桃枝、胡桃树皮、胡桃叶、胡桃花、青胡桃果、胡桃青皮、分心木、胡桃壳、胡桃油、胡桃仁、油胡桃。

药用部位　根或根皮、嫩枝、树皮、叶、花、未成熟的果实、未成熟果实的外果皮、果核内的木质隔膜及成熟果实的内果皮、脂肪油、种仁。

功效主治　补肾，温肺，润肠；治肾阳不足，腰膝酸软，阳痿遗精，虚寒喘嗽，肠燥便秘。

化学成分　胡桃叶醌等。

化香树（胡桃科）

Platycarya strobilacea Siebold et Zucc.

药 材 名　化香树叶、化香树果。

药用部位　叶、果序。

功效主治　有毒。解毒，止痒，杀虫；治疮疖肿毒，阴囊湿疹，顽癣。

化学成分　胡桃叶醌、5-羟基-2-甲氧基-1,4-萘醌等。

枫杨（胡桃科）

Pterocarya stenoptera C. DC.

药 材 名　麻柳树根、麻柳果。

药用部位　根或根皮、果实。

功效主治　有毒。杀虫止痒，利尿消肿；治血吸虫病，黄癣，脚癣。

化学成分　*β*-胡萝卜苷、水杨酸、槲皮苷、没食子酸等。

桃叶珊瑚（山茱萸科）

Aucuba chinensis Benth.

药 材 名　天脚板、天脚板根、天脚板果。

药用部位　叶、根、果实。

功效主治　清热解毒，消肿镇痛；治风湿痹痛，痔疮，烫伤，跌打损伤。

化学成分　桃叶珊瑚苷、桃叶珊瑚苷元等。

灯台树（山茱萸科）

Bothrocaryum controversum (Hemsl.) Pojark.

药 材 名　灯台树、灯台树果。

药用部位　树皮或根皮、叶、果实。

功效主治　有毒。清热平肝，活血消肿；治肝阳上亢之头痛，筋骨酸痛，跌打损伤。

化学成分　黄颜木素、羽扇豆醇乙酸酯等。

川鄂山茱萸（山茱萸科）

Cornus chinensis Wangerin

药 材 名　川鄂山茱萸。

药用部位　果实。

功效主治　补肝益肾，收敛固脱；治肝肾亏虚，头晕目眩，耳聋耳鸣，腰膝酸软，遗精，尿频，体虚多病。

化学成分　熊果酸、马钱苷等。

尖叶四照花（山茱萸科）

Dendrobenthamia angustata (Chun) W. P. Fang

药 材 名　野荔枝、野荔枝果。

药用部位　花或叶、果实。

功效主治　清热解毒，收敛止血，消肿止痛；治热毒痢疾，外伤出血，骨折瘀痛，烧烫伤。

头状四照花（山茱萸科）

Dendrobenthamia capitata (Wall.) Hutch.

药 材 名　鸡嗉子叶、鸡嗉子果、鸡嗉子根。

药用部位　叶、果实、根。

功效主治　杀虫消积，清热解毒，利水消肿；治蛔虫病，食积，肺热咳嗽，肝炎。

化学成分　二氢杨梅素、异槲皮苷等。

香港四照花（山茱萸科）

Dendrobenthamia hongkongensis (Hemsl.) Hutch.

药 材 名　香港四照花、香港四照花果。

药用部位　叶、花及果实。

功效主治　收敛止血；治外伤出血。

四照花（山茱萸科）

Dendrobenthamia japonica (DC.) W. P. Fang var. **chinensis** (Osborn) W. P. Fang

药 材 名　四照花、四照花果、四照花皮。

药用部位　叶、花、果实、树皮及根皮。

功效主治　清热解毒，收敛止血；治痢疾，肝炎，烧烫伤，外伤出血。

化学成分　菲醇-3-半乳糖苷等。

青荚叶（山茱萸科）

Helwingia japonica (Thunb.) F. Dietr.

药 材 名　叶上珠。

药用部位　叶或果实。

功效主治　祛风除湿，活血解毒；治感冒咳嗽，风湿痹痛，胃痛，痢疾，便血，月经不调，跌打损伤，骨折。

化学成分　羽扇豆醇、桦木酸等。

西域青荚叶（山茱萸科）

Helwingia himalaica Hook. f. et Thomson ex C. B. Clarke

药 材 名　叶上珠、阴证药、大部参。

药用部位　叶、果实。

功效主治　活血散瘀，除湿利水，接骨止痛；治风湿痛，跌打损伤。

梾木（山茱萸科）

Swida macrophylla (Wall.) Soják

药 材 名　棕子木、白对节子叶、丁榔皮。

药用部位　心材、叶、树皮。

功效主治　活血止痛，养血安胎；治跌打骨折，瘀血肿痛，血虚萎黄，胎动不安。

小梾木（山茱萸科）

Swida paucinervis (Hance) Soják

药 材 名　穿鱼藤。

药用部位　全株。

功效主治　清热解表，活血止痛，解毒；治感冒头痛，风湿痹痛，腹泻，跌打损伤，外伤出血，热毒疮肿，烧伤。

毛梾（山茱萸科）

Swida walteri (Wangerin) Soják

药 材 名　毛梾枝叶。

药用部位　枝叶。

功效主治　清热解毒；治漆疮。

化学成分　鞣质等。

八角枫（八角枫科）

Alangium chinense (Lour.) Harms

药 材 名　八角枫根、八角枫花、八角枫叶。

药用部位　根、须根、根皮、花、叶。

功效主治　有小毒。祛风除湿，舒筋活络；治风湿性关节痛，跌打损伤。

化学成分　喜树次碱、消旋毒藜碱等。

小花八角枫（八角枫科）

Alangium faberi Oliv.

药 材 名　小花八角枫。

药用部位　根、叶。

功效主治　祛风除湿；治跌打损伤，风湿痹痛，胃脘痛。

化学成分　消旋毒藜碱等。

阔叶八角枫（八角枫科）

Alangium faberi Oliv. var. **platyphyllum** Chun et F. C. How

药 材 名　五代同堂、五代同堂根。

药用部位　根。

功效主治　祛风除湿；治风湿，跌打损伤等。

化学成分　生物碱类等。

毛八角枫（八角枫科）

Alangium kurzii Craib

药 材 名　毛八角枫。

药用部位　侧根、须根。

功效主治　有毒。散瘀止痛，祛风除湿，舒筋活络；治风湿性关节痛，跌打损伤，精神分裂症。

化学成分　10-*O*-苯甲酰氧基琥珀酸等。

广西八角枫（八角枫科）

Alangium kwangsiense Melch.

药 材 名　八角枫、白龙须、白龙条。

药用部位　根、树皮。

功效主治　须状根有大毒。清热解毒、活血散瘀；治风湿性关节痛，跌打损伤，精神分裂症。

瓜木（八角枫科）

Alangium platanifolium (Siebold et Zucc.) Harms

药 材 名　瓜木、篠悬叶瓜木、八角枫。

药用部位　根及根皮。

功效主治　祛风，除湿，舒筋活络，散瘀止痛。

化学成分　毒藜碱等。

土坛树（八角枫科）

Alangium salviifolium (L. f.) Wangerin

药 材 名　割舌罗。

药用部位　根、叶。

功效主治　消肿止痛，活血祛风；治风湿骨痛，跌打损伤，毒虫咬伤。

化学成分　喜树次碱、安可任、吐根酚碱等。

喜树（蓝果树科）

Camptotheca acuminata Decne.

喜树碱

药 材 名　喜树、旱莲木、千张树。

药用部位　果实、树皮、根皮。

生　　境　栽培或野生，生于石灰岩风化后的土壤中，或河滩沙地、江湖堤岸。

采收加工　果实于10—11月成熟时采收，晒干。根及根皮全年可采，但以秋季采剥为佳，除去外层粗皮，晒干或烘干。

药材性状　果实披针形，先端尖，有柱头残基；基部变狭，可见着生在花盘上的椭圆形凹点痕，两边有翅。质韧，不易折断，断面呈纤维性。气微，味苦。

性味归经　苦、辛，寒。归脾、胃、肝经。

功效主治　清热解毒，散结消癥；治食管癌，贲门癌，胃癌，肠癌，肝癌，白血病，银屑病，疮肿。

化学成分　喜树碱、10-羟基喜树碱、11-甲氧基喜树碱、去氧喜树碱等。

核心产区　西南地区，以及江苏、浙江、江西、福建、台湾、湖北、湖南、广东、广西等地。

用法用量　煎汤，根皮9～15克，果实3～9克；或研末吞，亦可制成针剂、片剂。

本草溯源　《植物名实图考》《全国中草药汇编》《中华本草》。

附　　注　有毒（喜树碱，10-羟基喜树碱），为中国特有种，具有确切的抗肿瘤活性，但内服不宜过量。

虎刺楤木（五加科）

Aralia armata (Wall.) Seem.

药 材 名　虎刺楤木。

药用部位　根及根皮。

功效主治　散瘀消肿，祛风除湿，止痛；治跌打损伤，肝炎，肾炎，急性关节炎，腹泻，带下，痈疖。

化学成分　竹节参皂苷、齐墩果酸等。

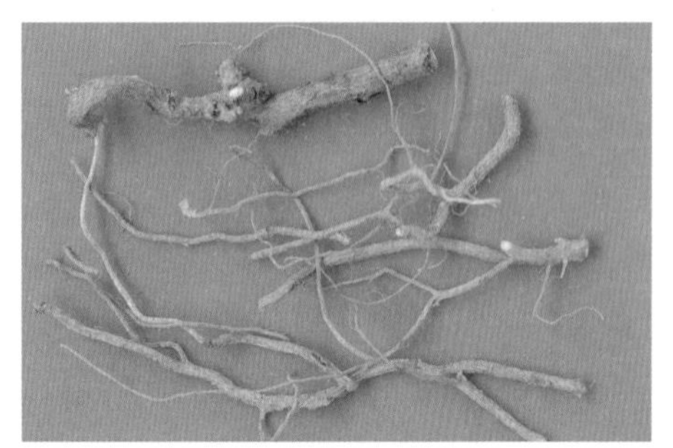

楤木（五加科）

Aralia chinensis L.

药 材 名　楤木花、楤木叶。

药用部位　花、叶。

功效主治　祛风除湿，利尿消肿，活血止痛；治肝炎，糖尿病，带下，风湿性关节痛，跌打损伤。

化学成分　常春藤皂苷元等。

食用土当归（五加科）

Aralia cordata Thunb.

药 材 名　九眼独活。

药用部位　根、根茎。

功效主治　祛风燥湿，活血止痛，消肿；治风湿腰腿痛，腰肌劳损。

化学成分　正己醛、土当归皂苷、竹节人参皂苷等。

头序楤木（五加科）

Aralia dasyphylla Miq.

药 材 名　头序楤木、毛叶楤木、雷公种。

药用部位　根或根皮、花。

功效主治　有小毒。祛风除湿，活血通经；治风热感冒，风湿痹痛，黄疸，痢疾，跌打损伤。

化学成分　山柰酚 7-*O*-*α*-L-鼠李糖苷等。

秀丽楤木（五加科）

Aralia debilis J. Wen

药 材 名　秀丽楤木。

药用部位　根。

功效主治　行气活血，止痛，清热解毒；治胃气痛，腹痛腹泻，痛经，关节疼痛，跌打损伤。

台湾毛楤木（五加科）

Aralia decaisneana Hance

药 材 名　鸟不企、鸟不企叶。

药用部位　根、叶。

功效主治　祛风除湿；治风湿腰腿痛，肝炎。

化学成分　楤木皂苷、竹节人参皂苷Ⅳ等。

棘茎楤木（五加科）

Aralia echinocaulis Hand. -Mazz.

药 材 名　红楤木。

药用部位　根、根皮。

功效主治　祛风除湿，活血行气，解毒消炎；治风湿痹痛，跌打损伤，骨折，胃脘痛，疝气，崩漏，骨髓炎，痈疽，蛇咬伤。

化学成分　楤木皂苷等。

长刺楤木（五加科）

Aralia spinifolia Merr.

药 材 名　刺叶楤木。

药用部位　根。

功效主治　解毒消肿，止痛，接骨；治头昏头痛，风湿，跌打损伤，吐血，血崩，蛇咬伤。

化学成分　楤木皂苷、楤木皂苷A甲酯、竹节人参皂苷等。

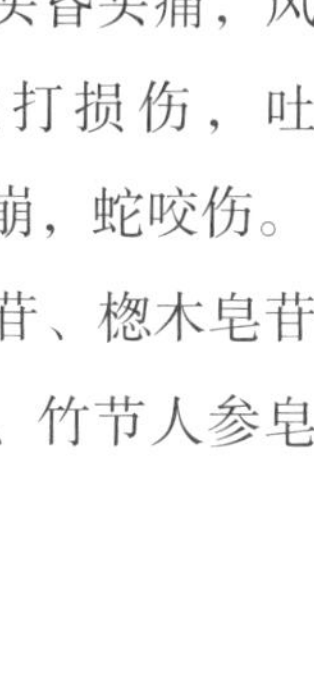

纤齿罗伞（五加科）

Brassaiopsis ciliata Dunn

药 材 名　纤齿罗伞、假通草、档凹（傣药）。

药用部位　心材。

功效主治　利尿消肿；治肾炎性水肿，水火烫伤。

鸭脚罗伞（五加科）

Brassaiopsis glomerulata (Blume) Regel

药 材 名　鸭脚罗伞。

药用部位　根、树皮或叶。

功效主治　祛风除湿；治风湿病等。

化学成分　Acankoreoside A、3-hydroxy-lup-20(29)-en-23, 28-dioic acid等。

树参（五加科）

Dendropanax dentiger (Harms) Merr.

药 材 名 枫荷梨。

药用部位 根、茎或树皮。

功效主治 祛风湿，通经络，散瘀血，壮筋骨；治风湿骨痛，瘫痪，痈疖，小儿麻痹后遗症，月经不调。

化学成分 鹅掌楸苷、丁香苷等。

变叶树参（五加科）

Dendropanax proteus (Champ. ex Benth.) Benth.

药 材 名 枫荷梨。

药用部位 根、茎或树皮。

功效主治 祛风除湿，活血通络；治风湿痹痛，腰肌劳损，跌打瘀积肿痛，产后风瘫，疮毒。

化学成分 鹅掌楸苷、丁香苷等。

细柱五加（五加科）

Eleutherococcus nodiflorus (Dunn) S. Y. Hu

药 材 名 五加。

药用部位 茎皮、根。

功效主治 祛风除湿，止痛。茎皮：治风湿，跌打损伤。根：治风湿水肿，皮肤瘙痒。

化学成分 挥发油、萜类和有机酸等。

白簕（五加科）

Eleutherococcus trifoliatus (L.) S. Y. Hu

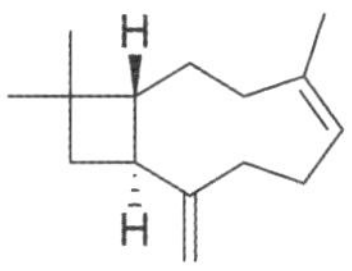

反-丁香烯

药 材 名　簕菜、三加皮、鹅掌簕、三叶五加。

药用部位　花、嫩枝叶、根、根皮。

生　　境　栽培，生于山坡路旁、林缘或灌丛中。

采收加工　根：9—10月挖根，鲜用，或趁鲜时剥取根皮，晒干。叶：全年均可采，鲜用或晒干。

药材性状　根皮呈筒状或片状，外表面灰红棕色，有纵皱纹，皮孔类圆形或横向延长，内表面灰褐色，有细纵纹。

性味归经　苦、涩，微寒。归肝、脾经。

功效主治　清热解毒，散瘀止痛，祛风利湿；治湿热痢疾，风湿痹痛，跌打损伤。

化学成分　反-丁香烯、山柰酚、芦丁、槲皮素、贝壳杉烯酸、蒲公英萜醇、α-蒎烯等。

核心产区　广东、广西、云南、四川、贵州。

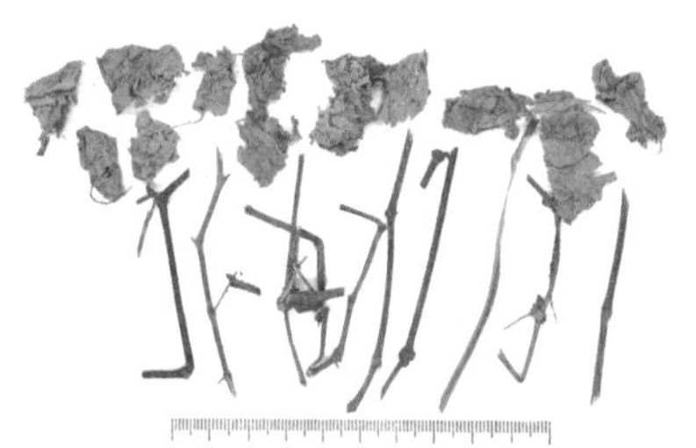

用法用量　内服：煎汤，9～30克；或开水泡服。外用：适量，捣敷或煎汤洗患处。

本草溯源　《本草纲目》《生草药性备要》。

附　　注　孕妇慎服。

常春藤（五加科）

Hedera nepalensis K. Koch var. **sinensis** (Tobler) Rehder

药 材 名　常春藤、常春藤子。

药用部位　茎叶、果实。

功效主治　有小毒。活血消肿，祛风除湿；治风湿性关节痛，跌打损伤，火眼，肾炎性水肿，闭经，湿疹。

化学成分　鞣质、常春藤苷等。

短梗幌伞枫（五加科）

Heteropanax brevipedicellatus H. L. Li

药 材 名　肉郎伞。

药用部位　根、树皮。

功效主治　活血消肿，消炎；治跌打损伤，烫火伤，疮毒。

幌伞枫（五加科）

Heteropanax fragrans (Roxb.) Seem.

药 材 名　大蛇药。

药用部位　根、树皮、叶。

功效主治　清热解毒，活血消肿，止痛；治感冒，中暑头痛，痈疖肿毒，淋巴结炎，骨折，烧烫伤，蛇咬伤。

化学成分　胡萝卜苷、白千层酸等。

刺楸（五加科）

Kalopanax septemlobus (Thunb.) Koidz.

药 材 名　刺楸树皮、刺楸树根、刺楸茎、刺楸树叶。

药用部位　树皮、根、根皮、茎枝、叶。

功效主治　根有小毒。祛风利湿，活血止痛；治风湿腰膝酸痛，内痔便血。

化学成分　刺楸根皂苷等。

大参（五加科）

Macropanax dispermus (Blume) Kuntze

药 材 名　大参。

药用部位　树叶。

功效主治　祛风除湿，健脾利湿，活血舒筋；治小儿疳积，筋骨疼痛。

短梗大参（五加科）

Macropanax rosthornii (Harms) C. Y. Wu ex G. Hoo

药 材 名　七角风。

药用部位　根、叶。

功效主治　祛风除湿，活血；治风湿性关节炎，骨折。

化学成分　三对节酸、东莨菪素等。

波缘大参（五加科）

Macropanax undulatus (Wall. ex G. Don) Seem.

药 材 名　光缘大葠、优美大参。

药用部位　全株。

功效主治　治劳伤。

异叶梁王茶（五加科）

Metapanax davidii (Franch.) J. Wen ex Frodin

药 材 名　梁王茶、三叶枫、树五加。

药用部位　根皮、树皮。

功效主治　祛风湿，活血脉，通经止痛，生津止渴；治风湿痹痛，跌打损伤，劳伤腰痛，月经不调，肩臂痛，暑热喉痛，骨折。

化学成分　三萜皂苷类等。

竹节参（五加科）

Panax japonicus (T. Nees) C. A. Mey.

药 材 名　竹节参、土参、土精。

药用部位　根茎。

功效主治　补虚强壮，止咳祛痰，散瘀止血，消肿止痛；治病后体弱，食欲不振，咯血，便血，崩漏，外伤出血，癥瘕，风湿性关节痛。

化学成分　竹节人参皂苷Ⅲ - Ⅴ等。

三七（五加科）

Panax notoginseng (Burkill) F. H. Chen ex C. H. Chow

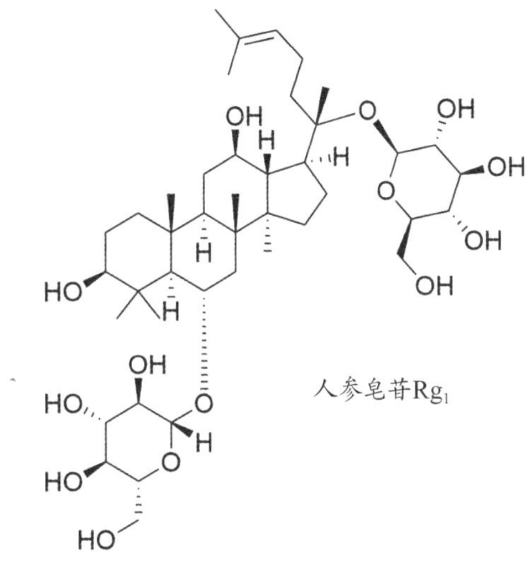

人参皂苷Rg_1

药 材 名　三七。

药用部位　根和根茎。

生　　境　栽培，海拔800～1 000米的山脚斜坡人工荫棚下。

采收加工　秋季花开前采挖，洗净，分开主根、支根及根茎，干燥。支根习称“筋条”，根茎习称“剪口”。

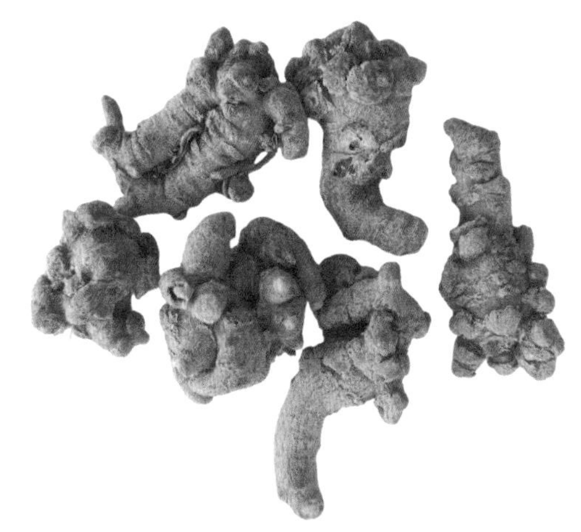

药材性状　根呈类圆锥形或不规则块状，表面灰黄至棕黑色，具蜡样光泽，顶部有根茎痕，周围有瘤状凸起，侧面有断续的纵皱及支根断痕。体重，质坚实；横断面灰绿色、黄绿色或灰白色，皮部有细小棕色脂道斑点，中心微显放射状纹理。气微，味苦，微凉而后回甜。

性味归经　甘、微苦，温。归肝、胃经。

功效主治　散瘀止血，消肿定痛；治咯血，吐血，衄血，便血，崩漏，外伤出血，胸腹刺痛，跌扑肿痛。

化学成分　人参皂苷Rg_1、人参皂苷Rb_1及三七皂苷R_1等。

核心产区　云南（文山）、广西（田阳、靖西、田东、德保）、贵州（盘州）。

用法用量　煎汤，3～10克；研末服，1～1.5克。

本草溯源　《本草纲目》《本草纲目拾遗》《本草求真》。

附　　注　为可用于保健食品的中药。

屏边三七（五加科）

Panax stipuleanatus H. T. Tsai et K. M. Feng

药 材 名　野三七、土三七、竹节七。

药用部位　根。

功效主治　强筋健骨；治肝肾不足所致的腰膝酸软无力，肢体麻木，筋骨拘挛。

化学成分　齐墩果烷型五环三萜皂苷等。

姜状三七（五加科）

Panax zingiberensis C. Y. Wu et K. M. Feng

药 材 名　姜状三七。

药用部位　根及根茎。

功效主治　散瘀，止血，定痛；治跌打损伤，内伤出血，产后血晕，恶露不下，虚伤，咳嗽，贫血。

化学成分　达玛烷型皂苷、齐墩果酸型皂苷等。

南洋参（五加科）

Polyscias fruticosa (L.) Harms

药 材 名　南洋参、福禄桐。

药用部位　叶。

功效主治　清凉解热。

辐叶鹅掌柴（五加科）

Schefflera actinophylla (Endl.) Harmst

药 材 名　辐叶鹅掌柴、澳洲鸭脚木、锅档浪（傣药）。

药用部位　根、根皮、茎皮、叶。

功效主治　清热解毒，止痒，消肿散瘀。根、根皮、茎皮：治感冒发热，咽喉肿痛，风湿骨痛，跌打损伤。叶：外用治过敏性皮炎，湿疹。

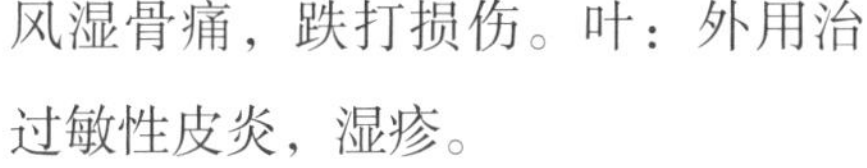

鹅掌藤（五加科）

Schefflera arboricola (Hayata) Merr.

药 材 名　七叶莲。

药用部位　根、茎叶。

功效主治　舒筋活络，消肿止痛；治风湿骨痛，跌打损伤，外伤瘀肿，胃痛，感冒发热，咽喉痛及各种痛症。

化学成分　镰叶芹醇、多孔甾醇等。

穗序鹅掌柴（五加科）

Schefflera delavayi (Franch.) Harms

药 材 名　大泡通。

药用部位　根、根皮或枝条。

功效主治　有小毒。祛风活血，补肝肾，强筋骨；治骨折，扭挫伤，风湿性关节痛，腰肌劳损，肾虚腰痛。

化学成分　齐墩果酸、齐墩果酮等。

密脉鹅掌柴（五加科）

Schefflera elliptica (Blume) Harms

药 材 名　七叶莲。

药用部位　茎、叶。

功效主治　祛风止痛，活血消肿；治风湿痹痛，胃脘痛，跌打伤肿，骨折，外伤出血。

化学成分　豆甾醇、亚油酸乙酯、原儿茶酸、邻苯二酚、对羟基苯甲醛等。

鹅掌柴（五加科）

Schefflera heptaphylla (L.) Frodin

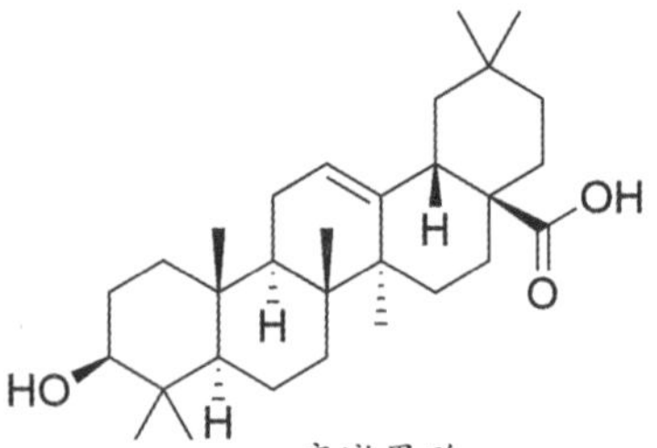

齐墩果酸

药 材 名 鹅掌柴、鸭脚木皮、鸭脚木、鸭脚板。

药用部位 根皮、茎皮。

生　　境 野生，生于常绿阔叶林中。

采收加工 全年均可采，洗净，蒸透，切片，晒干。

药材性状 树皮呈卷筒状或不规则板块状，外表面灰白色或暗灰色，粗糙，常有地衣斑，具类圆形或横长圆形皮孔。断面不平坦，呈纤维性。

性味归经 苦、辛，凉。归肝、肺经。

功效主治 清热解表，祛风除湿，舒筋活络；治感冒发热，咽喉肿痛，烫伤等。

化学成分 齐墩果酸等。

核心产区 云南、广东、广西。

用法用量 内服：煎汤，9～15克；或泡酒。外用：适量，煎汤洗患处；或鲜品捣敷患处。

本草溯源 《岭南采药录》。

广西鹅掌柴（五加科）

Schefflera leucantha R. Vig.

药 材 名　白花鹅掌柴。

药用部位　根或茎、叶。

功效主治　温经止痛，活血消肿；治风湿痛，神经痛，经前痛，骨折。

化学成分　Schefflesides A-H等。

球序鹅掌柴（五加科）

Schefflera pauciflora R. Vig.

药 材 名　球序鹅掌柴。

药用部位　根或树皮。

功效主治　祛风活络；治风湿骨痛。

通脱木（五加科）

Tetrapanax papyrifer (Hook.) K. Koch

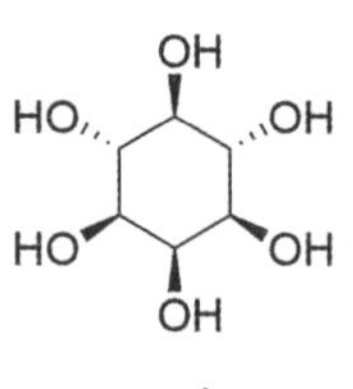

肌醇

药 材 名 大通草、寇脱、通草。

药用部位 茎髓。

生　　境 在湿润、肥沃、向阳的土壤中生长良好。

采收加工 秋季割取茎，截成段，趁鲜取出髓部，理直，晒干。

药材性状 呈圆柱形，表面白色或淡黄色，有浅纵沟纹。体轻，质松软，稍有弹性，易折断；断面平坦，显银白色光泽，中部有空心或半透明的薄膜；纵剖面呈梯状排列，实心者少见。

性味归经 甘、淡，微寒。归肺、胃经。

功效主治 清热利尿，通气下乳；治湿热淋证，水肿尿少，乳汁不下。

化学成分 肌醇、粗纤维、戊聚糖、糖醛酸、齐墩果烷型三萜等。

核心产区 江苏、湖北、四川、贵州、云南等地。

用法用量 煎汤，3～5克。

本草溯源 《本草拾遗》《本草蒙筌》《本草纲目》《神农本草经疏》。

附　　注 孕妇慎用。

刺通草（五加科）

Trevesia palmata (Roxb. ex Lindl.) Vis.

药 材 名　棁木、挡凹（傣药）。

药用部位　根、茎、叶。

功效主治　祛风解毒，强筋骨，消肿止痛；治风湿性关节痛，肢体麻木，腰膝酸痛，跌打损伤。

化学成分　三萜皂苷类等。

多蕊木（五加科）

Tupidanthus calyptratus Hook. f. et Thomson

药 材 名　龙爪叶、档盖（傣药）。

药用部位　叶、茎。

功效主治　舒筋活络，散瘀止痛，行气祛湿；治跌打损伤，风湿骨痛，肝炎，感冒，神经痛，肾虚腰痛，神经衰弱。

莳萝（伞形科）

Anethum graveolens L.

药 材 名　莳萝子。

药用部位　果实。

功效主治　祛风，健胃，散瘀，催乳；治气胀，两肋痞满，小腹冷痛。

化学成分　葛缕酮、柠檬烯、莳萝油脑、佛手柑内酯等。

重齿当归（伞形科）

Angelica biserrata (R. H. Shan et C. Q. Yuan) C. Q. Yuan et R. H. Shan

药 材 名　独活。

药用部位　根。

功效主治　祛风除湿，通痹止痛；治风湿痹痛，腰膝疼痛，少阴伏风头痛，风寒挟湿头痛。

化学成分　苦士香豆素类、当归醇、佛术烯等。

旱芹（伞形科）

Apium graveolens L.

药 材 名　旱芹。

药用部位　带根全草。

功效主治　降压利尿，凉血止血；治头昏脑涨，高血压，小便热涩不利，尿血，崩中带下。

化学成分　补骨脂素、花椒毒素等。

竹叶柴胡（伞形科）

Bupleurum marginatum Wall. ex DC.

药 材 名　竹叶柴胡。

药用部位　全草。

功效主治　发表退热，疏肝解郁，升举中气；治感冒发热，胸满，胁痛，疟疾，肝炎，脱肛，子宫下垂，月经不调。

化学成分　柴胡皂苷、金不换素等。

积雪草（伞形科）

Centella asiatica (L.) Urb.

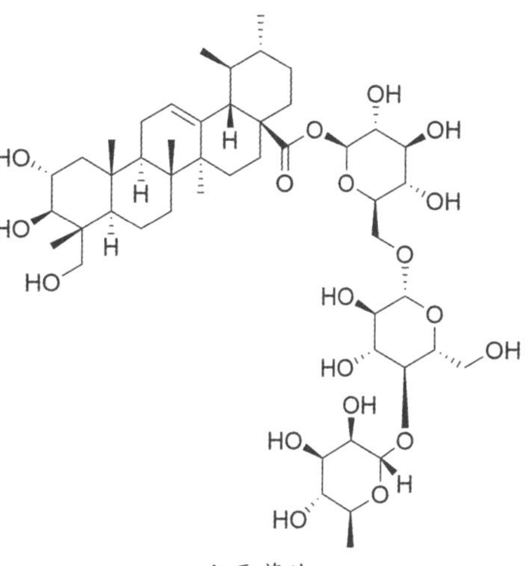

积雪草苷

药 材 名　积雪草、崩大碗、雷公根、铜钱草。

药用部位　全草。

生　　境　喜温暖、潮湿环境，生性强健，种植容易，水陆两栖皆可，分布区域较广，海拔200～1 900米地区均有分布。

采收加工　夏、秋二季采收，除去泥沙，晒干。

药材性状　根圆柱形，表面浅黄色或灰黄色。茎细，黄棕色，有细纵皱纹，可见节，节上常着生须状根。叶片多皱缩、破碎，完整者展平后呈近圆形、肾形或马蹄形，灰绿色，边缘有粗钝齿。伞形花序短小。双悬果扁圆形，有明显隆起的纵棱及细网纹。气微，味淡。

性味归经　苦、辛，寒。归肝、脾、肾经。

功效主治　清热利湿，解毒消肿；治湿热黄疸，中暑腹泻，石淋，血淋，痈肿疮毒，跌扑损伤。

化学成分　积雪草苷、羟基积雪草苷等。

核心产区　华南各省区均有分布。

用法用量　内服：煎汤，15～30克。外用：适量，捣敷或绞汁涂于患处。

本草溯源　《神农本草经》《新修本草》《滇南本草》《岭南采药录》。

附　　注　常用于化妆品配方，为可用于保健食品的中药。

蛇床子（伞形科）

Cnidium monnieri (L.) Cusson

药 材 名　蛇床子。

药用部位　果实。

功效主治　有小毒。燥湿祛风，杀虫止痒，温肾壮阳；治阴痒带下，湿疹瘙痒，湿痹腰痛，肾虚阳痿，宫冷不孕。

化学成分　甲氧基欧芹酚、蛇床明素、蛇床定等。

芫荽（伞形科）

Coriandrum sativum L.

药 材 名　胡荽、胡荽子。

药用部位　带根全草、果实。

功效主治　发表透疹，健胃；治麻疹不透，感冒无汗，消化不良。

化学成分　樟脑、芫荽异香豆精、花椒毒酚等。

鸭儿芹（伞形科）

Cryptotaenia japonica Hassk.

药 材 名　鸭儿芹、鸭儿芹果、鸭儿芹根。

药用部位　茎叶、果实、根。

功效主治　祛风止咳，活血祛瘀；治感冒咳嗽，跌打损伤，皮肤瘙痒。

化学成分　异亚丙基丙酮、4-羟基鞘氨醇等。

胡萝卜（伞形科）

Daucus carota L. var. **sativa** Hoffm.

药 材 名　胡萝卜。

药用部位　根。

功效主治　下气补中，安五脏，利胸膈，润肠胃，助消化，透解麻痘毒；治久痢。

化学成分　α-胡萝卜素、β-胡萝卜素、γ-胡萝卜素等。

刺芫荽（伞形科）

Eryngium foetidum L.

药 材 名　野芫荽。

药用部位　带根全草。

功效主治　疏风解热，健胃；治感冒，麻疹内陷，气管炎，肠炎，腹泻，急性传染性肝炎，跌打肿痛。

化学成分　2, 3, 6-三甲基苯甲醛、小茴香醇等。

茴香（伞形科）

Foeniculum vulgare Mill.

药 材 名　小茴香、茴香茎叶、茴香根。

药用部位　果实、茎叶、根。

功效主治　散寒止痛，理气和胃；治寒疝腹痛，痛经，少腹冷痛，食少吐泻。

化学成分　反式茴香脑、莳萝油脑等。

珊瑚菜（伞形科）

Glehnia littoralis F. Schmidt ex Miq.

药 材 名　北沙参。

药用部位　根。

功效主治　养阴清肺，益胃生津；治肺热燥咳，热病伤津，口渴。

化学成分　补骨脂素、香柑内酯、北沙参多糖等。

中华天胡荽（伞形科）

Hydrocotyle hookeri (C. B. Clarke) Craib subsp. **chinensis** (Dunn ex R. H. Shan et S. L. Liou) M. F. Watson et M. L. Sheh

药 材 名　大铜钱菜。

药用部位　全草。

功效主治　理气止痛，利湿解毒；治脘腹痛，肝炎，黄疸，湿疹。

化学成分　β-胡萝卜素等。

红马蹄草（伞形科）

Hydrocotyle nepalensis Hook.

药 材 名　红马蹄草。

药用部位　全草。

功效主治　清肺止咳，活血止血；治咳嗽，吐血，跌打损伤，痔疮。

化学成分　Steganogenin 3-*O*-β-D-glucopyranosyl-(1→2)-β-D-glucopyranoside、3-*O*-β-D-glucopyranoside等。

天胡荽（伞形科）

Hydrocotyle sibthorpioides Lam.

药 材 名　天胡荽、盆上芫荽、满天星。

药用部位　全草。

功效主治　清热利湿，解毒消肿；治痈肿疮毒，带状疱疹，跌打损伤。

化学成分　原儿茶酸、对羟基桂皮酸、芹菜素、山柰酚等。

破铜钱（伞形科）

Hydrocotyle sibthorpioides Lam. var. **batrachium** (Hance) Hand. -Mazz. ex R. H. Shan

药 材 名　天胡荽、花边灯一盏。

药用部位　全草。

功效主治　清热利湿，解毒消肿；治喉肿，痈肿疮毒，跌打损伤。

化学成分　苯乙酮、苯乙醇、环柠檬醛、槲皮素、异槲皮素等。

肾叶天胡荽（伞形科）

Hydrocotyle wilfordii Maxim.

药 材 名　毛叶天胡荽、水雷公根、冰大海。

药用部位　全草。

功效主治　清热解毒，利湿；治红白痢疾，黄疸，耳烂，痈肿。

化学成分　雪松醇等挥发油。

藁本（伞形科）

Ligusticum sinense Oliv.

药 材 名　藁本。

药用部位　根、根茎。

功效主治　祛风散寒，除湿止痛；治风寒感冒，巅顶疼痛，风湿痹痛。

化学成分　3-丁基苯酞、蛇床酞内酯、新蛇床酞内酯等挥发油。

白苞芹（伞形科）

Nothosmyrnium japonicum Miq.

药 材 名　土藁本、紫茎芹。

药用部位　根。

功效主治　祛风散寒，舒筋活血；治风寒感冒，头痛，风寒湿痹。

短辐水芹（伞形科）

Oenanthe benghalensis (Roxb.) Benth. et Hook. f.

药 材 名　水芹。

药用部位　根、全草。

功效主治　清热利湿，止血，降血压；治感冒发热，呕吐腹泻，尿路感染。

化学成分　D-半乳糖、咖啡酸、芸香苷等。

水芹（伞形科）

Oenanthe javanica (Blume) DC.

药 材 名　水芹、水芹菜、野芹。

药用部位　根、全草。

功效主治　清热利湿，止血，降血压；治感冒发热，呕吐腹泻，高血压。

化学成分　大根香叶烯D、柠檬烯、里那醇、紫苏醇等。

卵叶水芹（伞形科）

Oenanthe javanica (Blume) DC. subsp. **rosthornii** (Diels) F. T. Pu

药 材 名　卵叶水芹。

药用部位　全草。

功效主治　补气益血，止血，利尿；治气虚血亏，头目眩晕，外伤出血。

线叶水芹（伞形科）

Oenanthe linearis Wall. ex DC.

药 材 名　西南水芹。

药用部位　全草。

功效主治　疏风清热，止痛，降压；治风热感冒，咳嗽，麻疹，胃痛，高血压。

化学成分　儿茶素、芦丁、槲皮素、芹菜素等黄酮类。

隔山香（伞形科）

Ostericum citriodorum (Hance) C. Q. Yuan et R. H. Shan

药 材 名　隔山香、鸡爪参。

药用部位　根、全草。

功效主治　祛风清热，祛痰，止痛；治感冒，咳嗽，疝气，月经不调。

化学成分　异茴萝脑乙二醇、异芹菜脑、β-谷甾醇等。

紫花前胡（伞形科）

Peucedanum decursivum (Miq.) Maxim.

药 材 名　紫花前胡。

药用部位　根。

功效主治　疏散风热，降气化痰；治外感风热，肺热痰郁，咳嗽痰多。

化学成分　补骨脂呋喃香豆精、顺式-3′,4′-二千里光酰基-3′,4′-二氢邪蒿内酯等。

前胡（伞形科）

Peucedanum praeruptorum Dunn

药 材 名　前胡。

药用部位　根。

功效主治　疏散风热，降气化痰；治外感风热，肺热痰郁，咳嗽痰多。

化学成分　前胡香豆素D、前胡香豆素E、白花前胡甲素等。

杏叶茴芹（伞形科）

Pimpinella candolleana Wight et Arn.

药 材 名　杏叶防风、马蹄防风、芽些拢（傣药）。

药用部位　根。

功效主治　祛风解表，行气止痛；治感冒，疟疾，胃气痛，疝气，胸腹寒胀，风湿性腰腿痛。

化学成分　萜烯等。

异叶茴芹（伞形科）

Pimpinella diversifolia DC.

药 材 名　异叶茴芹、鹅脚板、冬青草。

药用部位　全草。

功效主治　有小毒。散寒，止痛，通经，祛湿；治感冒，咳嗽，肺痨，食积，黄疸。

化学成分　1H-苯并环庚烯、水芹烯、β-花柏烯等挥发油。

变豆菜（伞形科）

Sanicula chinensis Bunge

药 材 名　变豆菜。

药用部位　全草。

功效主治　解毒，止血；治咽痛，咳嗽，尿血，外伤出血，疮痈肿毒。

化学成分　4 -甲基-1-亚甲基-7-（1-甲基乙烯基）-十氢萘等。

薄片变豆菜（伞形科）

Sanicula lamelligera Hance

药 材 名　薄片变豆菜、肺筋草。

药用部位　全草。

功效主治　祛风化痰，活血调经；治感冒，咳嗽，哮喘，月经不调。

化学成分　去氢催吐萝芙木醇、金色酰胺醇酯、对苯二甲酸二丁酯等。

直刺变豆菜（伞形科）

Sanicula orthacantha S. Moore

药 材 名　直刺变叶菜、小紫花菜、黑鹅脚板。

药用部位　根、全草。

功效主治　清热解毒，益肺止咳，祛风除湿；治肺热咳喘，头痛。

松叶西风芹（伞形科）

Seseli yunnanense Franch.

药 材 名　松叶防风、松叶芹。

药用部位　叶。

功效主治　疏风清热；治风热感冒。

化学成分　1-亚油酸甘油酯、香苷内酯、花椒毒素、硬脂酸、胡萝卜苷等。

小窃衣（伞形科）

Torilis japonica (Houtt.) DC.

药 材 名　鹤虱、小窃衣、粘粘草。

药用部位　果实、全草。

功效主治　有小毒。杀虫止泻，收涩止痒；治虫积腹痛，泻痢，风湿性湿疹，皮肤瘙痒。

化学成分　Epoxytorilinol、elematorilone、cardinatoriloside等倍半萜类。

窃衣（伞形科）

Torilis scabra (Thunb.) DC.

药 材 名　窃衣。

药用部位　果实、全草。

功效主治　有小毒。杀虫止泻，收涩止痒；治虫积腹痛，泻痢，风湿疹，皮肤瘙痒。

化学成分　倍半萜类等。

云南桤叶树（桤叶树科）

Clethra delavayi Franch.

药 材 名　华中山柳、贵定山柳。

药用部位　根。

功效主治　活血祛瘀，强壮筋骨；治跌打损伤，骨折后期，肢体麻木，腰膝酸软。

缅甸树萝卜（杜鹃花科）

Agapetes burmanica W. E. Evans

药 材 名　树萝卜、贺比罕（傣药）。

药用部位　块根。

功效主治　止咳化痰，祛风止痛，通血止血；治肺痨咳嗽，咯血，月经不调，痛经，闭经，产后气血不足，体弱多病，胆汁病。

白花树萝卜（杜鹃花科）

Agapetes mannii Hemsl.

药 材 名　白花树萝卜、小叶爱楠、贺比罕（傣药）。

药用部位　块根。

功效主治　疏肝，祛风利湿，散瘀消肿；治黄疸性肝炎，月经不调，风湿骨痛，腰膝痹痛，小儿惊风，麻风病。

广东金叶子（杜鹃花科）

Craibiodendron scleranthum (Dop) Judd var. **kwangtungense** (S. Y. Hu) Judd

药 材 名　广东金叶子、独牛角、碎骨红。

药用部位　根。

功效主治　活血散瘀，消肿止痛；治跌打损伤。

金叶子（杜鹃花科）

Craibiodendron stellatum (Pierre) W. W. Sm.

药 材 名　假木荷、滑叶子、云南假木荷。

药用部位　根。

功效主治　有大毒。发表温经，活络止痛；治跌打损伤，风湿麻木，外感风寒。

化学成分　儿茶素、十五碳酸、槲皮素、乌苏酸、棕榈酸等。

云南金叶子（杜鹃花科）

Craibiodendron yunnanense W. W. Sm.

药 材 名 半天昏、枝柳叶、滑叶子。

药用部位 叶。

功效主治 有大毒。发表温经，活络止痛；治跌打损伤，风湿麻木，肌肉痛，关节痛，神经性皮炎，外感风寒。

化学成分 槲皮素-3-*O*-*β*-半乳吡喃糖苷、槲皮素-3-*O*-*α*-阿拉伯呋喃糖苷、(*E*)-对羟基桂皮酸等。

齿缘吊钟花（杜鹃花科）

Enkianthus serrulatus (E. H. Wilson) C. K. Schneid.

药 材 名 齿叶吊钟花、九节筋、山枝仁。

药用部位 根。

功效主治 祛风除湿，活血；治风湿痹痛。

芳香白珠（杜鹃花科）

Gaultheria fragrantissima Wall.

药 材 名 透骨消、岩子果、香叶子、冬青叶。

药用部位 根。

功效主治 祛风除湿；治风湿瘫痪，冻疮。

滇白珠（杜鹃花科）

Gaultheria leucocarpa Blume var. **yunnanensis** (Franch.) T. Z. Hsu et R. C. Fang

药 材 名　白珠树、透骨香、满山香。

药用部位　全株。

功效主治　祛风除湿，舒筋活络，活血止痛；治风湿性关节炎，跌打损伤。

化学成分　水杨酸甲酯、白珠树苷、槲皮素、熊果酸等。

珍珠花（杜鹃花科）

Lyonia ovalifolia (Wall.) Drude

药 材 名　珍珠花、小米柴。

药用部位　枝叶、果实。

功效主治　叶有毒。活血止痛，祛风解毒；治跌打损伤，骨折，癣疮。

化学成分　Ovafolinins A-E等。

刺毛杜鹃（杜鹃花科）

Rhododendron championiae Hook.

药 材 名　粘毛杜鹃、刺毛杜鹃、狗脚骨。

药用部位　根。

功效主治　祛风解表，活血止痛；治流行性感冒，风湿性关节炎，跌打损伤。

大白杜鹃（杜鹃花科）

Rhododendron decorum Franch.

药 材 名 大白花、羊角菜、白花菜。

药用部位 根、叶。

功效主治 清利湿热，活血止痛；治白浊，带下，风湿疼痛，跌打损伤。

化学成分 大白花毒素Ⅰ、大白花毒素Ⅱ等。

云锦杜鹃（杜鹃花科）

Rhododendron fortunei Lindl.

药 材 名 云锦杜鹃、天目杜鹃、厚叶朱标。

药用部位 花、叶。

功效主治 清热解毒，敛疮；治皮肤溃烂。

化学成分 反式咖啡酸、杨梅素、可巴烯、异喇叭烯、桉树脑等。

广东杜鹃（杜鹃花科）

Rhododendron kwangtungense Merr. et Chun

药 材 名 广东杜鹃。

药用部位 花、叶、嫩枝、根。

功效主治 化痰止咳；治老年支气管炎。

鹿角杜鹃（杜鹃花科）

Rhododendron latoucheae Franch.

药 材 名 鹿角杜鹃。

药用部位 根、花蕾。

功效主治 根：祛风止痛，清热解毒；治风湿骨痛，肺痈。花蕾：消炎解毒，除湿，活血；治血崩，湿疹，痈疮疖毒。

岭南杜鹃（杜鹃花科）

Rhododendron mariae Hance

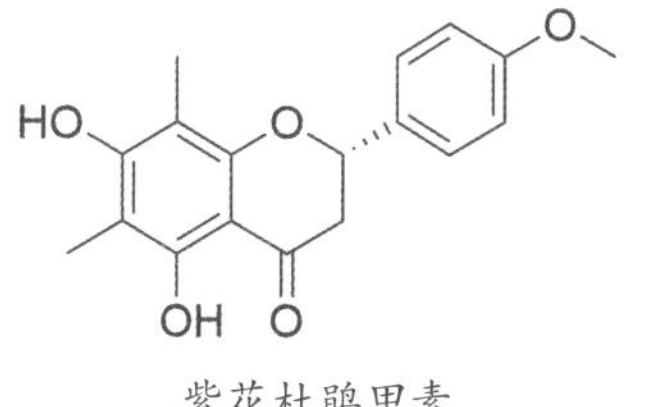

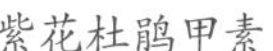

紫花杜鹃甲素

药 材 名　紫花杜鹃、土牡丹花、玛丽杜鹃。

药用部位　叶、带叶嫩茎。

生　　境　生于海拔500～1 250米的丘陵、山地和灌木林。

采收加工　4—5月采收叶或带叶嫩茎，晒干。

药材性状　叶片多卷曲，先端急尖，基部楔形，全缘，叶下面散有红棕色茸毛，主脉于下面突起，叶柄密被黄棕色茸毛。

性味归经　苦、辛，微温。归肺、大肠经。

功效主治　祛痰，镇咳，平喘；治咳嗽、哮喘、慢性支气管炎。

化学成分　紫花杜鹃甲素、槲皮素、紫花杜鹃乙素、紫花杜鹃丙素、紫花杜鹃丁素等。

核心产区　广东（韶关、肇庆）、贵州、江西。

用法用量　煎汤，35～45克。

本草溯源　《全国中草药汇编》。

附　　注　本种易与紫花杜鹃*R.amesiae*名字相混，后者仅产于四川西部。

满山红（杜鹃花科）

Rhododendron mariesii Hemsl. et E. H. Wilson

药 材 名　山石榴、马礼士杜鹃。

药用部位　叶。

功效主治　止咳，祛痰；治急、慢性支气管炎，心肌炎，胃肠炎。

化学成分　熊果酸、齐墩果酸、金丝桃苷等。

亮毛杜鹃（杜鹃花科）

Rhododendron microphyton Franch.

药 材 名　小杜鹃。

药用部位　根、叶。

功效主治　清热利尿；治小儿惊风，急、慢性肾炎，肾盂肾炎。

化学成分　环烯醚萜类等。

羊踯躅（杜鹃花科）

Rhododendron molle (Blume) G. Don

药 材 名　羊踯躅、黄花杜鹃、闹羊花。

药用部位　花。

功效主治　有毒；祛风除湿，散瘀止痛；治风湿痹痛，痛风，跌打肿痛。

化学成分　木藜芦烷、3,4-裂环木藜芦烷、山月桂醇、1,5-山月桂醇等二萜类。

毛棉杜鹃（杜鹃花科）

Rhododendron moulmainense Hook.

药 材 名　毛棉杜鹃花、丝线吊芙蓉。

药用部位　根皮、茎皮。

功效主治　利水，活血；治水肿，肺结核、跌打损伤。

化学成分　可溶性糖、可溶性蛋白等。

白杜鹃（杜鹃花科）

Rhododendron mucronatum (Blume) G. Don

药 材 名　白杜鹃、白杜鹃花。

药用部位　根、花。

功效主治　止咳，固精，止带；治咳嗽，遗精，带下。

化学成分　芳樟醇、β-桉叶烯、苯甲酸苄酯、水杨酸苄酯等挥发油。

马银花（杜鹃花科）

Rhododendron ovatum (Lindl.) Planch. ex Maxim.

药 材 名　马银花。

药用部位　根。

功效主治　有毒；清湿热，解疮毒；治湿热带下，痈肿疔疮。

化学成分　槲皮素、杨梅树皮素、棉花皮素、蒲公英赛醇等。

毛果杜鹃（杜鹃花科）

Rhododendron seniavinii Maxim.

药 材 名　满山白。

药用部位　根、茎叶、花。

功效主治　止咳，祛痰，平喘；治慢性气管炎。

化学成分　槲皮素、槲皮苷、表儿茶素、金丝桃苷等。

猴头杜鹃（杜鹃花科）

Rhododendron simiarum Hance

药 材 名　南华杜鹃。

药用部位　根、茎叶、花。

功效主治　化痰止咳；治支气管炎。

长叶鹿蹄草（鹿蹄草科）

Pyrola elegantula Andres

药 材 名　长叶鹿蹄草。

药用部位　全草。

功效主治　强筋骨，止血；治风湿痹痛，腰膝无力，月经过多，外伤出血。

化学成分　β-谷甾醇等。

杜鹃（杜鹃花科）

Rhododendron simsii Planch.

药 材 名　杜鹃、映山红、满山红。

药用部位　根、叶、花。

功效主治　根：祛风湿，活血祛瘀；治跌打损伤。叶、花：清热解毒；治支气管炎，荨麻疹。

化学成分　19,24-Dihydroxyurs-12-en-3-one-28-oic acid等。

乌饭树（越橘科）

Vaccinium bracteatum Thunb.

药 材 名　乌饭树、南烛子。

药用部位　果实。

功效主治　补肝肾，强筋骨，固精气；治肝肾不足，须发早白，筋骨无力。

化学成分　异荭草苷、荭草素、牡荆苷、异牡荆苷等。

黄背越橘（越橘科）

Vaccinium iteophyllum Hance

药 材 名　鼠刺乌饭树、黄背越橘。

药用部位　茎。

功效主治　散瘀止痛，利尿消肿；治肝炎，病后体虚，跌打损伤，胃病，无名肿毒，外伤出血。

化学成分　乌苏酸、蒲公英赛醇、蒲公英赛酮、木栓醇等。

扁枝越橘（越橘科）

Vaccinium japonicum Miq. var. **sinicum** (Nakai) Rehder

药 材 名　扁枝越橘。

药用部位　果实。

功效主治　有小毒。疏风清热，降火解毒；治感冒发热，牙痛，咽痛。

米饭花（越橘科）

Vaccinium sprengelii (G. Don) Sleumer

药 材 名　米饭花。

药用部位　果实。

功效主治　消肿散瘀；治全身浮肿，跌打损伤。

水晶兰（水晶兰科）

Monotropa uniflora L.

药 材 名　水晶兰。

药用部位　全草。

功效主治　补虚止咳；治肺虚咳嗽。

岩柿（柿科）

Diospyros dumetorum W. W. Sm.

药 材 名　紫藿香。

药用部位　叶。

功效主治　健脾胃，解疮毒；治慢性腹泻，小儿消化不良；外用治疮疖，烫伤。

化学成分　对映海松、二烯酸、对映贝壳、杉烯酸、芝麻素等。

乌材（柿科）

Diospyros eriantha Champ. ex Benth.

药 材 名　乌材子。

药用部位　果实。

功效主治　消炎；治风湿，疝气痛，心气痛。

柿（柿科）

Diospyros kaki Thunb.

药 材 名　柿、柿子、朱果。

药用部位　果、果蒂、柿霜、根、叶、柿饼。

功效主治　果：润肺生津，降压止血；治肺燥咳嗽。果蒂：降气止呃；治呃逆。柿霜：生津利咽；治口疮。根：清热凉血；治吐血。叶：降压；治高血压。柿饼：润肺，止血，健脾涩肠；治咯血，吐血，便血，尿血，脾虚消化不良，泄泻，痢疾，喉干音哑，颜面黑斑。

化学成分　常春藤皂苷元、积雪草酸、齐墩果酸、熊果酸等。

野柿（柿科）

Diospyros kaki Thunb. var. **silvestris** Makino

药 材 名　野柿。

药用部位　根、果实。

功效主治　补虚健脾胃，清热润肺。根：治肝炎，跌打损伤。果实：润肠通便。

化学成分　7-甲基胡桃醌、异柿醌和蒲公英赛醇等。

君迁子（柿科）

Diospyros lotus L.

药 材 名　君迁子。

药用部位　果实。

功效主治　清热，止渴；治烦热，消渴。

化学成分　白桦脂醇、蛇床脂醇、熊果酸等。

罗浮柿（柿科）

Diospyros morrisiana Hance

药 材 名　罗浮柿。

药用部位　叶、茎皮。

功效主治　解毒消炎，收敛止泻；治食物中毒，腹泻。

老鸦柿（柿科）

Diospyros rhombifolia Hemsl.

药 材 名　老鸦柿。

药用部位　根、枝。

功效主治　活血利肝；治急性黄疸性肝炎，肝硬化。

化学成分　多糖类、皂苷类、黄酮类等。

山榄叶柿（柿科）

Diospyros siderophylla H. L. Li

药 材 名　山榄叶柿。

药用部位　叶。

功效主治　活血利肝；治急性黄疸性肝炎，肝硬化。

化学成分　羽扇豆醇、桦木酸等。

金叶树（山榄科）

Chrysophyllum lanceolatum A. DC. var. **stellatocarpon** P. Royen

药 材 名　金叶树。

药用部位　根、叶。

功效主治　活血祛瘀，消肿止痛；治跌打瘀肿，风湿性关节炎，骨折脱臼。

蛋黄果（山榄科）

Lucuma nervosa A. DC.

药 材 名　蛋黄果、仙桃、蛋果。

药用部位　果肉、种子、树叶。

功效主治　果肉：保肝。种子、树叶：治各种炎症，疼痛，溃疡。

化学成分　蛋黄果多糖等。

人心果（山榄科）

Manilkara zapota (L.) P. Royen

药 材 名　人心果。

药用部位　果实。

功效主治　消炎解毒，收敛；治食物中毒，烧烫伤，腹泻，痢疾。

化学成分　赖氨酸、脯氨酸、谷氨酸、*β*-谷甾醇、20(*R*)-原人参三醇、维生素C等。

紫荆木（山榄科）

Madhuca pasquieri (Dubard) H. J. Lam

药 材 名　出奶木、木花生、铁色。

药用部位　茎皮。

功效主治　活血，通淋；治妇女月经不调，瘀滞腹痛，小便淋漓涩痛。

山榄（山榄科）

Planchonella obovata (R. Br.) Pierre

药 材 名　山榄。

药用部位　叶。

功效主治　止泻；治腹泻。

化学成分　6-Hydroxy-conyzasaponin G、3-*O*-*β*-D-apiofuranosylisoarganin F、Isoarganin F等。

桃榄（山榄科）

Pouteria annamensis (Pierre ex Dubard) Baehni

药 材 名　桃榄。

药用部位　果实。

功效主治　清热解毒；治蛇咬伤。

神秘果（山榄科）

Synsepalum dulcificum (Schumach. et Thonn.) Daniell

药 材 名　变味果、奇迹果。

药用部位　果实。

功效主治　消肿，止痛，解毒；治痛风，蚊虫咬伤。

化学成分　神秘果素、酚类、黄酮类、脂肪酸、维生素等。

细罗伞（紫金牛科）

Ardisia affinis Hemsl.

药 材 名　细罗伞。

药用部位　全株。

功效主治　理气止痛；治咳嗽，胃寒痛，跌打损伤，扁桃体炎。

化学成分　紫金牛酮G-J、细罗伞酮A-C等。

少年红（紫金牛科）

Ardisia alyxiaefolia Tsiang ex C. Chen

药 材 名　少年红、念珠藤叶紫金牛。

药用部位　全株。

功效主治　止咳平喘，活血散瘀；治咳喘痰多，跌打损伤。

化学成分　西克拉明皂苷元A、西克拉明皂苷元D等。

九管血（紫金牛科）

Ardisia brevicaulis Diels

药 材 名　九管血、矮茎朱砂根、血党。

药用部位　全株、根。

功效主治　清热解毒，祛风止痛，活血消肿；治喉咙肿痛，风湿痹痛。

化学成分　香草酸、乔木萜醇、十四烷基-1,3-间苯二酚等。

凹脉紫金牛（紫金牛科）

Ardisia brunnescens E. Walker

药 材 名　凹脉紫金牛、石凉伞。

药用部位　根。

功效主治　清热解毒；治咽喉肿痛。

尾叶紫金牛（紫金牛科）

Ardisia caudata Hemsl.

药 材 名　尾叶紫金牛、峨眉紫金牛。

药用部位　根。

功效主治　祛风湿，解热毒，止痛；治风湿痹痛，咽喉肿痛，跌打损伤。

化学成分　射干醌G、射干醌H等。

小紫金牛（紫金牛科）

Ardisia chinensis Benth.

药 材 名　小紫金牛。

药用部位　全株。

功效主治　活血止血，散瘀止痛，清热利湿；治肺痨咳血，跌打损伤。

化学成分　石竹烯、棕榈酸、儿茶素、水杨酸、没食子酸等。

伞形紫金牛（紫金牛科）

Ardisia corymbifera Mez

药 材 名　伞形紫金牛、紫背禄、呢辛（傣药）。

药用部位　根。

功效主治　除湿利尿；治肾炎，扁桃体炎。

朱砂根（紫金牛科）

Ardisia crenata Sims

朱砂根皂苷A

药 材 名 朱砂根。

药用部位 根。

生　　境 野生或栽培，生于山地林下沟边路旁。

采收加工 秋冬二季采挖，洗净，晒干。

药材性状 根呈圆柱形，表面灰棕色或棕褐色。质硬而脆，易折断，断面不平坦，皮部厚，类白色或粉红色，气微，味微苦，有刺舌感。

性味归经 苦、辛，凉。归肺、肝经。

功效主治 解毒消肿，活血止痛，祛风除湿；治咽喉肿痛，风湿痹痛，跌打损伤。

化学成分 朱砂根皂苷A、朱砂根新苷B、百两金皂苷A等。

核心产区 陕西、湖北、海南、广东、广西。

用法用量 内服：煎汤，3～9克。外用：适量，捣敷。

本草溯源 《本草纲目》《生草药性备要》《陆川本草》《中华本草》。

附　　注 果具观赏性，药花同源。

红凉伞（紫金牛科）

Ardisia crenata Sims var. **bicolor** (E. Walker) C. Y. Wu et C. Chen

药 材 名　红凉伞。

药用部位　根及根茎。

功效主治　清热解毒，活血止痛；治咽喉肿痛，风湿热痹，跌打损伤。

化学成分　岩白菜素等。

百两金（紫金牛科）

Ardisia crispa (Thunb.) A. DC.

药 材 名　百两金、小罗伞、八爪龙。

药用部位　根、根茎。

功效主治　清热利咽，祛痰利湿，活血解毒；治咽喉肿痛，风湿痹痛。

化学成分　(-)-襄五脂素、异安五脂素、紫金牛酸、百两金皂苷等。

圆果罗伞（紫金牛科）

Ardisia depressa C. B. Clarke

药 材 名　圆果罗伞。

药用部位　叶。

功效主治　凉血止血；治鼻衄。

化学成分　*β*-香树脂醇乙酸酯、鲍尔烯醇、豆甾醇等。

月月红（紫金牛科）

Ardisia faberi Hemsl.

药 材 名　江南紫金牛、月月红、木步马胎。

药用部位　根、叶。

功效主治　疏散风热，解毒利咽；治风热感冒，咳嗽，咽喉肿痛。

化学成分　鲍尔烯醇、油酸、(*Z*)-10-heneicosenoic acid、蚱蜢酮等。

灰色紫金牛（紫金牛科）

Ardisia fordii Hemsl.

药 材 名　灰色紫金牛、细罗伞、两广紫金牛。

药用部位　全株。

功效主治　散结破瘀；治肺痨，跌打损伤。

化学成分　岩白菜素、11-*O*-(3′,5′-二羟基-4′-甲氧基没食子酰基)-岩白菜素等。

走马胎（紫金牛科）

Ardisia gigantifolia Stapf

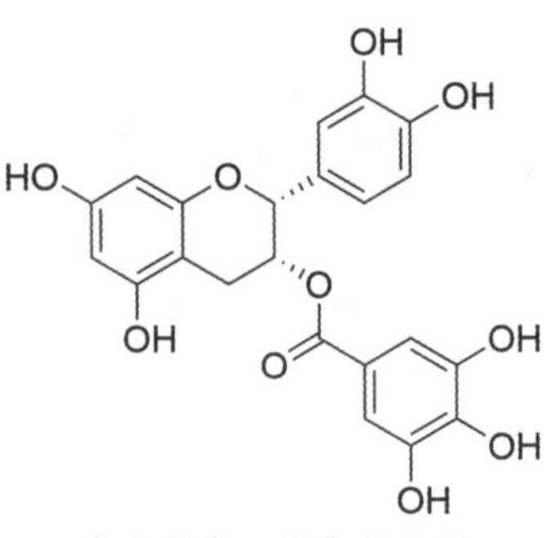
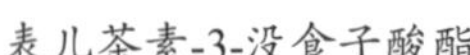

表儿茶素-3-没食子酸酯

药 材 名 走马胎、马胎、走马风、大叶紫金牛。

药用部位 全株、根。

生　　境 野生，生于山间疏、密林下，荫湿的地方。

采收加工 秋季采挖，洗净，鲜用，或切片晒干。

药材性状 根呈不规则圆柱形，略呈串珠状膨大。表面具纵沟纹，皮部易剥落，质坚硬，不易折断。断面皮部有紫红色小点，木部可见细密放射状菊花纹。

性味归经 苦、微辛，温。归肺、肝、胃经。

功效主治 祛风湿，活血止痛，化毒生肌；治风湿痹痛、产后血瘀、痈疽溃疡、跌打肿痛。

化学成分 表儿茶素-3-没食子酸酯、β-谷甾醇、11-*O*-香草酰岩白菜素等。

核心产区 广东（罗宁、龙门）。

用法用量 内服：10～15克。外用：适量，研末调敷患处。

本草溯源 《本草纲目拾遗》《陆川本草》《本草求原》《新华本草纲要》。

附　　注 辨证属湿热者不宜用，孕妇、儿童忌用。

大罗伞树（紫金牛科）

Ardisia hanceana Mez

药 材 名　大罗伞树、凉伞盖珍珠、郎伞树。

药用部位　根。

功效主治　活血止痛；治风湿痹痛，闭经，跌打损伤。

化学成分　岩白菜素等。

紫金牛（紫金牛科）

Ardisia japonica (Thunb.) Blume

药 材 名　紫金牛、矮地茶、矮茶风。

药用部位　全株。

功效主治　止咳化痰，祛风解毒，活血止痛；治支气管炎，大叶性肺炎。

化学成分　大黄素、angelicoidenol、槲皮素、岩白菜素、槲皮苷等。

心叶紫金牛（紫金牛科）

Ardisia maclurei Merr.

药 材 名　心叶紫金牛、红云草、假地榕。

药用部位　全株。

功效主治　凉血止血，清热解毒；治吐血，便血，咯血，疮疖。

化学成分　岩白菜素、汉黄芩素等。

虎舌红（紫金牛科）

Ardisia mamillata Hance

药 材 名　红毛紫金牛、虎舌红、红毛毡。

药用部位　全株、根。

功效主治　清热利湿；治风湿性关节痛，跌打损伤，肺结核咯血。

化学成分　Cyclaminorin、百两金皂苷B等。

莲座紫金牛（紫金牛科）

Ardisia primulifolia Gardner et Champ.

药 材 名　莲座紫金牛、毛虫药公、老虎脷。

药用部位　全株。

功效主治　祛风通络，散瘀止血，解毒消痈；治风湿性关节痛，咯血。

化学成分　有机酸类、皂苷类、鞣质、黄酮类等。

山血丹（紫金牛科）

Ardisia punctata Lindl.

药 材 名　山血丹、斑叶朱砂根、血党。

药用部位　根、全株。

功效主治　祛风除湿，活血调经，消肿止痛；治风湿痹痛，跌打损伤。

化学成分　2-Methoxy-4-hydroxy-6-tridecylphenyl acetate等。

九节龙（紫金牛科）

Ardisia pusilla A. DC.

药 材 名　九节龙、五托莲、毛不出林。

药用部位　全株、叶。

功效主治　清热利湿，活血消肿；治风湿痹痛，黄疸，跌打损伤，蛇咬伤。

化学成分　没食子酸、琥珀酸、柚皮素-6-*C*-葡萄糖苷等。

罗伞树（紫金牛科）

Ardisia quinquegona Blume

药 材 名　罗伞树。

药用部位　茎叶、根。

功效主治　清热解毒，散瘀止痛；治咽喉肿痛，跌打损伤，风湿痹痛。

化学成分　紫金牛醌、紫金牛酚等。

酸苔菜（紫金牛科）

Ardisia solanacea Roxb.

药 材 名　酸苔菜、帕累、锅讷（傣药）。

药用部位　根。

功效主治　清热解毒，除风止痒；治各种皮肤病，止泻，止痢。

东方紫金牛（紫金牛科）

Ardisia squamulosa C. Presl

药 材 名　东方紫金牛。

药用部位　全株。

功效主治　止咳化痰，凉血止血，解毒消肿，利水渗湿；治咳嗽痰多，咯血，水湿证。

雪下红（紫金牛科）

Ardisia villosa Roxb.

药 材 名　雪下红。

药用部位　茎叶、全草。

功效主治　祛风湿，活血止痛；治风湿痹痛，咳嗽吐血，跌打损伤。

纽子果（紫金牛科）

Ardisia virens Kurz

药 材 名　大罗伞、朱砂根、埋翁糯（傣药）。

药用部位　根。

功效主治　清热解毒，散瘀止痛，活血祛瘀，祛痰止咳；治扁桃体炎，牙痛，带下，劳伤吐血，心胃气痛，风湿骨痛，跌打损伤。

酸藤子（紫金牛科）

Embelia laeta (L.) Mez

药 材 名　酸藤子、酸果藤、酸藤果。

药用部位　果实、根、枝叶。

功效主治　果实：补血，收敛止血；治血虚，齿龈出血。根、枝叶：清热解毒，散瘀止血；治咽喉红肿，齿龈出血。

化学成分　大黄素甲醚、丁香酸、香草酸等。

当归藤（紫金牛科）

Embelia parviflora Wall. ex A. DC.

药 材 名　当归藤、小花酸藤子、虎尾草。

药用部位　根、老茎。

功效主治　补血，活血，强壮腰膝；治血虚诸证，月经不调，产后虚弱。

化学成分　正三十烷酸乙酯、正三十烷酸、α-菠甾醇等。

白花酸藤果（紫金牛科）

Embelia ribes Burm. f.

药 材 名　白花酸藤果、牛尾藤、小种楠藤。

药用部位　根。

功效主治　活血调经，清热利湿，消肿解毒；治闭经，腹泻，毒蛇咬伤。

化学成分　蒽贝素、维生素等。

厚叶白花酸藤果（紫金牛科）

Embelia ribes Burm. f. var. **pachyphylla** Chun ex C.Y. Wu et C. Chen

药 材 名　旱禾酸。

药用部位　根。

功效主治　清热除湿，消炎止痛；治痢疾，急性胃肠炎，腹泻，外伤出血，蛇咬伤。

网脉酸藤子（紫金牛科）

Embelia rudis Hand. -Mazz.

药 材 名　网脉酸藤子、梣酸藤子、了哥脷。

药用部位　根、茎。

功效主治　活血通经；治月经不调，闭经，风湿痹痛。

瘤皮孔酸藤子（紫金牛科）

Embelia scandens (Lour.) Mez

药 材 名　假刺藤、乌肺叶。

药用部位　根、叶。

功效主治　有小毒。舒筋活络，敛肺止咳；治痹证筋挛骨痛，肺痨咳嗽。

大叶酸藤子（紫金牛科）

Embelia subcoriacea (C. B. Clarke) Mez

药 材 名　大叶酸藤子。

药用部位　果实。

功效主治　驱虫；治蛔虫病。

平叶酸藤子（紫金牛科）

Embelia undulata (Wall.) Mez

药 材 名　长叶酸藤果。

药用部位　果实。

功效主治　祛风利湿，消肿散瘀；治肾炎性水肿，肠炎腹泻，跌打瘀肿。

密齿酸藤子（紫金牛科）

Embelia vestita Roxb.

药 材 名　打虫果、米汤果。

药用部位　果实。

功效主治　驱虫；治蛔虫病、绦虫病。

包疮叶（紫金牛科）

Maesa indica (Roxb.) A. DC.

药 材 名 两面青、小姑娘茶、帕罕（傣药）。

药用部位 全株。

功效主治 清火解毒，利胆退黄，通调气血；治黄疸，尿路感染，疔疮脓肿，产后体弱多病，产后乳汁不通。

化学成分 槲皮素、β-谷甾醇、棕榈酸、杜茎山酚、大黄酚等。

杜茎山（紫金牛科）

Maesa japonica (Thunb.) Moritzi ex Zoll.

药 材 名 杜茎山、野胡椒、鱼子花。

药用部位 根、茎叶。

功效主治 祛风邪，解疫毒，消肿胀；治热性传染病，烦躁，口渴。

化学成分 杜茎山醌等。

金珠柳（紫金牛科）

Maesa montana A. DC.

药 材 名　金珠柳。

药用部位　叶、根。

功效主治　清湿热；治痢疾，泄泻。

鲫鱼胆（紫金牛科）

Maesa perlarius (Lour.) Merr.

药 材 名　鲫鱼胆。

药用部位　全株。

功效主治　接骨消肿，去腐生肌；治跌打骨折，刀伤，疔疮肿疡。

化学成分　鲫鱼胆皂苷元A、鲫鱼胆皂苷等。

铁仔（紫金牛科）

Myrsine africana L.

药 材 名　碎米果、牙痛草。

药用部位　根、枝、叶、果实。

功效主治　抗癌，祛风止痛，补虚活血；治风湿，虚劳，脱肛，尿血，子宫脱垂，咽喉痛，牙痛，刀伤。

化学成分　挥发油、大黄素、2-羟基大黄酚、酸模素、5-甲氧基-7-羟基内酯等。

广西密花树（紫金牛科）

Myrsine kwangsiensis (E. Walker) Pipoly et C. Chen

药 材 名 广西密花树、狭叶密花树。

药用部位 叶、根。

功效主治 清热利湿，凉血解毒；治乳痈，疮疖、湿疹，膀胱结石。

密花树（紫金牛科）

Myrsine seguinii H. Lév.

药 材 名 密花树。

药用部位 叶、根皮。

功效主治 清热利湿，凉血解毒；治乳痈，疮疖，湿疹，膀胱结石。

赤杨叶（安息香科）

Alniphyllum fortunei (Hemsl.) Makino

药 材 名 赤杨叶。

药用部位 根、叶。

功效主治 祛风除湿，利水消肿；治风湿痹痛，水肿，小便不利。

银叶安息香（安息香科）

Styrax argentifolius H. L. Li

药 材 名　银叶安息香。

药用部位　叶。

功效主治　消肿止痛；治跌打损伤，疥疮。

中华安息香（安息香科）

Styrax chinensis Hu et S. Ye Liang

药 材 名　山柿、大果安息香、大籽安息香。

药用部位　树脂。

功效主治　开窍清神，行气活血，止痛；治中风痰厥，中恶昏迷，心腹疼痛，产后血晕，小儿惊风。

垂珠花（安息香科）

Styrax dasyanthus Perkins

药 材 名　垂珠花。

药用部位　叶。

功效主治　润肺，生津，止咳；治肺燥咳嗽，干咳无痰，口燥咽干。

白花龙（安息香科）

Styrax faberi Perkins

药 材 名 白花笼、白龙条、扫酒树、棉子树。

药用部位 叶。

功效主治 清热解毒，消痈散结；治风热感冒，痈肿疮疖。

野茉莉（安息香科）

Styrax japonicus Siebold et Zucc.

药 材 名 野茉莉。

药用部位 叶、果实。

功效主治 祛风除湿，舒筋通络；治风湿痹痛，瘫痪。

化学成分 荚果蕨素、去氢二异丁香酚等。

芬芳安息香（安息香科）

Styrax odoratissimus Champ. ex Benth.

药 材 名 白木、野菱莉、郁香野茉莉。

药用部位 叶。

功效主治 润肺生津，止痒止咳，杀虫；治肺燥咳嗽，干咳无痰，口燥咽干。

栓叶安息香（安息香科）

Styrax suberifolius Hook. et Arn.

药 材 名 栓叶安息香。

药用部位 叶、根。

功效主治 祛风湿，理气止痛；治风湿痹痛，脘腹胀痛。

化学成分 苔色酸甲酯、苔色酸乙酯、二羟基熊果酸等。

越南安息香（安息香科）

Styrax tonkinensis (Pierre) Craib ex Hartwich

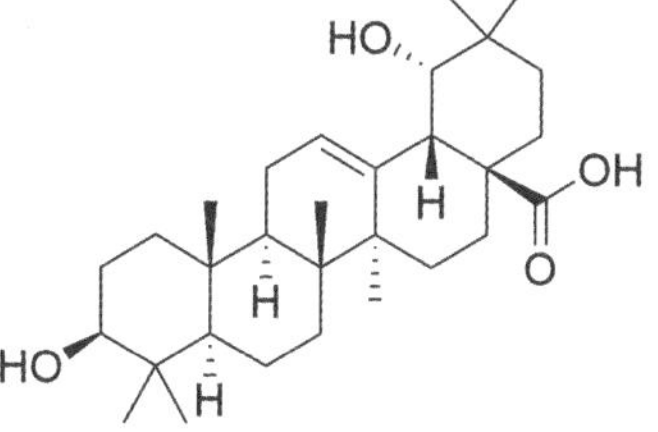

泰国树脂酸

药 材 名 安息香。

药用部位 树脂。

生　　境 野生或栽培，生于稻田边。

采收加工 夏、秋二季，割伤5年以上的树木，待伤口开始流出黄色液汁，将此液状物除去后，渐流白色香树脂，待其稍干后采收。

药材性状 为微扁圆的泪滴状物或团块。外表面黄棕色或污棕色，内面乳白色。常温下质坚脆，加热则软化。气芳香，味微辛。

性味归经 辛、苦，平。归心、脾经。

功效主治 开窍醒神，行气活血，止痛；治中风痰厥，气郁暴厥，产后血晕，小儿惊痫，风痹腰痛。

化学成分 泰国树脂酸、苯甲酸等。

核心产区 原产越南、泰国和印度尼西亚，我国云南、贵州、广西、广东、福建、湖南和江西有栽培。

用法用量 0.6～1.5克，多入丸散用。

本草溯源 《新修本草》《海药本草》《本草纲目》《本草述》《本经逢原》等。

附　　注 进口南药。

薄叶山矾（山矾科）

Symplocos anomala Brand

药 材 名　薄叶冬青。

药用部位　叶。

功效主治　活血消肿；治跌打肿痛。

华山矾（山矾科）

Symplocos chinensis (Lour.) Druce

药 材 名　华山矾。

药用部位　果实、叶、根。

功效主治　根、叶有小毒。果实：清热解毒；治烂疮。叶：清热利湿，解毒，止血生肌；治泻痢，疮疡肿毒。

化学成分　Niga-ichigoside F1、shimobashiraside C、岩白菜素等。

密花山矾（山矾科）

Symplocos congesta Benth.

药 材 名　密花山矾。

药用部位　根。

功效主治　消肿止痛；治跌打损伤。

长毛山矾（山矾科）

Symplocos dolichotricha Merr.

药 材 名　长毛山矾。

药用部位　根。

功效主治　消炎，健脾，利水；治黄疸，水肿，泄泻，脾虚，消化不良，痧症。

腺缘山矾（山矾科）

Symplocos glandulifera Brand

药 材 名　腺缘山矾、山矾、锅山囡（傣药）。

药用部位　叶。

功效主治　调补气血，止痛；治产后四肢骨痛。

羊舌树（山矾科）

Symplocos glauca (Thunb.) Koidz.

药 材 名　羊舌树。

药用部位　树皮。

功效主治　清热解表；治感冒头痛，口燥，身热。

光叶山矾（山矾科）

Symplocos lancifolia Siebold et Zucc.

药 材 名　光叶山矾。

药用部位　根、叶。

功效主治　止血生肌，和肝健脾；治外伤出血，吐血，咯血，疮疖，痞积。

化学成分　二氢查耳酮菊糖苷等。

黄牛奶树（山矾科）

Symplocos laurina (Retz.) Wall.

药 材 名　黄牛奶树。

药用部位　根茎。

功效主治　清热，解表；治感冒身热，头昏口燥。

化学成分　5,4′-二羟基-7-甲氧基二氢黄酮、肌醇等。

光亮山矾（山矾科）

Symplocos lucida (Thunb.) Siebold et Zucc.

药 材 名　四川山矾、灰灰树。

药用部位　根、茎、叶。

功效主治　行水，定喘，清热解毒；治水湿胀满，咳嗽喘逆，火眼，疮癣。

化学成分　山矾脂素等。

日本白檀（山矾科）

Symplocos paniculata (Thunb.) Miq.

药 材 名　白檀。

药用部位　根、叶、花、种子。

功效主治　清热解毒，调气散结，祛风止痒；治乳腺炎，淋巴结炎。

化学成分　蒲公英赛醇、19-*α*-羟基-3-*O*-乙酰熊果酸等。

珠仔树（山矾科）

Symplocos racemosa Roxb.

药 材 名　山矾叶。

药用部位　叶。

功效主治　清热解毒，收敛止血；治久痢，风火赤眼，扁桃体炎，跌打损伤，中耳炎。

化学成分　Symploquinones A-C等。

老鼠矢（山矾科）

Symplocos stellaris Brand

药 材 名　老鼠矢。

药用部位　叶、根。

功效主治　活血，止血；治跌打损伤，内出血。

山矾（山矾科）

Symplocos sumuntia Buch. -Ham. ex D. Don

药 材 名　山矾叶、十里香。

药用部位　叶、根、花。

功效主治　叶：清热解毒，收敛止血；治久痢。根：清热利湿，祛风止痛；治黄疸。

微毛山矾（山矾科）

Symplocos wikstroemiifolia Hayata

药 材 名　微毛山矾。

药用部位　叶。

功效主治　清热解表，解毒除烦；治热病烦渴。

白背枫（马钱科）

Buddleja asiatica Lour.

药 材 名　狭叶醉鱼草。

药用部位　根、茎叶、果实。

功效主治　有小毒。根、茎叶：祛风化湿，行气活血；治头风，风湿痹痛。果实：驱虫消肿；治小儿蛔虫病。

化学成分　β-丁香烯氧化物、香茅醇等。

大叶醉鱼草（马钱科）

Buddleja davidii Franch.

药 材 名　酒药花、酒曲花、大蒙花。

药用部位　枝叶、根皮。

功效主治　有毒。祛风散寒，活血止痛，解毒杀虫；治风寒咳嗽、跌打损伤。

化学成分　醉鱼草素A、松柏醛、蛇菰脂醛素等。

醉鱼草（马钱科）

Buddleja lindleyana Fortune

药 材 名　醉鱼草、毒鱼草、公鸡尾。

药用部位　茎叶、花。

功效主治　有小毒。茎叶：祛风解毒；治痄腮。花：祛痰，截疟，解毒；治痟积，烫伤。

化学成分　醉色草苷等。

大序醉鱼草（马钱科）

Buddleja macrostachya Wall. ex Benth.

药 材 名　长穗醉鱼草、白叶子、羊巴巴叶。

药用部位　全草。

功效主治　祛风解毒，驱虫；治痄腮，痈肿，瘰疬，诸骨鲠咽等。

化学成分　毛蕊花苷、地黄苷、红景天苷等。

酒药花醉鱼草（马钱科）

Buddleja myriantha Diels

药 材 名　多花醉鱼草。

药用部位　花。

功效主治　清肝明目；治目赤涩痛。

密蒙花（马钱科）

Buddleja officinalis Maxim.

药 材 名　密蒙花。

药用部位　花蕾及其花序。

功效主治　有小毒。清热养肝，明目退翳；治目赤肿痛，多泪羞明，眼生翳膜。

化学成分　醉鱼草苷、刺槐素等。

灰莉（马钱科）

Fagraea ceilanica Thunb.

药 材 名　鲤鱼胆、灰刺木、箐黄果、小黄果。

药用部位　叶。

功效主治　消炎止痛；外用治伤口溃烂，感染。

蓬莱葛（马钱科）

Gardneria multiflora Makino

药 材 名　蓬莱葛。

药用部位　根、种子。

功效主治　祛风通络，止血；治风湿痹痛，创伤出血。

化学成分　蓬莱葛属碱、多花蓬莱葛胺等。

钩吻（马钱科）

Gelsemium elegans (Gardner et Champ.) Benth.

钩吻素子

药 材 名 断肠草、大茶药、钩吻。

药用部位 根、茎。

生　　境 野生，生于500～2 000米的山地。

采收加工 全年可采，除去须根及泥沙，洗净，干燥。

药材性状 茎呈圆柱形，具深纵沟及横裂隙；幼茎具细皱纹及皮孔。节稍膨大，可见叶柄痕。断面不整齐，具放射状纹理，密布细孔，髓部褐色或中空。

性味归经 辛、苦，温。归脾、胃、大肠、肝经。

功效主治 消肿拔毒，祛风止痛，杀虫止痒；治痈肿，瘰疬，肿瘤，跌打损伤，湿疹。

化学成分 钩吻素子、胡蔓藤碱乙等。

核心产区 广东、广西、福建、浙江、云南、贵州等。

用法用量 外用：适量，或捣敷，或研末调敷，或煎水洗，或烟熏。

本草溯源 《神农本草经》《本草纲目》。

附　　注 根、茎、叶均有强烈毒性（钩吻素子、钩吻素寅）。

牛眼马钱（马钱科）

Strychnos angustiflora Benth.

药 材 名　牛眼马钱。

药用部位　种子。

功效主治　有大毒。通经活络，消肿止痛；治风湿痹痛，手足麻木，半身不遂。

化学成分　番木鳖碱（士的宁）、马钱子碱等。

华马钱（马钱科）

Strychnos cathayensis Merr.

药 材 名　华马钱。

药用部位　根。

功效主治　有大毒。祛风除湿，利水消肿；治风寒湿痹，寒湿水肿。

化学成分　戴氏马钱碱、11-甲氧基戴氏马钱碱、亨氏马钱醇碱等。

毛柱马钱（马钱科）

Strychnos nitida G. Don

药 材 名　马钱子、番木鳖、麻登（傣药）。

药用部位　果实。

功效主治　有大毒。使人强壮兴奋，益脑健胃，通血脉；治手足麻木，半身不遂，拘挛，癫痫，咽喉炎。

化学成分　士的宁、马钱子碱、坎特莱因碱等。

马钱子（马钱科）

Strychnos nux-vomica L.

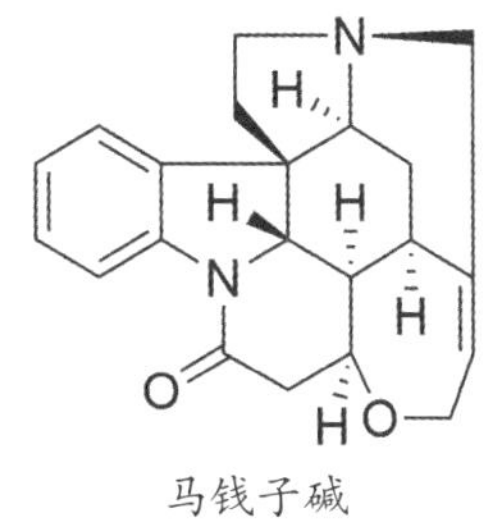

马钱子碱

药 材 名 马钱子、番木鳖、苦实把豆儿等。

药用部位 成熟种子。

生　　境 栽培或野生，半山坡凹地、山谷湿处或杂木林树丛中。

采收加工 冬季采收成熟果实，取出种子，晒干。

药材性状 纽扣状圆板形，常一面隆起，一面稍凹下，直径1.5～3厘米，厚0.3～0.6厘米。表面密被灰棕色或灰绿色绢状茸毛，自中间向四周呈辐射状排列，有丝样光泽。边缘稍隆起，较厚，有突起的珠孔，底面中心有凸起的圆点状种脐。质坚硬，平行剖面可见淡黄白色胚乳，角质状，子叶心形，叶脉5～7条。气微，味极苦。

性味归经 苦、温。归肝、脾经。

功效主治 通络止痛，散结消肿；治跌打损伤，骨折肿痛等。

化学成分 马钱子碱、士的宁、异马钱子碱等。

核心产区 印度、越南、缅甸、泰国、斯里兰卡。我国广东、海南、福建、广西、台湾、云南南部等地有栽培。

用法用量 0.3～0.6克，入丸散用。

本草溯源 《本草蒙筌》《本草纲目》《本草原始》《本草汇言》《神农本草经疏》《本草汇笺》《本经逢原》《本草从新》《本草求真》。

附　　注 种子（马钱子）有大毒（士的宁和马钱子碱）；孕妇禁用；不宜多服、久服及生用；运动员慎用；有毒成分能经皮肤吸收，外用不宜大面积涂敷。

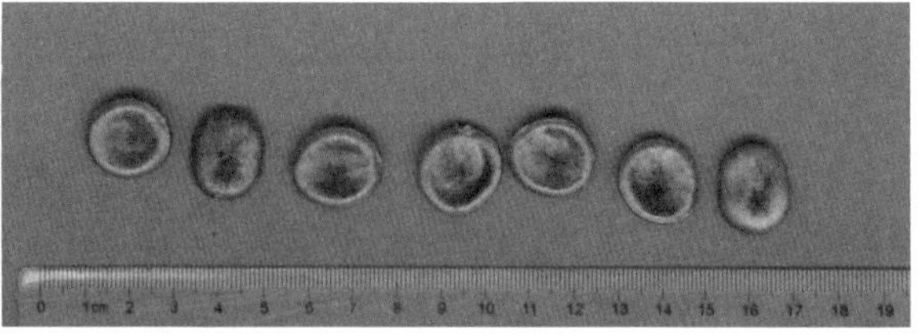

白蜡树（木樨科）

Fraxinus chinensis Roxb.

药 材 名　白蜡树、秦皮、梣木。

药用部位　树皮。

功效主治　清热燥湿，收涩，明目；治热痢，泄泻，赤白带下，目赤肿痛。

化学成分　栗树皮苷、马栗树皮素等。

锈毛梣（木樨科）

Fraxinus ferruginea Lingelsh.

药 材 名　跳皮树、锈毛白枪杆、埋嘎给（傣药）。

药用部位　树皮、叶。

功效主治　收敛，消炎；治顽固性腹泻，痢疾，蛔虫病。

白枪杆（木樨科）

Fraxinus malacophylla Hemsl.

药 材 名　根根药、铁股路、大皮药。

药用部位　根皮。

功效主治　清热，利尿，通便；治膀胱炎，膀胱结石，小便不利，便秘，疟疾。

化学成分　咖啡酸甲酯、红景天苷、3,4-二羟基苯乙醇苷、对羟基苯乙醇、齐墩果酸等。

丛林素馨（木樨科）

Jasminum duclouxii (H. Lév.) Rehder

药 材 名　野素馨、杜氏素馨、夹竹桃叶素馨。

药用部位　根。

功效主治　清热明目，理气止痛；治眼睑肿，腹痛。

扭肚藤（木樨科）

Jasminum elongatum (P. J. Bergius) Willd.

药 材 名　扭肚藤、白花茶、青藤。

药用部位　嫩茎叶。

功效主治　清热，利湿；治湿热腹痛，肠炎，痢疾，四肢麻痹肿痛，疥疮。

化学成分　异香草酸、阿魏酸、咖啡酸甲酯等。

素馨花（木樨科）

Jasminum grandiflorum L.

药 材 名　素馨花、大花素馨花。

药用部位　花。

功效主治　疏肝解郁，行气止痛；治肝郁气痛，肝炎，肝区疼痛，胸胁不舒，心胃气痛，痢疾腹痛。

矮探春（木樨科）

Jasminum humile L.

药 材 名　败火草、常春、小黄素馨。

药用部位　叶。

功效主治　生肌敛疮，清热解毒；治水火烫伤，金疮刀伤。

清香藤（木樨科）

Jasminum lanceolaria Roxb.

药 材 名　清香藤、破骨风、破膝风。

药用部位　根、茎叶。

功效主治　祛风除湿，凉血解毒；治风湿痹痛，跌打损伤，头痛，外伤出血。

化学成分　Vanilloloside、E-松柏苷等。

桂叶素馨（木樨科）

Jasminum laurifolium Roxb. var. **brachylobum** Kurz

药 材 名　桂叶素馨、岭南茉莉、芽赛盖（傣药）。

药用部位　全株。

功效主治　清热解毒，消炎利尿，消肿散瘀；治痢疾，尿路感染，膀胱炎，尿道炎，肾炎性水肿，跌打损伤，扭挫伤。

野迎春（木樨科）

Jasminum mesnyi Hance

药 材 名　野迎春、云南黄素馨、黄素馨。

药用部位　花。

功效主治　解毒消肿，止血，止痛；治跌打损伤，外伤出血，口腔炎，痈疖肿毒，外阴瘙痒。

青藤仔（木樨科）

Jasminum nervosum Lour.

药 材 名　青藤子、牛腿虱、鸡香骨。

药用部位　茎、叶、花。

功效主治　清湿热，拔脓生肌；治痢疾，劳伤腰痛，疮疡脓肿，疮疡溃烂。

化学成分　蒲公英赛醇、白桦脂醇等。

迎春花（木樨科）

Jasminum nudiflorum Lindl.

药 材 名　迎春花、金腰带花、清明花。

药用部位　花。

功效主治　清热解毒，活血消肿；治发热头痛，咽喉肿痛，小便热痛，恶疮肿毒，跌打损伤。

化学成分　迎春花苷、jasnudiflosides A-E 等。

厚叶素馨（木樨科）

Jasminum pentaneurum Hand.-Mazz.

药 材 名　厚叶素馨、鲫鱼胆。

药用部位　全株。

功效主治　祛瘀解毒；治跌打损伤，喉痛，口疮，疮疖，蛇咬伤。

化学成分　香草醛、松柏醛、4-羟基苯乙基乙酸酯等。

茉莉花（木樨科）

Jasminum sambac (L.) Aiton

OH

芳樟醇

药 材 名 茉莉花、茉莉。

药用部位 花。

生　　境 栽培，生于温暖、湿润且富含腐殖质、排水良好的砂质土壤。

采收加工 夏季花初开时采收，立即晒干或烘干。

药材性状 花多呈扁缩团状，花萼管状，花瓣展平后呈椭圆形，黄棕色至棕褐色，表面光滑无毛，基部连合成管状。质脆。气芳香，味涩。

性味归经 辛、微甘，温。归脾、胃、肝经。

功效主治 理气止痛，辟秽开郁；治湿浊中阻，胸膈不舒，泻痢腹痛，头晕头痛，目赤，疮毒。

化学成分 芳樟醇、香叶醇、香叶醛、乙酸苄酯、水杨酸甲酯、6-甲基-5-庚烯-2-酮等。

核心产区 广西（横州）、福建（福州）、四川（犍为）和云南（元江），其中广西横州为核心、主导产区。

用法用量 内服：煎汤，3～10克；或代茶饮。外用：适量，煎水洗目或菜油浸滴耳。

本草溯源 《本草纲目》《中华本草》。

附　　注 茉莉花原产于印度热带，秦汉时期即已通过多条路线传入我国，挥发性成分的组成构成了茉莉花的特有香气，茉莉花是香料工业的重要原料，也是制作茉莉花茶的原料。

华素馨（木樨科）

Jasminum sinense Hemsl.

药 材 名　华素馨、华清香藤。

药用部位　全株。

功效主治　清热解毒；治疮疡肿毒，金属或竹木刺伤。

日本女贞（木樨科）

Ligustrum amamianum Koidz.

药 材 名　苦茶叶、小白蜡、苦味散。

药用部位　全株。

功效主治　清肝火，解热毒；治头目眩晕，火眼，口疳，齿匿，无名肿毒。

长叶女贞（木樨科）

Ligustrum compactum (Wall. ex G. Don) Hook. f. et Thomson ex Decne

药 材 名　长叶女贞。

药用部位　树皮、叶、种子。

功效主治　树皮：强筋健骨；治腰膝酸痛，两脚无力，水火烫伤。叶：清热明目，解毒散瘀，消肿止咳；治头目昏痛，风热赤眼，口舌生疮，牙龈肿痛，水火烫伤等。种子：滋阴补血；治肝肾亏虚。

女贞（木樨科）

Ligustrum lucidum W. T. Aiton

女贞苷

药 材 名　女贞子、冬青子、白蜡树子。

药用部位　成熟果实。

生　　境　生于温暖潮湿的地区或山坡向阳处。

采收加工　冬季果实成熟时采收，除去枝叶，稍蒸或置沸水中略烫后，干燥；或直接干燥。

药材性状　呈卵形、椭圆形或肾形，表面黑紫色或灰黑色，皱缩不平，基部有果梗痕或具宿萼及短梗。体轻。外果皮薄；中果皮较松软，易剥离；内果皮木质，黄棕色。

性味归经　甘、苦，凉。归肝、肾经。

功效主治　滋补肝肾，明目乌发；治眩晕耳鸣，腰膝酸软，须发早白，目暗不明。

化学成分　齐墩果酸、乙酰齐墩果酸、*β*-谷甾醇、乙酰熊果酸、槲皮素、洋丁香酚苷、女贞苷、新女贞子苷等三萜类。

核心产区　浙江、江苏、福建等地，南方各省均有分布。

用法用量　煎汤，6～12克。

本草溯源　《神农本草经》《新修本草》《经史证类备急本草》《本草纲目》《本草求真》。

附　　注　为可用于保健食品的中药。

小叶女贞（木樨科）

Ligustrum quihoui Carrière

药 材 名 小叶女贞、小叶冬青、小白蜡。

药用部位 根皮、叶、果。

功效主治 清热解毒；治小儿口腔炎，烧烫伤，黄水疮。

小蜡（木樨科）

Ligustrum sinense Lour.

药 材 名 山指甲、小蜡、板子茶。

药用部位 树皮、枝叶。

功效主治 清热利湿，解毒消肿；治感冒发热，肺热咳嗽，咽喉肿痛。

化学成分 牛尾蒿酮、(+)-花柏酸、表松脂醇等。

光萼小蜡（木樨科）

Ligustrum sinense Lour. var. **myrianthum** (Diels) Hofker

药 材 名 光萼小蜡。

药用部位 枝、叶。

功效主治 泻火解毒；治咽喉炎，口腔炎，痈肿疮毒，跌打损伤，烫伤。

夜花（木樨科）

Nyctanthes arbor-tristis L.

药 材 名 夜花、沙板嘎（傣药）。

药用部位 茎、叶。

功效主治 祛风除湿，利水消肿，通气血，止痛；治风寒湿痹证，肢体关节酸痛，屈伸不利，水肿，产后恶露不尽。

木樨榄（木樨科）

Olea europaea L.

药 材 名　木犀榄、油橄榄、洋橄榄。

药用部位　果肉油。

功效主治　润肠通便，解毒敛疮；治肠燥便秘，烫伤，高血压，冠心病。

化学成分　羟基酪醇、牻牛儿基牻牛儿醇等。

木樨（木樨科）

Osmanthus fragrans (Thunb.) Lour.

药 材 名　桂花、金桂、银桂。

药用部位　花、果实、根。

功效主治　花：散寒破结，化痰止咳；治牙痛，咳喘痰多，经闭腹痛。果实：暖胃，平肝，散寒；治虚寒胃痛。根：祛风湿散寒；治风湿筋骨疼痛，腰痛，肾虚牙痛。

化学成分　γ-癸酸内酯、α-紫罗兰酮、β-紫罗兰酮等。

牛矢果（木樨科）

Osmanthus matsumuranus Hayata

药 材 名　牛矢果。

药用部位　叶、树皮。

功效主治　解毒，排脓，消痈；治痈疮。

云南香花藤（夹竹桃科）

Aganosma cymosa (Roxb.) G. Don

药 材 名　云南香花藤、老鼠牛角。

药用部位　根、叶。

功效主治　利水消肿；治水肿。

海南香花藤（夹竹桃科）

Aganosma schlechteriana H. Lév.

药 材 名　海南香花藤。

药用部位　叶。

功效主治　消炎，止痒；治皮肤病。

软枝黄蝉（夹竹桃科）

Allamanda cathartica L.

药 材 名　黄莺。

药用部位　茎叶。

功效主治　有毒。泻下导滞；治便秘。

化学成分　黄蝉花定、黄蝉花辛、黄蝉花素。

黄蝉（夹竹桃科）

Allamanda schottii Pohl

药 材 名　黄蝉。

药用部位　茎叶。

功效主治　消肿，杀虫；治疥癞，灭孑孓。

大叶糖胶树（夹竹桃科）

Alstonia macrophylla Wall. ex G. Don

药 材 名　大叶糖胶树。

药用部位　树皮。

功效主治　散寒止痛。

化学成分　二甲氧基鸡骨常山叶碱、大叶糖胶树定碱、鸡骨常山叶碱、大叶糖胶碱等。

糖胶树（夹竹桃科）

Alstonia scholaris (L.) R. Br.

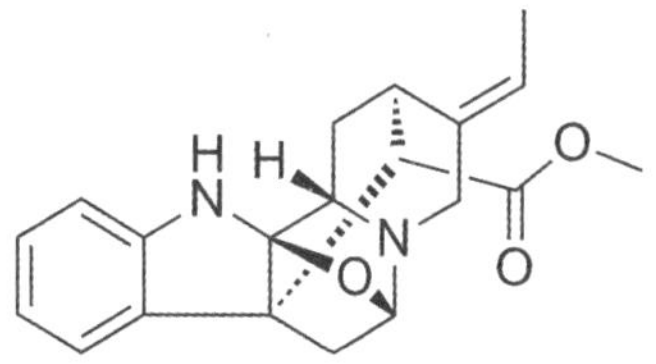

鸭脚树叶碱

药 材 名 糖胶树、面条树、灯台树。

药用部位 茎木。

生　　境 野生或栽培，生于海拔650米以下的低丘陵山地疏林中、路旁或水沟边。

采收加工 秋冬季采伐，削去皮部，切片，干燥。

药材性状 产地加工成块状或片状。未切片的茎呈长圆柱形或纵剖块状，有刀削痕。

性味归经 淡、微涩，平。归脾、肺经。

功效主治 祛风通血，消肿止痛，解毒安胎，止咳化痰；治风盛所致的头目昏痛，风湿病肢体肿胀疼痛，孕期体弱多病，妊娠呕吐等。

化学成分 鸭脚树叶碱、灯台树次碱及拉兹马宁碱等。

核心产区 云南、广西、广东。

用法用量 内服：9～12克。外用：适量，鲜叶捣烂敷患处。

本草溯源 《全国中草药汇编》《中华本草》。

附　　注 有毒。

筋藤（夹竹桃科）

Alyxia levinei Merr.

药 材 名　筋藤。

药用部位　全株。

功效主治　祛风除湿，活血止痛；治风湿痹痛，腰痛，胃痛。

化学成分　齐墩果酸、白桦脂醇、β-谷甾醇等。

链珠藤（夹竹桃科）

Alyxia sinensis Champ. ex Benth.

药 材 名　链珠藤、瓜子藤、念珠藤。

药用部位　根、全株。

功效主治　有小毒。祛风除湿，活血止痛；治风湿痹痛，血瘀经闭，胃痛，跌打损伤。

化学成分　鹅掌楸苷、白瑞素、七叶素等。

毛车藤（夹竹桃科）

Amalocalyx microlobus Pierre

药 材 名　毛车藤、酸果藤、麻兴哈（傣药）。

药用部位　根。

功效主治　下乳；治产后乳汁不下，乳汁稀少。

化学成分　甾类等。

平脉藤（夹竹桃科）

Anodendron nervosum Kerr

药 材 名　勐腊大解药、解龙勐腊（傣药）。

药用部位　藤茎。

功效主治　清火解毒，祛风止痛，通气活血；治月子病，痛经，疔疮脓肿，食物中毒，动物咬伤。

清明花（夹竹桃科）

Beaumontia grandiflora Wall.

药 材 名　大清明花、炮弹果、沙保拢（傣药）。

药用部位　藤茎。

功效主治　祛风止痛，活血消肿，接骨续筋；治风湿痹痛，跌打损伤，疔疮脓肿，皮肤瘙痒。

化学成分　洋地黄毒苷、东莨菪苷、β-胡萝卜苷等。

思茅清明花（夹竹桃科）

Beaumontia murtonii Craib

药 材 名　思茅清明花、嘿沙保拢龙（傣药）。

药用部位　根、叶。

功效主治　祛风除湿，消肿止痛；治风湿，跌打损伤。

奶子藤（夹竹桃科）

Bousigonia mekongensis Pierre

药 材 名　奶子藤、嘿模龙（傣药）。

药用部位　藤茎。

功效主治　清热解毒，祛风止痒；治全身瘙痒，皮肤病。

化学成分　生物碱等。

假虎刺（夹竹桃科）

Carissa spinarum L.

药 材 名　刺郎果、黑奶奶果。

药用部位　根。

功效主治　清热解毒，祛风除湿，消炎止痛；治黄疸性肝炎，胃痛，风湿性关节痛，火眼，咽喉炎，牙周炎，淋巴结炎。

长春花（夹竹桃科）

Catharanthus roseus (L.) G. Don

长春花碱

药 材 名 长春花。

药用部位 全草。

生　　境 栽培，生于空旷地。

采收加工 当年9月下旬—10月上旬采收，选晴天收割地上部分，先切除植株茎部木质化硬茎，再切成长6厘米的小段，晒干。

药材性状 主根圆锥形，略弯曲。髓部中空。叶对生，基部楔形，深绿色或绿褐色，羽状脉明显；叶柄甚短。气微，味微甘、苦。

性味归经 苦，寒。归肝、肾经。

功效主治 解毒抗癌，清热平肝；治多种癌肿，高血压，痈肿疮毒，烫伤。

化学成分 长春花碱、长春新碱等。

核心产区 江西、福建、广东、广西、海南、云南、四川、山东等地。

用法用量 内服：煎汤，5～10克。外用：适量，捣敷；或研末调敷。

本草溯源 《中华本草》。

附　　注 汁液有毒（长春花碱等生物碱类）；具有确切的抗肿瘤活性，为保健食品禁用中药。

海杧果（夹竹桃科）

Cerbera manghas L.

药 材 名　海杧果、牛心茄子。

药用部位　树液、种仁。

功效主治　有毒。可做催吐、泻下剂；治心力衰竭。

化学成分　栀子醛、松柏醛、香草醛酸等。

鹿角藤（夹竹桃科）

Chonemorpha eriostylis Pit.

药 材 名　鹿角藤。

药用部位　茎。

功效主治　退黄；治黄疸。

长萼鹿角藤（夹竹桃科）

Chonemorpha megacalyx Pierre

药 材 名　藤仲、土杜仲、大杜仲。

药用部位　茎藤。

功效主治　有小毒。祛风通络，活血止痛；治风寒湿痹，腰膝冷痛，跌打损伤，外伤出血。

化学成分　C21甾体及甾体糖苷类等。

思茅藤（夹竹桃科）

Epigynum auritum (C. K. Schneid.) Tsiang et P. T. Li

药 材 名 思茅藤、嘿拢昆（傣药）。

药用部位 皮。

功效主治 消肿止痛；治跌打损伤。

化学成分 思茅藤苷、β-D-葡萄糖苷等。

狗牙花（夹竹桃科）

Ervatamia divaricata ‘Gouyahua’

药 材 名 狗牙花。

药用部位 根、叶。

功效主治 清热解毒，散结利咽，降血压，消肿止痛；治蛇咬伤，高血压，咽喉肿痛。

化学成分 冠牙花定碱、isovoacangine、伊菠胺等。

海南狗牙花（夹竹桃科）

Ervatamia hainanensis Tsiang

药 材 名 海南狗牙花、单根木。

药用部位 根、叶。

功效主治 有小毒。清热解毒，散结利咽，降压止痛；治毒蛇咬伤，高血压，风湿骨痛。

化学成分 冠牙花定碱、海尼山辣椒碱等。

伞房狗牙花（夹竹桃科）

Ervatamia kwangsiensis Tsiang

药 材 名 广西狗牙花、大驳骨、山狮子、伞房狗牙花。

药用部位 根皮、叶。

功效主治 活血散瘀；治跌打损伤，接骨。

化学成分 伏康京碱、乌苏酸、沃洛亭等。

药用狗牙花（夹竹桃科）

Ervatamia officinalis Tsiang

药 材 名　药用狗牙花。

药用部位　根。

功效主治　祛风解毒，降压止痛；治高血压，风湿骨痛，咽喉肿痛。

化学成分　19-*S*-海尼山辣椒碱、海尼山辣椒碱等。

止泻木（夹竹桃科）

Holarrhena antidysenterica (L.) Wall. ex A. DC.

药 材 名　止泻木皮、止泻木。

药用部位　树皮、种子。

功效主治　行气止痢，杀虫；治痢疾，胃肠胀气。

化学成分　锥丝碱、锥丝定、锥丝新等。

腰骨藤（夹竹桃科）

Ichnocarpus frutescens (L.) W. T. Aiton

药 材 名　腰骨藤、羊角藤、勾临链。

药用部位　种子。

功效主治　祛风除湿，通络止痛；治风湿腰痛，跌打损伤。

化学成分　3-*O*-甲基-D-吡喃葡萄糖、13-二十二烯酰胺、正十四碳烷等。

蕊木（夹竹桃科）

Kopsia arborea Blume

药 材 名 蕊木、柯蒲木、麻蒙嘎梭（傣药）。

药用部位 果实。

功效主治 祛风解毒，消肿排脓；治疗疮肿痛，痈疖肿痛，麻风病。

化学成分 吲哚类生物碱等。

云南蕊木（夹竹桃科）

Kopsia officinalis Tsiang et P. T. Li

药 材 名 梅桂、马蒙加锁（傣药）。

药用部位 果实、叶、树皮。

功效主治 果实、叶：消炎，止痛，舒筋活络；治咽喉炎，风湿骨痛，四肢麻木。树皮：治水肿。

化学成分 单萜吲哚生物碱等。

思茅山橙（夹竹桃科）

Melodinus cochinchinensis (Lour.) Merr.

药 材 名 长果山橙、岩山枝。

药用部位 果实。

功效主治 解热，镇痉，散瘀；治小儿高热，惊风抽搐，角弓反张，骨折，挫伤。

化学成分 β-谷甾醇、马钱苷等。

尖山橙（夹竹桃科）

Melodinus fusiformis Champ. ex Benth.

药材名　尖山橙、竹藤、乳汁藤。

药用部位　枝叶、全株。

功效主治　活血消肿，祛风除湿；治风湿痹痛，跌打损伤。

化学成分　攀援山橙碱、摩洛斯堪多灵碱等。

山橙（夹竹桃科）

Melodinus suaveolens (Hance) Champ. ex Benth.

药材名　山橙、山橙叶。

药用部位　果实、叶。

功效主治　有小毒。行气止痛，消积化痰；治消化不良，小儿疳积，腹痛，咳嗽痰多。

化学成分　Melosuavine F、阿枯米定碱、科罗索酸、伞形花内酯等。

夹竹桃（夹竹桃科）

Nerium oleander L.

药材名　夹竹桃。

药用部位　叶及枝皮。

功效主治　有大毒。强心利尿，祛痰杀虫；治心力衰竭，癫痫。

化学成分　夹竹桃苷A、夹竹桃苷B、夹竹桃苷D、夹竹桃苷F、夹竹桃苷G等。

长节珠（夹竹桃科）

Parameria laevigata (Juss.) Moldenke

药材名　金丝藤仲、金丝杜仲、嘿当杜(傣药)。

药用部位　藤茎。

功效主治　壮腰健肾，接骨续筋，活血消肿，止痛止血；治肾虚腰痛，风湿痹痛，跌打损伤，骨折。

化学成分　原花色素类等。

鸡蛋花（夹竹桃科）

Plumeria rubra ‘Acutifolia’

OH

金合欢醇

药 材 名 鸡蛋花、缅栀子、蛋黄花。

药用部位 花朵或茎皮。

生　　境 阳性树种，性喜高温，生于湿润和阳光充足的环境。

采收加工 夏、秋季当花盛开时采收。摘取花朵或捡拾落地花朵，晒干或鲜用。

药材性状 皱缩，上部黄白色，下部棕黄色，由5片旋转排列的花瓣组成。花瓣倒卵形，下部合生成细管状，内有雄蕊5枚，花丝极短，有时可见小的卵状子房。气香，味清淡稍苦。

性味归经 甘、微苦，凉。归肺、大肠经。

功效主治 清热解暑，清肠止泻，止咳化痰；治中暑，咳嗽，腹泻，细菌性痢疾，消化不良，小儿疳积，传染性肝炎，支气管炎等。

化学成分 金合欢醇、β-谷甾醇、α-香树脂醇、β-香树脂醇等。

核心产区 原产于墨西哥，已广植于亚洲热带及亚热带地区。中国广东、广西、云南、福建等省区有栽培，在云南南部山中有逸为野生的品种。

用法用量 内服：煎汤，花5～10克，茎皮10～15克。外用：适量，捣敷。

本草溯源 《岭南采药录》《中华本草》《中药大辞典》。

附　　注 鸡蛋花的花色有多种，如红紫色、鲜红、白色或黄色，但药用的只有黄花鸡蛋花，广东、广西民间常采其花晒干泡茶饮，为广东凉茶工业的主要原料之一。凡暑湿兼寒，寒湿泻泄，肺寒咳嗽者慎用。

帘子藤（夹竹桃科）

Pottsia laxiflora (Blume) Kuntze

药 材 名　帘子藤、花拐藤。

药用部位　根、茎、乳汁。

功效主治　祛风除湿，活血通络；治风湿痹痛，跌打损伤，妇女闭经。

化学成分　臭矢菜素D、(+)-南烛木树脂酚、(-)-地芰普内酯等。

阔叶萝芙木（夹竹桃科）

Rauvolfia latifrons Tsiang

药 材 名　阔叶萝芙木、风湿木。

药用部位　根、茎。

功效主治　有小毒。祛风活血；治风湿，骨折。

霹雳萝芙木（夹竹桃科）

Rauvolfia perakensis King et Gamble

药 材 名　萝芙木。

药用部位　根。

功效主治　清风热，降肝火，消肿毒；治感冒发热，咽喉肿痛，高血压所致头痛眩晕，痧症所致腹痛吐泻。

化学成分　生物碱等。

蛇根木（夹竹桃科）

Rauvolfia serpentina (L.) Benth. ex Kurz

西萝芙木碱

药 材 名　蛇根木。

药用部位　根、茎叶。

生　　境　野生或栽培，生于潮湿的山沟、坡地的疏林下或灌丛中。

采收加工　全年均可采，洗净，晒干。

药材性状　叶椭圆状披针形或倒卵形，先端短渐尖或急尖，基部狭楔形或渐尖，叶面中脉近扁平，叶背中脉凸出，侧脉10～12对，弧形上升至叶缘前网结。茎为麦秆色，具纵条纹，被稀疏皮孔。

性味归经　苦，凉。归肝经。

功效主治　降压；治高血压。民间用根茎皮叶做退热、抗癫、蛇虫咬伤药用。

化学成分　西萝芙木碱、阿吗碱、利血平等。

核心产区　云南南部。

用法用量　煎汤，9～15克。

本草溯源　《全国中草药汇编》《中华本草》。

苏门答腊萝芙木（夹竹桃科）

Rauvolfia sumatrana Jack

药 材 名　萝芙木。

药用部位　根。

功效主治　治肝经有热，头胀头痛，肝阳上亢，头晕目眩。

四叶萝芙木（夹竹桃科）

Rauvolfia tetraphylla L.

药 材 名　四叶萝芙木、异叶萝芙木。

药用部位　树汁。

功效主治　催吐，下泻，祛痢，利尿；治痢疾，水肿；还可做催吐剂。

化学成分　地舍平、利血平、育亨酸等。

萝芙木（夹竹桃科）

Rauvolfia verticillata (Lour.) Ball.

药 材 名 萝芙木。

药用部位 根。

生　　境 野生或栽培，生于低山区丘陵地或溪边的灌木丛及小树林中。

采收加工 秋冬采根，洗净泥土，切片晒干。

药材性状 干燥根呈圆锥形，支根为圆柱形，弯曲而略扭转，多有支根。质坚硬，折断面不平坦；微带芳香，味苦，皮部较木质部更苦。

性味归经 苦，寒；有小毒。归肺、脾、肝经。

功效主治 清风热，降肝火，消肿毒；治感冒发热，咽喉肿痛，高血压所致头痛眩晕，痧症所致腹痛吐泻，风痒疮疥。

化学成分 利血平等。

核心产区 美洲、非洲、亚洲及大洋洲各岛屿。我国云南、海南、广西和广东有野生种群。

用法用量 内服：煎汤，10～30克。外用：适量，捣敷。

本草溯源 《中华本草》《中药大辞典》。

附　　注 印度是最早研究萝芙木属植物蛇根木药用价值的国家，也是最早发现蛇根木生物碱治疗高血压的国家。20世纪50～60年代，中国和印度发生边界争端，印度禁止该药物销往中国。我国科技工作者根据“同一属的植物含有的化学成分相近”的原理，组织了萝芙木类植物资源调查研究工作，寻找蛇根木及其替代品。1957年发表了系列萝芙木文章，并分别从云南、广东、广西、海南等地找到了萝芙木属蛇根木的另一种植物——萝芙木。1958年经卫生部鉴定，批准生产了我国第一种降压药——降压灵（中国萝芙木总碱）。

利血平

药用萝芙木（夹竹桃科）

Rauvolfia verticillata (Lour.) Ball. var. **officinalis** Tsiang

药 材 名 萝芙木、木奎宁树。

药用部位 全株。

功效主治 清热，降压，宁神；治伤寒，疟疾，感冒，头痛，胃痛，咳嗽，肚痛，蛇咬伤。

化学成分 利血平等。

海南萝芙木（夹竹桃科）

Rauvolfia verticillata (Lour.) Ball. var. **hainanensis** Tsiang

药 材 名 海南萝芙木。

药用部位 根、茎和叶。

功效主治 镇静安神，解郁降压；治高血压，带下，淋浊，月经不调。

化学成分 双斯配加春、维洛斯明碱、斯配加春等。

催吐萝芙木（夹竹桃科）

Rauvolfia vomitoria Afzel.

利血平

药 材 名　催吐萝芙木。

药用部位　根、茎、叶。

生　　境　野生或栽培，生长于海拔60米左右环境。

采收加工　种植后2～3年收获。1—3月采挖，将根砍成一段，晒干、包装，即时送工厂提制，存放半年利血平含量降低一半。

药材性状　圆柱形，表面黄褐色，多数根的外表松软，切开后可见黄色皮部或黄白色木部。质坚，折断面平坦。味苦。

性味归经　苦，寒。归肺、肝、脾、胃四经。

功效主治　清肝火，泻热毒，消炎，止痛。根：可提取利血平生物碱，治高血压；并可提制呕吐下泻药物。茎皮：治高热，消化不良，疥癣。

化学成分　利血平、催吐萝芙木碱等。

用法用量　煎汤，0.3～0.6克。

核心产区　原产热带非洲，云南（西双版纳）、广东、广西引种栽培。

本草溯源　《全国中草药汇编》。

附　　注　有毒。

云南萝芙木（夹竹桃科）

Rauvolfia yunnanensis Tsiang

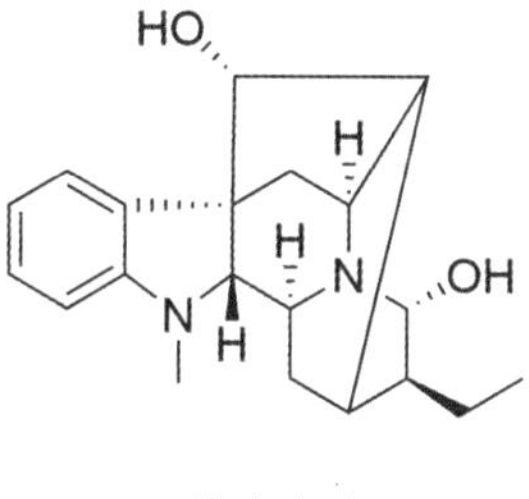

西萝芙木碱

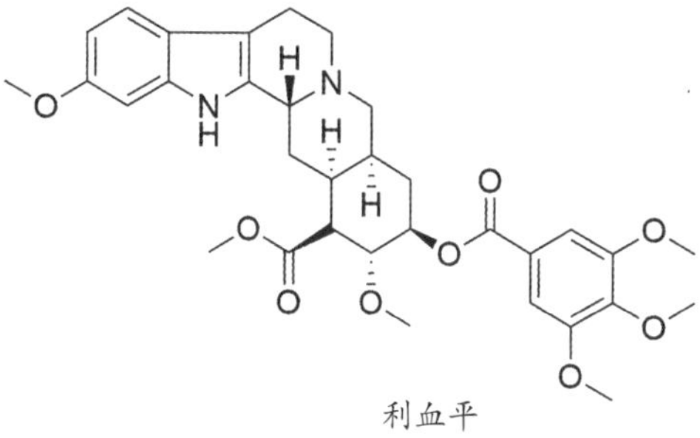

利血平

药 材 名　萝芙木。

药用部位　根。

生　　境　野生或栽培，生于海拔900～1 300米山地灌丛中、山坡密林荫处或溪边潮湿肥沃处。

采收加工　野生品全年可采；栽培品于定植后2～3年的10—11月采挖，将根挖出，洗净，砍成10～16厘米长段，晒干备用。

药材性状　圆柱形，略弯曲；表面发黄，灰棕色，根外表松软，易呈裂片状，剥落后可见黄色皮部或黄色木部。质坚脆，折断面较平坦。味苦。

性味归经　苦，寒。入水塔。

功效主治　镇静，降压，活血止痛，清热解毒；治高血压，头痛，眩晕，失眠，高热不退；外用治跌打损伤，毒蛇咬伤。

化学成分　利血平、西萝芙木碱等。

核心产区　云南（德宏、西双版纳、普洱、西畴、屏边）。

本草溯源　《中华本草》。

附　　注　有小毒。

羊角拗（夹竹桃科）

Strophanthus divaricatus (Lour.) Hook. et Arn.

药 材 名　羊角拗子、羊角扭花、羊角拗。

药用部位　种子、种子的丝状绒毛、根或茎叶。

功效主治　有大毒。强心消肿，止痛，止痒，杀虫；治风湿关节肿痛，小儿麻痹后遗症。

化学成分　羊角拗苷、羊角拗异苷、西诺苷等。

箭毒羊角拗（夹竹桃科）

Strophanthus hispidus DC.

药 材 名　羊角树。

药用部位　种子。

功效主治　有毒。强心利尿；治充血性心力衰竭。

云南羊角拗（夹竹桃科）

Strophanthus wallichii A. DC.

药 材 名　云南羊角拗。

药用部位　种子。

功效主治　有毒。强心，利尿，消肿；治血管硬化，心力衰竭。

黄花夹竹桃（夹竹桃科）

Thevetia peruviana (Pers.) K. Schum.

药 材 名　黄花夹竹桃。

药用部位　果仁、叶。

功效主治　有大毒。强心消肿，止痛；治各种心脏病引起的心力衰竭，阵发性心房纤颤。

化学成分　黄花夹竹桃新苷A-G等。

紫花络石（夹竹桃科）

Trachelospermum axillare Hook. f.

药 材 名　紫花络石。

药用部位　茎藤和茎皮。

功效主治　有大毒。祛风解表，活络止痛，降血压；治感冒头痛，咳嗽，支气管炎。

化学成分　牛蒡子苷元、络石苷元等。

络石（夹竹桃科）

Trachelospermum jasminoides (Lindl.) Lem.

络石苷

药 材 名 络石藤、过墙风、爬墙虎。

药用部位 带叶藤茎。

生　　境 野生，常攀缘附生于石上、墙上或其他植物上。

采收加工 冬季至次春采割，除去杂质，晒干。

药材性状 茎圆柱形，多分枝，表面红褐色，有点状皮孔和不定根；断面淡黄白色，常中空。叶对生，略反卷，革质。气微，味微苦。

性味归经 苦，微寒。归心、肝、肾经。

功效主治 祛风通络，凉血消肿；治风湿热痹，筋脉拘挛，腰膝酸痛，喉痹，痈肿，跌打损伤。

化学成分 络石苷、牛蒡子苷、去甲络石苷、去甲络石苷元、络石苷元等。

核心产区 河南、安徽、湖北、山东、江苏、广东、广西和四川等地。

用法用量 煎汤，6～12克。

本草溯源 《吴普本草》《新修本草》《蜀本草》《神农本草经疏》《植物名实图考》。

石血（夹竹桃科）

Trachelospermum jasminoides (Lindl.) Lem. var. **heterophyllum** Tsiang

药 材 名 石血。

药用部位 带叶藤茎。

功效主治 有小毒。祛风止痛，通经络，利关节；治风湿骨痛，腰膝酸痛，跌打损伤。

化学成分 牛蒡子-4′-*O*-*β*-龙胆二糖苷、络石苷、*β*-络石苷等。

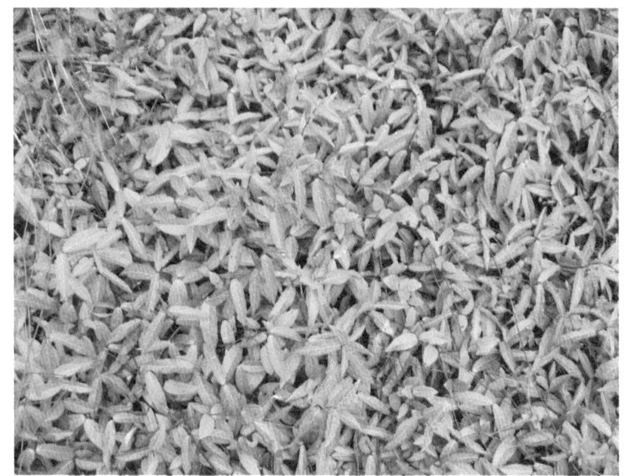

毛杜仲藤（夹竹桃科）

Urceola huaitingii (Chun et Tsiang) D. J. Middleton

药 材 名 杜仲藤、杜仲藤叶。

药用部位 茎皮、根皮、叶。

功效主治 有小毒。祛风活络，强筋骨；治风湿痹痛，腰肌劳损，腰腿痛，外伤出血。

化学成分 大黄素甲醚、延胡索酸、龙胆酸甲酯等。

杜仲胶藤（夹竹桃科）

Urceola micrantha (Wall. ex G. Don) D. J. Middleton

药 材 名 花皮胶藤、花杜仲藤。

药用部位 树皮。

功效主治 祛风活血，强筋骨，健腰膝；治风湿痹痛，腰膝痿软，四肢无力。

华南杜仲藤（夹竹桃科）

Urceola quintaretii (Pierre) D. J. Middleton

药 材 名 红杜仲藤。

药用部位 茎皮、根皮、叶。

功效主治 祛风活络，补腰肾，强筋骨；治肾虚腰痛，扭伤，骨折，风湿。

化学成分 Urceoloids A、urceoloids B等。

酸叶胶藤（夹竹桃科）

Urceola rosea (Hook. et Arn.) D. J. Middleton

药 材 名 酸叶胶藤、红背酸藤。

药用部位 全株、根、叶。

功效主治 利尿消肿，止痛；治咽喉肿痛，慢性肾炎，风湿骨痛，跌打瘀肿。

化学成分 α-香树素、三出蜜茱萸素、阿亚黄素等。

非洲马铃果（夹竹桃科）

Voacanga africana Stapf

药 材 名 非洲马铃果。

药用部位 全株。

功效主治 有小毒。治麻风病，痢疾，全身性水肿，小儿惊厥，癫证；可作为利尿剂。

化学成分 生物碱、挥发油、黄酮类、单宁类、类固醇类、萜类、强心苷类、皂苷类、蒽类等。

盆架树（夹竹桃科）

Winchia calophylla A. DC.

药 材 名　盆架树、小叶灯台、埋丁盖（傣药）。

药用部位　茎皮、根、叶。

功效主治　有小毒。止咳平喘，祛风止痒，凉血止血；治咳嗽，哮喘，荨麻疹，斑疹瘙痒，外伤出血。

化学成分　生物碱类、萜类、缩醛、糖、糖苷和酚类等。

胭木（夹竹桃科）

Wrightia arborea (Dennst.) Mabb.

药 材 名　胭木、大果止泻木、埋檬龙（傣药）。

药用部位　根、皮、叶。

功效主治　解毒消肿，止泻止痢；治蛇咬伤，腹痛，腹泻。

化学成分　锥丝枯碱、锥丝定、止泻木碱等。

蓝树（夹竹桃科）

Wrightia laevis Hook. f.

药 材 名　蓝树、大蓝靛、米木。

药用部位　根、叶和树皮。

功效主治　有小毒。止血，散瘀消肿；治刀伤，跌打损伤。

倒吊笔（夹竹桃科）

Wrightia pubescens R. Br.

药 材 名 倒吊笔叶、倒吊笔。

药用部位 叶、根、根皮。

功效主治 祛风利湿，化痰散结；治风湿性关节炎，腰腿痛。

化学成分 尿嘧啶、尿囊素、染料木苷等。

马利筋（萝藦科）

Asclepias curassavica L.

药 材 名 马利筋、莲生桂子花、莲生桂子草根。

药用部位 全草、根。

功效主治 有小毒。消炎止痛，止血；治乳腺炎，痈疖，痛经；外用治刀伤，湿疹。

化学成分 Neophytadiene、软脂酸、油酸等。

牛角瓜（萝藦科）

Calotropis gigantea (L.) W. T. Aiton

药 材 名 牛角瓜。

药用部位 叶。

功效主治 有毒。祛痰定喘；治哮喘，百日咳，支气管炎。

化学成分 乌斯卡定、牛角瓜苷、异牛角瓜苷等。

圆果牛角瓜（萝藦科）

Calotropis procera (Aiton) W. T. Aiton

药 材 名　白花牛角瓜、狗仔花、埋榛敏（傣药）。

药用部位　叶。

功效主治　祛痰定喘；治哮喘，皮癣，梅毒。

化学成分　甾体类等。

吊灯花（萝藦科）

Ceropegia trichantha Hemsl.

药 材 名　吊灯花、对叶林根。

药用部位　全草或根。

功效主治　杀虫；治癞癣，蛔虫病。

白薇（萝藦科）

Cynanchum atratum Bunge

药 材 名　白薇。

药用部位　根及根茎。

功效主治　有小毒。清热，利尿，凉血；治阴虚潮热，热病后期低热不退，尿路感染。

化学成分　白前苷A、白前苷H、白薇苷A等。

牛皮消（萝藦科）

Cynanchum auriculatum Royle ex Wight

药 材 名　牛皮消、飞来鹤。

药用部位　根或全草。

功效主治　补肝肾，益精血，强筋骨，止心痛；治头昏眼花，失眠健忘，腰膝酸软。

化学成分　白首乌苷C等。

蔓剪草（萝藦科）

Cynanchum chekiangense M. Cheng

药 材 名　蔓剪草。

药用部位　根。

功效主治　理气健胃，活血散瘀；治跌打损伤，疥疮。

化学成分　Chekiangensosides A、chekiangensosides B等。

刺瓜（萝藦科）

Cynanchum corymbosum Wight

药 材 名　刺瓜。

药用部位　全草或果实。

功效主治　益气，催乳，解毒；治乳汁不足，神经衰弱，慢性肾炎，睾丸炎。

白前（萝藦科）

Cynanchum glaucescens (Decne.) Hand.-Mazz.

药 材 名　白前。

药用部位　根、根茎。

功效主治　清肺化痰，止咳平喘；治感冒咳嗽，支气管炎，气喘，水肿，肝炎。

化学成分　白前皂苷A-K及白前新皂苷A、白前新皂苷B等。

毛白前（萝藦科）

Cynanchum mooreanum Hemsl.

药 材 名　毛白前、毛白薇。

药用部位　根。

功效主治　清虚热，调肠胃；治体虚发热，腹痛腹泻，小儿疳积。

化学成分　徐长卿苷A、徐长卿苷C、hirundoside A等。

徐长卿（萝藦科）

Cynanchum paniculatum (Bunge) Kitagawa ex Hara

药 材 名　徐长卿。

药用部位　根、根茎、带根全草。

功效主治　有毒。消肿解毒，通经活络；治风湿性关节痛，腰痛，胃痛，跌打损伤。

化学成分　丹皮酚、徐长卿苷A-C、新徐长卿苷A等。

柳叶白前（萝藦科）

Cynanchum stauntonii (Decne.) Schltr. ex H. Lév.

药 材 名 白前。

药用部位 根、根茎。

功效主治 清肺化痰，止咳平喘；治感冒咳嗽，肝炎。

化学成分 丁香脂素、白首乌二苯酮、对羟基苯乙酮等。

变色白前（萝藦科）

Cynanchum versicolor Bunge

药 材 名 半蔓白薇、白花牛皮消。

药用部位 根、根茎。

功效主治 解热利尿；治肺结核虚痨热，浮肿，淋痛。

化学成分 隔山消苷、没食子酸、原儿茶酸、鞣花酸对苯醌、挥发油等。

马兰藤（萝藦科）

Dischidanthus urceolatus (Decne.) Tsiang

药 材 名 马兰藤。

药用部位 全株。

功效主治 活血止痛，通乳止崩；治咽喉炎，风湿腰痛，肾虚腰痛，跌打损伤。

眼树莲（萝藦科）

Dischidia chinensis Champ. ex Benth.

药 材 名　眼树莲、上树憋。

药用部位　全株。

功效主治　清肺化痰，凉血解毒；治肺结核，支气管炎，百日咳，咳血，痢疾。

化学成分　3-表木栓醇、羽扇豆醇、β-香树素等。

圆叶眼树莲（萝藦科）

Dischidia nummularia R. Br.

药 材 名　小叶眼树莲。

药用部位　叶。

功效主治　清热凉血，养阴生津；治血热妄行的出血证如鼻衄，咯血，便血。

南山藤（萝藦科）

Dregea volubilis (L. f.) Benth. ex Hook. f.

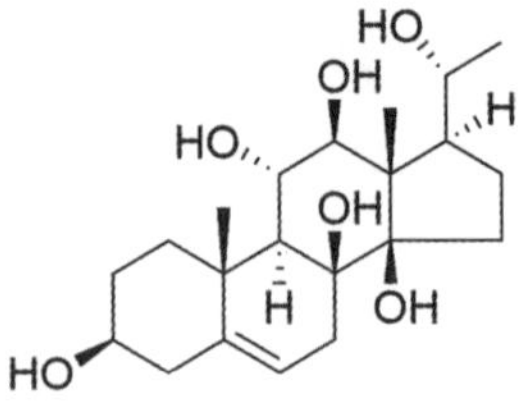

Marsectohexol

药 材 名　南山藤、苦藤。

药用部位　全株、根茎。

生　　境　栽培或野生，生于海拔500米以下的山地林中。

采收加工　全年均可采，切段晒干。

药材性状　表面无纵沟，断面有细微小孔，髓大，明显海绵状，味淡。

性味归经　辛、苦，凉。归肺、胃经。

功效主治　祛风，除湿，止痛，清热和胃；治感冒，风湿关节痛，腰痛，妊娠呕吐，食管癌，胃癌。

化学成分　Marsectohexol、*β*-D-黄夹吡喃糖基-(1→4)-*β*-D-磁麻吡喃糖基-(1→4)-*β*-D-阿洛吡喃糖苷等。

核心产区　云南、贵州、广东、广西、台湾、海南。

用法用量　煎汤，6～30克。

本草溯源　《新华本草纲要》。

钉头果（萝藦科）

Gomphocarpus fruticosus (L.) W.T. Aiton

药 材 名　气球唐棉、气球花。

药用部位　全株、茎、叶、乳汁。

功效主治　全株浸剂：治小儿胃肠病。茎：做催嚏剂。叶：治肺痨。乳汁：做灌肠剂。

化学成分　强心苷、钉头果苷、C21甾体苷等。

纤冠藤（萝藦科）

Gongronema nepalense (Wall.) Decne

药 材 名　纤冠藤、防己、入地龙。

药用部位　全株。

功效主治　祛风活络，通乳；治腰肌劳损，关节风痛，乳汁不下，子宫下垂。

天星藤（萝藦科）

Graphistemma pictum (Champ.) Benth. et Hook. f. ex Maxim.

药 材 名　天星藤、大奶藤。

药用部位　全株。

功效主治　接骨，催乳；治跌打损伤，骨折，乳汁不下。

匙羹藤（萝藦科）

Gymnema sylvestre (Retz.) R. Br. ex Schult.

药 材 名 匙羹藤。

药用部位 根、全株。

功效主治 清热解毒，祛风止痛；治风湿性关节痛，痈疖肿毒，毒蛇咬伤。

化学成分 灰毡毛忍冬皂苷甲、灰毡毛忍冬皂苷乙、朝藿定C等。

醉魂藤（萝藦科）

Heterostemma brownii Hayata

药 材 名 醉魂藤、野豇豆、老鸦摆。

药用部位 根。

功效主治 除湿，解毒，截疟；治风湿，脚气，疟疾，胎毒。

化学成分 醉魂藤碱A等。

催乳藤（萝藦科）

Heterostemma oblongifolium Costantin

药 材 名 催乳藤。

药用部位 全株。

功效主治 通乳；治乳汁不下。

球兰（萝藦科）

Hoya carnosa (L. f.) R. Br.

药 材 名　球兰、雪球花、金雪球。

药用部位　藤茎、叶。

功效主治　有小毒。清热解毒，祛风除湿；治流行性乙型脑炎，肺炎，支气管炎。

化学成分　球兰苷、球兰脂等。

护耳草（萝藦科）

Hoya fungii Merr.

药 材 名　护耳草、奶汁藤、打不死。

药用部位　全株。

功效主治　祛风，消肿镇痛；治风湿跌打，脾肿大，吐血，骨折。

琴叶球兰（萝藦科）

Hoya pandurata Tsiang

药 材 名　铁草鞋、豆瓣绿、岩浆草。

药用部位　叶。

功效主治　有小毒。接筋骨，活血祛瘀；治跌打损伤，骨折，刀枪伤。

铁草鞋（萝藦科）

Hoya pottsii J. Traill

药 材 名　铁草鞋、三脉球兰、味卖龙。

药用部位　叶。

功效主治　散瘀消肿，拔脓生肌；治跌打扭伤，骨折，疮疡肿毒。

黑鳗藤（萝藦科）

Jasminanthes mucronata (Blanco) W. D. Stevens et P. T. Li

药 材 名　黑鳗藤。

药用部位　根。

功效主治　补虚益气，调经；治产后虚弱，闭经，腰骨酸痛。

化学成分　SitakisosideII、sitakisosideVI、sitakisosideVII等。

云南牛奶菜（萝藦科）

Marsdenia balansae Costantin

药 材 名　云南牛奶菜。

药用部位　全株。

功效主治　壮筋骨，健胃利肠；治跌打损伤，肠炎，胃痛。

灵药牛奶菜（萝藦科）

Marsdenia cavaleriei (H. Lév.) Hand. -Mazz. ex Woodson

通关藤苷元乙

药 材 名　通关藤。

药用部位　藤茎。

生　　境　野生或栽培，生于海拔600～2 200米的疏林中。

采收加工　全年可采，刮去外层栓皮，切片晒干备用。

药材性状　藤茎粗长，圆柱形，有纵沟，淡黄褐色，上部绿色，扁圆筒形，两面均有1条明显对生的纵沟，密生淡黄色茸毛。

性味归经　苦、微甘，凉。归肺、胃、膀胱经。

功效主治　理气止痛，降逆止呕，补土消食，利水解毒；治脘腹胀痛，腹部包块，恶心呕吐，不思饮食，食物中毒，饮酒过度。

化学成分　通光藤苷元乙、大叶牛奶菜苷丁等。

核心产区　云南、贵州。

用法用量　内服：煎汤，20～30克。外用：适量。

本草溯源　《滇南本草》《中华本草》。

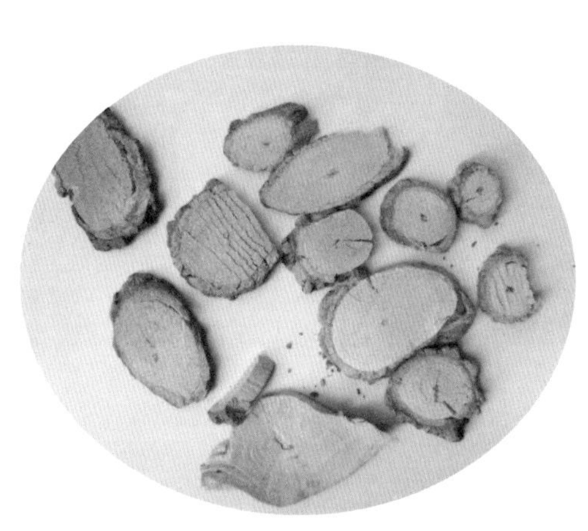

球花牛奶菜（萝藦科）

Marsdenia globifera Tsiang

药 材 名　球花牛奶菜。

药用部位　根。

功效主治　舒筋活络，补虚平喘；治风湿性关节痛，咳嗽，胸闷。

化学成分　三萜类、甾体类等。

大白药（萝藦科）

Marsdenia griffithii Hook. f.

药 材 名　小白药、蛆藤、大对节生。

药用部位　全株。

功效主治　有毒。止血接骨；治外伤出血，骨折，疮毒。

化学成分　齐墩果酸、大白药醇等。

海枫屯（萝藦科）

Marsdenia officinalis Tsiang et P. T. Li

药 材 名　海枫屯、嘿沙抱婻（傣药）。

药用部位　藤茎。

功效主治　清热平肝，除湿退黄，消肿止痛；治火盛，心烦不安，头目胀痛，黄疸，尿频，尿急，热涩疼痛，跌打损伤，骨折，风湿热痹，肢体关节红肿，热痛。

喙柱牛奶菜（萝藦科）

Marsdenia oreophila W. W. Sm.

药 材 名 喙柱牛奶菜。

药用部位 全株。

功效主治 舒筋活血，行气止痛。

化学成分 羽扇豆醇乙酯、α-香树脂酮、α-香树脂醇及α-香树脂醇乙酯等。

牛奶菜（萝藦科）

Marsdenia sinensis Hemsl.

药 材 名 牛奶菜、三百银、婆婆针钱包。

药用部位 全株、根。

功效主治 壮筋骨，利肠健胃；治跌打，肠炎，胃痛。

化学成分 (2*S*)-柚皮素、木犀草素、异牡荆苷等。

通光散（萝藦科）

Marsdenia tenacissima (Roxb.) Moon

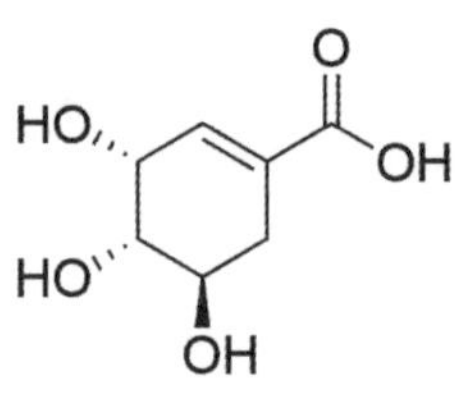

甲基莽草酸

药 材 名　通光散、乌骨藤、傣百解（傣药）。

药用部位　藤、根或叶。

生　　境　野生或栽培，生长于海拔2 000米以下的疏林中。

采收加工　茎叶冬采集，刮去栓皮，切片晒干。根、叶全年可采。

药材性状　表面灰褐色或灰黄色。表皮薄，易剥落，剥落处呈灰黄色。质硬，切面皮部白色，粉性；气特异，味苦。

性味归经　苦，寒。归肺、肝经。

功效主治　清火解毒，止咳平喘，利湿通乳；治咽喉肿痛，口舌生疮，疔疡斑疹，肺热咳嗽，胃脘痛，尿痛，解药食毒。

化学成分　甲基莽草酸、*N*-羧基-2-羟基-4-甲氧基-吡咯、苹果酸二丁酯等。

核心产区　云南（西双版纳、普洱）。

用法用量　内服：煎汤，9～15克。外用：适量，鲜叶捣敷或研末。

本草溯源　《中华本草》。

蓝叶藤（萝藦科）

Marsdenia tinctoria R. Br.

药 材 名　蓝叶藤、肖牛耳菜、肖牛耳藤。

药用部位　茎皮、果实。

功效主治　祛风除湿，化瘀散结；治风湿痹症，关节疼痛。

化学成分　牛奶菜酮、蓝叶藤内酯酮等。

华萝藦（萝藦科）

Metaplexis hemsleyana Oliv.

药 材 名　华萝藦、萝藦藤、奶浆藤。

药用部位　根茎、根或全草。

功效主治　温肾助阳，益精血；治肾阳亏虚，畏寒肢冷，腰酸膝软，阳痿遗精。

化学成分　Hemoside A-D等。

石萝藦（萝藦科）

Pentasacme caudatum Wall. ex Wight

药 材 名　石萝藦。

药用部位　全草。

功效主治　清热解毒；治肝炎，风火眼痛。

肉珊瑚（萝藦科）

Sarcostemma acidum (Roxb.) Voigt

药 材 名 肉珊瑚、无叶藤、珊瑚。

药用部位 全株。

功效主治 收敛，止咳，催乳；治咳嗽，乳汁不下。

化学成分 Sacidumlignans A-D、sacidumols A、sacidumols B等。

鲫鱼藤（萝藦科）

Secamone elliptica R. Br.

药 材 名 鲫鱼藤、黄花藤。

药用部位 花、叶。

功效主治 清热解毒；治瘰疬。

化学成分 Secamonol A、secamonol B、secamonester等。

夜来香（萝藦科）

Telosma cordata (Burm. f.) Merr.

药 材 名 夜来香。

药用部位 叶、花、果。

功效主治 清肝明目，去翳，拔毒生肌；治结膜炎，已溃疮疖脓肿。

化学成分 夜来香多糖等。

弓果藤（萝藦科）

Toxocarpus wightianus Hook. et Arn.

药 材 名　弓果藤、牛茶藤、牛角藤。

药用部位　全株。

功效主治　祛瘀止痛；治跌打损伤。

虎须娃儿藤（萝藦科）

Tylophora arenicola Merr.

药 材 名　老虎须。

药用部位　根茎。

功效主治　有小毒。清热解毒，消炎止痛；治跌打肿痛，毒蛇咬伤。

三分丹（萝藦科）

Tylophora atrofolliculata F. P. Metcalf

药 材 名　三分丹、蛇花藤、毛果娃儿藤。

药用部位　根。

功效主治　有小毒。祛瘀止痛；治跌打损伤，风湿痛。

化学成分　齐墩果酸、棕榈酸、β-谷甾醇、β-胡萝卜苷、槲皮素等。

七层楼（萝藦科）

Tylophora floribunda Miq.

药 材 名　七层楼、多花娃儿藤、双飞蝴蝶。

药用部位　根。

功效主治　有小毒。祛风化痰，通经散瘀；治小儿惊风，月经不调，毒蛇咬伤，跌打损伤。

化学成分　异去羟基娃儿藤宁、新白前酮、新白前醇、香荚兰酸、丁香酸、阿魏酸等。

人参娃儿藤（萝藦科）

Tylophora kerrii Craib

药 材 名　人参娃儿藤。

药用部位　根。

功效主治　清肝明目，行气止痛；治两目视物昏花，胃腹疼痛。

化学成分　牡丹酚、娃儿藤醇、娃儿藤醇甲素等。

通天连（萝藦科）

Tylophora koi Merr.

药 材 名　通天连、乳汁藤、双飞蝴蝶。

药用部位　全株。

功效主治　解毒，消肿；治感冒，跌打损伤，毒蛇咬伤，疮疥。

娃儿藤（萝藦科）

Tylophora ovata (Lindl.) Hook. ex Steud.

药 材 名　娃儿藤、白龙须、哮喘草。

药用部位　全株。

功效主治　有毒。祛风除湿，散瘀止痛；治感冒，跌打损伤，毒蛇咬伤，疮疥，风湿筋骨痛。

化学成分　娃儿藤定碱、娃儿藤宁碱等。

圆叶娃儿藤（萝藦科）

Tylophora rotundifolia Buch.-Ham. ex Wight

药 材 名　圆叶娃儿藤。

药用部位　根。

功效主治　祛风除湿，活血止痛；治风湿痛，跌打损伤，四肢麻痹。

古钩藤（杠柳科）

Cryptolepis buchananii R. Br. ex Roem. et Schult.

药 材 名　古钩藤、白马连鞍、大牛角藤。

药用部位　根。

功效主治　有毒。活血，消肿，镇痛；治跌打损伤，骨折，腰痛，腹痛，水肿。

化学成分　强心苷、白叶藤苷、吉曼尼醇二十二碳酸酯等。

白叶藤（杠柳科）

Cryptolepis sinensis (Lour.) Merr.

药 材 名　白叶藤、红藤仔、飞扬藤。

药用部位　全草。

功效主治　有小毒。清热解毒，散瘀止痛，止血；治肺结核，肺热咯血，胃出血，疥疮。

化学成分　白叶藤碱等。

翅果藤（杠柳科）

Myriopteron extensum (Wight et Arn.) K. Schum.

药 材 名　野甘草、婆婆针线包、歪先孙（傣药）。

药用部位　根。

功效主治　祛痰止咳，补中益气；治外感风寒，咳嗽，咳痰，发热，恶寒，子宫脱垂。

化学成分　三萜类、甾体类等。

黑龙骨（杠柳科）

Periploca forrestii Schltr.

药 材 名　滇杠柳、飞仙藤、嘿宋巴（傣药）。

药用部位　全株、根。

功效主治　有毒。祛风除湿，通经活络；治风湿疼痛，乳腺炎，闭经，月经不调；外用治跌打损伤，骨折。

化学成分　强心苷、甾体类及三萜类等。

须药藤（杠柳科）

Stelmocrypton khasianum (Kurz) Baill.

药 材 名　生藤、红百解、叫哈荒（傣药）。

药用部位　根、藤、叶。

功效主治　通气止痛，止咳化痰，祛风止痛，续筋接骨；治风热证，咽喉肿痛，口舌生疮，咳嗽，妇女产后头晕，呕吐，跌打损伤，骨折，风湿性关节痛，腰痛。

马莲鞍（杠柳科）

Streptocaulon juventas (Lour.) Merr.

药 材 名　藤苦参、小暗消、哈新哈布（傣药）。

药用部位　根。

功效主治　清火解毒，活血止痉，止痛止痢；治感冒发热，伤寒，疟疾所致的高寒症，泄泻，痢疾，产后高热抽搐，月经不调，毒蛇咬伤。

化学成分　甾体类、生物碱等。

水团花（茜草科）

Adina pilulifera (Lam.) Franch. ex Drake

药 材 名　水团花、水杨梅、青龙珠。

药用部位　枝叶、花、果实。

功效主治　清热解毒，散瘀止痛；治感冒发热，风湿疼痛，细菌性痢疾。

化学成分　奎诺酸、金鸡纳酸、白桦脂醇等。

细叶水团花（茜草科）

Adina rubella Hance

药 材 名　水杨梅、水石榴、小叶团花。

药用部位　根。

功效主治　清热解毒，散瘀止痛；治感冒发热，腮腺炎，风湿疼痛，细菌性痢疾，湿疹。

化学成分　奎诺酸、金鸡纳酸、马钱子苷等。

鸡爪簕（茜草科）

Benkara sinensis (Lour.) Ridsdale

药 材 名　鸡爪簕、景告（傣药）。

药用部位　根、叶。

功效主治　清热解毒，祛风除湿，散瘀消肿；治痢疾，风湿疼痛，疮疡肿毒，跌打肿痛。

丰花草（茜草科）

Borreria stricta (L. f.) G. Mey.

药 材 名　丰花草、假蛇舌草、波利亚草。

药用部位　全草。

功效主治　活血化瘀；治跌打损伤。

化学成分　熊果酸、芸香苷、槲皮素等。

猪肚木（茜草科）

Canthium horridum Blume

药 材 名　猪肚木、猪肚勒、刺鱼骨木。

药用部位　叶、根、树皮。

功效主治　清热利尿，活血解毒；治赤痢，跌打肿痛，手指生疮，肺痨。

化学成分　香草酸、木栓醇、木栓酮、β-胡萝卜苷等。

大叶猪肚木（茜草科）

Canthium simile Merr.

药 材 名　大叶鱼骨木、似铁屎米。

药用部位　茎。

功效主治　接骨；治骨折。

化学成分　羽扇豆醇、3β-乙酰基齐墩果酸、香草酸、丁香酸等。

吐根（茜草科）

Carapichea ipecacuanha (Brot.) L. Andersson

吐根酚碱

药 材 名 吐根。

药用部位 根、根茎。

生　　境 喜高温、高湿和荫蔽的环境。

生活习性 多年生常绿矮小灌木，高30～35厘米。在肥沃松软的土壤才能生长良好，根系发育正常。花果期3—4月至9—10月。

药材性状 弧状或波状弯曲。表面灰色灰褐色或红棕色。质硬而脆，断面灰色，有细小的黄色木部。根茎短。气味特异，粉末具催嚏作用。

药理药效 吐根具有催吐，镇咳，祛痰等作用。从20世纪初开始，科学家们对吐根提取物及吐根碱等化合物进行实验研究，发现他们具有不同程度的抗寄生虫、避孕、催吐、抗登革热病毒、抗癌等作用。

主要价值 吐根早期被巴西和秘鲁的土著用来作为催吐药。现发现吐根具有祛痰、催吐以及治疗痢疾的作用，是世界天然药物市场上重要和知名的草药之一。《欧洲药典》(EP)、《美国药典》(USP) 和《日本药局方》(JP) 等均有收载。吐根碱的盐酸盐为治疗阿米巴痢疾的药品。

化学成分 主要含有吐根碱、吐根酚碱、异吐根酚碱等生物碱类。

核心产区 主产于巴西。中国广东、云南、台湾等有引种栽培。

附　　注 我国不产吐根，国内许多药企通过进口浸膏生产吐根酊、吐根糖浆、小儿化痰止咳冲剂和小儿化痰止咳糖浆等含吐根的制剂，近年也开始进口药材用于生产，并组织引种栽培与扩繁工作，建立进口南药吐根药材基地。

山石榴（茜草科）

Catunaregam spinosa (Thunb.) Tirveng.

药 材 名　山石榴、猪肚勒、假石榴。

药用部位　果实、根、叶。

功效主治　有毒。散瘀消肿；治外伤出血。

化学成分　落叶松脂醇、淫羊藿醇、楝叶吴萸素B、松柏醛、咖啡酸、对羟基桂皮酸等。

风箱树（茜草科）

Cephalanthus tetrandrus (Roxb.) Ridsdale et Bakh. f.

药 材 名　风箱树、假杨梅、珠花树。

药用部位　花、叶、根。

功效主治　有毒。清热解毒，祛痰止咳；治流行性感冒，咽喉肿痛，肺炎。

弯管花（茜草科）

Chassalia curviflora (Wall.) Thwaites

药 材 名　弯管花、柴沙利、假九节木。

药用部位　根、全株。

功效主治　清热解毒，祛风湿；治风湿，肺炎咳嗽，眼疾，咽喉肿痛。

化学成分　香豆素类等。

金鸡纳树（茜草科）

Cinchona calisaya Wedd.

奎宁

药 材 名 金鸡纳、金鸡勒。

药用部位 树皮、枝皮及根皮。

生　　境 野生或栽培，生于荫蔽湿润的雨林环境。

采收加工 雨季将树砍倒，剥取树皮，晒干或烘干，并加压成扁平的片状。树皮干燥时卷成筒状。

药材性状 呈卷筒状或长方形的片状。内表面棕红色，呈纤维性。外表凹凸不平，呈铁锈红色，有纵脊状隆起和红色疣状突起；气微弱，味苦涩。

性味归经 辛、苦，寒；有小毒。归肝、胆经。

功效主治 抗疟，退热；治疟疾，高热。

化学成分 奎宁等。

核心产区 云南、广西、台湾。

用法用量 煎汤，3～15克。

本草溯源 《本草纲目拾遗》《中华本草》。

附　　注 中国自20世纪20年代末开始引种金鸡纳树，1933年，云南河口热带作物试验场首次试种成功。中国抗日战争爆发后，金鸡纳成为支援抗战的军事战略物资，由此金鸡纳树的引种与栽培赋予了历史使命。中国的一批植物学家与药物学家对金鸡纳的科学研究与实践，推动了金鸡纳树药物研发、临床试验、奎宁科普知识传播与学术交流，成为进口南药知识体系建构及其文化传播的代表性作品。从金鸡纳树有效成分奎宁经过结构改造与修饰，药学家又研发出了在作用效果不减弱的情况下，减少了不良反应的氯喹及其衍生物羟氯喹，后者目前已被广泛用于治疗风湿免疫病，更让人惊喜的是，研究还表明氯喹与羟氯喹可能是优秀的广谱抗病毒药物。

正鸡纳树（茜草科）

Cinchona officinalis L.

药 材 名　褐皮金鸡纳，棕金鸡纳树。

药用部位　树皮、枝、叶。

功效主治　抗疟，退热。治疟疾，发热。

鸡纳树（茜草科）

Cinchona pubescens Vahl

药 材 名　鸡纳树、红金鸡纳、锅盖叫（傣药）。

药用部位　根、茎。

功效主治　抗疟，退热；治疟疾，发冷发热，咽炎。

小粒咖啡（茜草科）

Coffea arabica L.

药 材 名　小粒咖啡。

药用部位　种子、果实。

功效主治　助消化，兴奋利尿；治消化不良，小便不利。

化学成分　咖啡碱、可可豆碱、茶碱、咖啡酸等。

中粒咖啡（茜草科）

Coffea canephora Pierre ex A. Froehner

药 材 名　中粒咖啡。

药用部位　种子、果实。

功效主治　助消化，兴奋利尿；治消化不良，小便不利。

化学成分　咖啡碱、可可豆碱、茶碱、咖啡酸等。

大粒咖啡（茜草科）

Coffea liberica W. Bull ex Hiern

药 材 名　大粒咖啡。

药用部位　种子、果实。

功效主治　助消化，兴奋利尿；治消化不良，小便不利。

化学成分　大果咖啡碱、咖啡酸等。

流苏子（茜草科）

Coptosapelta diffusa (Champ. ex Benth.) Steenis

药 材 名　流苏子、牛老药、牛老药藤。

药用部位　根、茎。

功效主治　祛风除湿，止痒；治湿疹瘙痒，皮炎，荨麻疹，风湿痹痛，疮疥。

短刺虎刺（茜草科）

Damnacanthus giganteus (Makino) Nakai

药 材 名　短刺虎刺、咳七风、鸡筋参。

药用部位　全草、根。

功效主治　补血益气，止血；治体弱血虚，神疲乏力，崩漏，肠风下血。

化学成分　短刺虎刺素等。

虎刺（茜草科）

Damnacanthus indicus C. F. Gaertn.

药 材 名　虎刺、绣花针、黄脚鸡。

药用部位　全草、根。

功效主治　祛风除湿；治风湿痹痛，痰饮喘咳，咽喉炎，腰痛。

化学成分　虎刺醛、羟基虎刺醇、虎刺醇、甲基异茜草素等。

狗骨柴（茜草科）

Diplospora dubia (Lindl.) Masam.

药 材 名　狗骨柴、狗骨仔、青凿树。

药用部位　根。

功效主治　清热解毒，消肿散结；治瘰疬，背痈，头疖，跌打损伤。

化学成分　咖啡醇、二萜类等。

毛狗骨柴（茜草科）

Diplospora fruticosa Hemsl.

药 材 名　毛狗骨柴、小狗骨柴。

药用部位　根。

功效主治　顺气化痰；治咳嗽气喘。

化学成分　二萜类等。

长柱山丹（茜草科）

Duperrea pavettaefolia (Kurz) Pit.

药 材 名　长柱山丹、叫勐远（傣药）。

药用部位　茎。

功效主治　清火解毒，消肿止痛，通乳下乳，安神养心；治咽喉肿痛，胃痛，中暑呕恶，月经不调，产后体虚，乳汁不下，失眠多梦。

香果树（茜草科）

Emmenopterys henryi Oliv.

药 材 名　香果树、丁木、大叶水桐子。

药用部位　根、树皮。

功效主治　温中和胃，降逆止呕；治反胃，呕吐。

化学成分　蒲公英赛酮、蒲公英赛醇、熊果酸乙酸酯、伞形花内酯等。

四叶拉拉藤（茜草科）

Galium bungei Steud.

药 材 名　四叶葎、四叶七、天良草。

药用部位　全草。

功效主治　清热解毒，利尿，止血，消食；治痢疾，尿路感染，咳血。

小叶猪殃殃（茜草科）

Galium innocuum Miq.

药 材 名　小叶猪殃殃、细叶四叶葎、三瓣猪殃殃。

药用部位　全草。

功效主治　清热解毒，活血化瘀；治跌打损伤，痈疮。

拉拉藤（茜草科）

Galium spurium L.

药 材 名　猪殃殃。

药用部位　全草。

功效主治　凉血解毒，利尿消肿；治慢性阑尾炎，痈疮，乳腺癌。

化学成分　车叶草苷、茜根定-樱草糖苷、伪紫色素苷等。

栀子（茜草科）

Gardenia jasminoides J. Ellis

栀子苷

药 材 名 栀子、黄栀子、山栀子。

药用部位 成熟果实。

生　　境 生于低山温暖的疏林中或荒坡、沟旁、路边。

采收加工 成熟果实除去果梗和杂质，蒸至上汽或置沸水中略烫，取出干燥。

药材性状 长卵圆形或椭圆形，表面红黄色或棕红色，果皮薄而脆，内表面色较浅，有光泽。

性味归经 苦，寒。归心、肺、三焦经。

功效主治 泻火除烦，清热利湿，凉血解毒；治热病心烦，湿热黄疸，淋证涩痛，血热吐衄，火毒疮疡。

化学成分 栀子苷、鞣质、D-甘露醇、栀子苷、藏红花素等。

核心产区 浙江、江西、湖南、福建、广东、广西、福建、台湾等地。

用法用量 内服：煎服，6～10克。外用：生品适量，研末调敷。

本草溯源 《本草图经》《本草新编》《本草思辨录》。

附　　注 栀子属药食两用资源，具有很好的临床与食用价值，现代研究发现栀子或其提取物、化学成分具有确切的抑制炎症通路、神经保护、保肝利胆、降血糖等多种药理作用。临床或期刊也有关于栀子肝毒性的案例与研究报道，并影响了栀子的进一步开发利用，实际上，中药肝毒性的发生与使用剂量超标、配伍和炮制不当等因素密切相关。

大黄栀子（茜草科）

Gardenia sootepensis Hutch.

药 材 名　大黄栀子。

药用部位　根、树皮。

功效主治　清热解毒，止咳化痰；治咳嗽，胸闷。

化学成分　D-甘露醇、β-谷甾醇、栀子酸、栀子苷、鸡矢藤次苷甲酯、双分子奎尼内酯等。

狭叶栀子（茜草科）

Gardenia stenophylla Merr.

药 材 名　狭叶栀子、野白蝉、花木。

药用部位　果实、根。

功效主治　凉血消炎，清热解毒；治黄疸，鼻衄，肾炎性水肿，感冒高热。

化学成分　栀子苷、藏红花素等。

爱地草（茜草科）

Geophila repens (L.) I. M. Johnst.

药 材 名　爱地草、出山虎。

药用部位　全草。

功效主治　消肿，排脓；治痈肿疮毒。

金草（茜草科）

Hedyotis acutangula Champ. ex Benth.

药 材 名　金草、锐棱耳草。

药用部位　全草。

功效主治　清热解毒，凉血，利尿；治肝胆实大，喉痛，咳嗽，小便不利。

化学成分　山柑子萜酮、异山柑子萜醇、蒲公英赛醇、耳草根碱、耳草碱等。

耳草（茜草科）

Hedyotis auricularia L.

药 材 名　耳草、鲫鱼胆草、节节花。

药用部位　全草。

功效主治　凉血消肿，清热解毒；治感冒发热，喉痛，跌打损伤，湿疹。

化学成分　耳草碱等。

广州耳草（茜草科）

Hedyotis cantoniensis F. C. How ex W. C. Ko

药 材 名　广州耳草、甜草、野甘草。

药用部位　全草。

功效主治　清热解毒；治黄疸性肝炎，外伤出血，慢性阑尾炎，小儿疳积。

头状花耳草（茜草科）

Hedyotis capitellata Wall. ex G. Don

药 材 名　头花耳草、姆嘿（傣药）。

药用部位　根茎。

功效主治　调经活血，除风止痒；治月经不调，乳汁不通，痢疾，干咳，漆树过敏。

剑叶耳草（茜草科）

Hedyotis caudatifolia Merr. et F. P. Metcalf

药 材 名　剑叶耳草、披针形耳草、少年红。

药用部位　全草。

功效主治　润肺止咳，消积，止血；治支气管炎，咳血，小儿疳积。

化学成分　齐墩果酸、乌苏酸、β-胡萝卜苷、剑叶耳草苷等。

金毛耳草（茜草科）

Hedyotis chrysotricha (Palib.) Merr.

药 材 名　黄毛耳草、铺地耳草、金毛耳草。

药用部位　全草。

功效主治　清热利湿，消肿解毒；治肠炎，痢疾，黄疸性肝炎，疔疮肿毒。

化学成分　车叶草苷、水仙苷、东莨菪内酯、七叶内酯、异落叶松树脂醇等。

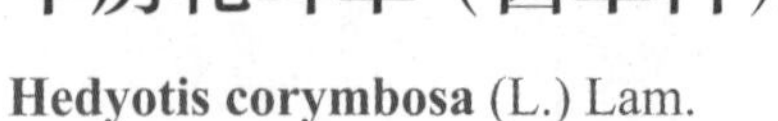

伞房花耳草（茜草科）

Hedyotis corymbosa (L.) Lam.

药 材 名　水线草。

药用部位　全草。

功效主治　清热解毒，利尿消肿，活血止痛；治喉炎，跌打损伤。

化学成分　熊果酸、齐墩果酸、豆甾醇、黄酮类、棕榈酸、亚麻酸等。

脉耳草（茜草科）

Hedyotis costata (Roxb.) Kurz

药 材 名　脉耳草、肝炎草。

药用部位　全草。

功效主治　清热除湿，消炎接骨；治疟疾，肝炎，结膜炎，风湿骨痛。

白花蛇舌草（茜草科）

Hedyotis diffusa Willd.

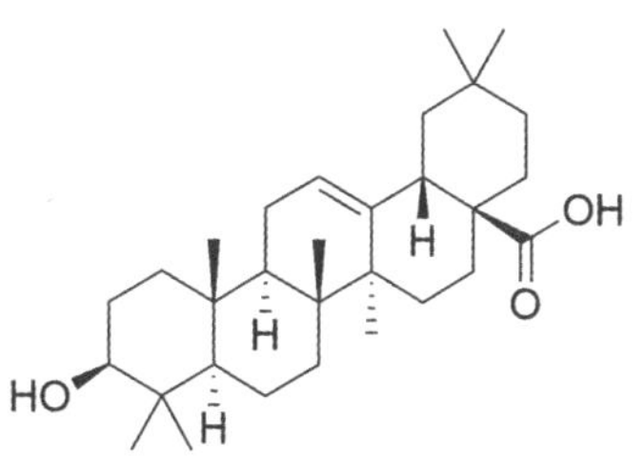

齐墩果酸

药 材 名　白花蛇舌草、羊须草。

药用部位　全草。

生　　境　野生或栽培，生于山坡，旷地，路旁。

采收加工　夏、秋二季采挖，除杂，洗净，鲜用或晒干。

药材性状　呈团状，表面灰绿色至灰棕色。茎细，卷曲，质脆，中心髓部白色。花、果单生或对生于叶腋，有托叶，花常具短而略粗的花梗。蒴果扁球状，边缘具断刺毛。

性味归经　苦、甘，寒。归心、肝、脾、大肠经。

功效主治　清热解毒，消肿散结，利水消肿；治咽喉肿痛、肺热咳喘、湿热黄疸、毒蛇咬伤。

化学成分　齐墩果酸、熊果酸等。

核心产区　广东、广西、福建等。

用法用量　内服：15～60克，水煎服。外用：鲜品适量捣烂敷患处。

本草溯源　《中华本草》。

附　　注　白花蛇舌草属于清热解毒药范畴，现代研究发现，该药材具有抗肿瘤活性，但有一定的副作用，凡阳虚、月经不调或低血压者不宜服用。

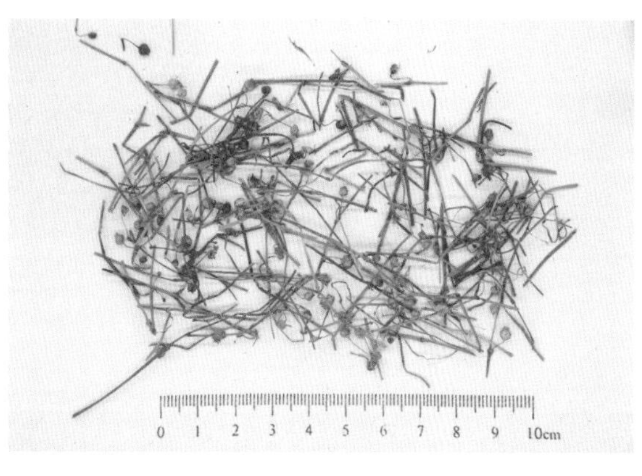

鼎湖耳草（茜草科）

Hedyotis effusa Hance

药 材 名　鼎湖耳草。

药用部位　全草。

功效主治　清热解毒，凉血，消肿；治感冒发热，肺热；外用治跌打损伤。

牛白藤（茜草科）

Hedyotis hedyotidea (DC.) Merr.

药 材 名　牛白藤、广花耳草、涂藤头。

药用部位　茎叶、根。

功效主治　祛风活络，消肿止血；治风湿性关节痛，感冒，肺热咳嗽。

化学成分　白桦脂醇、大叶芸香苷、鹅掌楸苷、东莨菪内酯等。

粗毛耳草（茜草科）

Hedyotis matthewii Dunn

药 材 名　粗毛耳草。

药用部位　全草。

功效主治　清热健胃，解毒，祛风，止血；治腰痛，消化不良，疮疖肿毒。

延龄耳草（茜草科）

Hedyotis paridifolia Dunn

药 材 名　延龄耳草。

药用部位　全草。

功效主治　清热解毒；治疮疖。

松叶耳草（茜草科）

Hedyotis pinifolia Wall. ex G. Don

药 材 名　松叶耳草、了哥舌。

药用部位　全草。

功效主治　清热止血，散结消肿；治潮热，小儿疳积。

阔托叶耳草（茜草科）

Hedyotis platystipula Merr.

药 材 名　阔托叶耳草、大托叶耳草。

药用部位　全草。

功效主治　清热止血，散结消肿；治妇女风肿，骨痛。

藤耳草（茜草科）

Hedyotis scandens Roxb.

药 材 名　大接骨草、凉喉草、芽端项（傣药）。

药用部位　全草。

功效主治　清火解毒，利水化石，祛风除湿，续筋接骨，消肿止痛；治小便热涩疼痛，尿频尿急，尿路结石，高热不退，蕈子中毒，四肢关节酸痛麻木。

化学成分　三萜类、黄酮类、生物碱类等。

纤花耳草（茜草科）

Hedyotis tenelliflora Blume

药 材 名　纤花耳草、虾子草、鸡口舌。

药用部位　全草。

功效主治　清热解毒，祛瘀止痛；治肺热咳嗽，慢性肝炎，跌打损伤。

化学成分　车叶草酸、熊果酸、麦角甾醇等。

方茎耳草（茜草科）

Hedyotis tetrangularis (Korth.) Walp.

药 材 名 方茎耳草。

药用部位 全草。

功效主治 清热解毒；治热证。

长节耳草（茜草科）

Hedyotis uncinella Hook. et Arn.

药 材 名 长节耳草、小钩耳草。

药用部位 全草。

功效主治 祛风除湿，健脾消积；治风湿性关节炎，小儿疳积，皮肤瘙痒。

粗叶耳草（茜草科）

Hedyotis verticillata (L.) Lam.

药 材 名 粗叶耳草、节节花。

药用部位 全草。

功效主治 清热解毒，消肿止痛；治小儿麻痹症，感冒发热，咽喉痛。

化学成分 茜草素、樱草苷等。

土连翘（茜草科）

Hymenodictyon flaccidum Wall.

药 材 名　网膜籽、红丁木、梅宋哥（傣药）。

药用部位　树皮。

功效主治　清热解毒，止咳，抗疟；治间日疟，恶性疟，感冒，高热，痰多咳嗽。

毛土连翘（茜草科）

Hymenodictyon orixense (Roxb.) Mabb.

药 材 名　土连翘、高网膜籽、埋宋戈（傣药）。

药用部位　根、树皮。

功效主治　清火解毒，止咳化痰，镇静安神，杀虫止痒；治风热感冒所致的咳嗽，失眠多梦，月子病，不思饮食，四肢关节红肿热痛。

藏药木（茜草科）

Hyptianthera stricta (Roxb. ex Sm.) Wight et Arn.

药 材 名　藏药木、景叫（傣药）。

药用部位　根、叶。

功效主治　清热解毒，利尿消肿，祛风除湿，散瘀消肿；治痢疾，风湿疼痛，疮疡肿毒，跌打肿痛。

化学成分　挥发油、脂肪酸等。

龙船花（茜草科）

Ixora chinensis Lam.

药 材 名　龙船花、百日红。
药用部位　根、茎叶、花。
功效主治　散瘀止血，调经，降压；治风湿性关节痛，月经不调，高血压。
化学成分　东莨菪内酯、熊果酸、邻羟基苯甲酸、山柰酚等。

红大戟（茜草科）

Knoxia roxburghii (Spreng.) M. A. Rau

药 材 名　红大戟、紫大戟、芽贺柏亮（傣药）。
药用部位　根。
功效主治　利水消肿，散结止痛；治水肿，水臌，痰饮，瘰疬，痈疽肿毒。
化学成分　芦西定、5-羟基巴戟醌、红大戟素、胡萝卜苷。

斜基粗叶木（茜草科）

Lasianthus attenuatus Jack

药 材 名　斜基粗叶木、小叶鸡屎树。
药用部位　全株。
功效主治　舒筋活血；治跌打损伤。
化学成分　长尾粗叶木素、长尾粗叶木苷、甲基异茜草素、虎刺醇等。

粗叶木（茜草科）

Lasianthus chinensis (Champ. ex Benth.) Benth.

药 材 名　粗叶木、鸡屎树、粗叶树。

药用部位　根、叶。

功效主治　补肾活血，行气，祛风，止痛；治风湿腰痛，骨痛。

化学成分　豆甾醇、虎刺醛、白桦脂醇等。

虎克粗叶木（茜草科）

Lasianthus hookeri C. B. Clarke ex Hook. f.

药 材 名　虎克粗叶木。

药用部位　藤茎。

功效主治　补益气血，活血化瘀，调经止痛。

睫毛虎克粗叶木（茜草科）

Lasianthus hookeri C. B. Clarke ex Hook. f. var. **dunnianus** (H. Lév.) H. Zhu

药 材 名　粗叶木、扁少火（傣药）。

药用部位　茎。

功效主治　补益气血，活血化瘀，调经止痛；治月子病所致贫血，饮食不佳，头目昏花，缺乳，乳汁清稀，恶露不绝，月经不调，痛经，不孕症。

日本粗叶木（茜草科）

Lasianthus japonicus Miq.

药 材 名　日本粗叶木、福建粗叶木。

药用部位　根、叶。

功效主治　消炎止血；治刀伤出血。

化学成分　东莨菪内酯、东莨菪素等。

榄绿粗叶木（茜草科）

Lasianthus japonicus Miq. var. **lancilimbus** (Merr.) C. Y. Wu et H. Zhu

药 材 名　榄绿粗叶木。

药用部位　根、叶。

功效主治　通经脉，活血止痛；治跌打损伤，风湿痹痛。

化学成分　多糖等。

滇丁香（茜草科）

Luculia pinceana Hook.

药 材 名　桂丁香、酒瓶花、丁香花。

药用部位　花、果。

功效主治　止咳化痰；治咳嗽，百日咳，慢性支气管炎。

化学成分　丹皮酚等。

黄木巴戟（茜草科）

Morinda angustifolia Roxb.

药 材 名　狭叶巴戟、狭叶鸡眼藤、沙腊(傣药)。

药用部位　根皮、叶。

功效主治　清火解毒，利胆退黄，杀虫止痒，敛疮生肌；治黄疸性肝炎，无脓性肝炎，胆石症，痈疖疮毒，皮肤瘙痒，漆树过敏，小儿疮疡溃烂。

海滨木巴戟（茜草科）

Morinda citrifolia L.

1-羟基-2-甲基-蒽醌

药 材 名 海巴戟、橘叶鸡眼藤、水冬瓜、椿根。

药用部位 根。

生　　境 生于海岸边。

采收加工 秋季挖根，洗净，晒干。

药材性状 类圆形或长椭圆形片块状，稍皱缩，质坚脆，表面黑色、棕褐色或棕色，具有浓烈的特异气味。

性味归经 苦，凉。归肾经。

功效主治 清热解毒；治痢疾，肺结核。

化学成分 1-羟基-2-甲基-蒽醌、东莨菪内酯、槲皮素、多糖等。

核心产区 主产地是大溪地群岛，也产于赤道附近的热带地区，比如夏威夷、斐济、印度尼西亚、马来西亚等地。在我国原产于西沙群岛。近年来海南岛有大量的种植。

本草溯源 《中华本草》。

附　　注 海巴戟在民间作为保健及药用饮料已有两千年历史，特别是在太平洋南部岛屿的土著民中，是必不可少的日常保健品。海巴戟的果实被称为诺丽（noni），含有生物碱和多种维生素。临床药理研究结果表明，能增强人体免疫力，提高消化系统的机能，帮助睡眠及缓解精神压力，减肥和养颜美容，因此，在南太平洋一带被称为“仙果”。

大果巴戟（茜草科）

Morinda cochinchinensis DC.

药 材 名　大果巴戟、毛鸡眼藤。

药用部位　根。

功效主治　祛风除湿，宣肺止咳；治风湿痹痛，感冒，支气管炎，上呼吸道感染。

巴戟天（茜草科）

Morinda officinalis F. C. How

耐斯糖

药 材 名 巴戟天、鸡肠风、鸡眼藤、黑藤钻、兔仔肠、三角藤、糠藤。

药用部位 根。

生　　境 栽培，生于丘陵、低海拔山阳坡或平地。

采收加工 全年均可采挖，洗净，除去须根，晒至六七成干，轻轻捶扁，晒干。

药材性状 本品为扁圆柱形，略弯曲。表面灰黄色或暗灰色，具纵纹和横裂纹，质韧，断面皮部厚，紫色或淡紫色，易与木部剥离，木部坚硬，黄棕色或黄白色。

性味归经 甘、辛，微温。归肾、肝经。

功效主治 补肾阳，强筋骨，祛风湿；治阳痿遗精、宫冷不孕、月经不调、少腹冷痛、风湿痹痛、筋骨痿软。

化学成分 耐斯糖、甲基异茜草素等。

核心产区 广东（肇庆、德庆、郁南、高要）、广西、福建。

用法用量 煎汤，3～10克。

本草溯源 《神农本草经》《药性论》《新修本草》《日华子本草》《本草衍义》《本草蒙筌》《本草纲目》《神农本草经疏》《本草备要》《本草新编》《本草求真》《本草正义》《本草求原》。

附　　注 广东省立法保护的岭南中药材，为可用于保健食品的中药。

鸡眼藤（茜草科）

Morinda parvifolia Bartl. ex DC.

药 材 名　百眼藤、小叶巴戟天、五眼子。

药用部位　全株。

功效主治　清热利湿，化痰止咳，散瘀止痛；治感冒咳嗽，支气管炎。

化学成分　百眼藤醌、茜草素、锈色洋地黄醌醇等。

羊角藤（茜草科）

Morinda umbellata L. subsp. **obovata** Y. Z. Ruan

药 材 名　羊角藤、乌苑藤、假巴戟天。

药用部位　根、根皮。

功效主治　祛风除湿，止痛，止血；治胃痛，风湿性关节痛，创伤出血。

化学成分　茜草素、甲基异茜草素、黄紫茜素、茜草色素、光泽汀等。

楠藤（茜草科）

Mussaenda erosa Champ. ex Benth.

药 材 名　楠藤、大叶白纸扇、啮状玉叶金花。

药用部位　茎叶。

功效主治　清热解毒，消炎；治烧伤，疥疮。

化学成分　绿原酸、隐绿原酸、3,4-*O*-二咖啡酰基奎宁酸等。

䄂花（茜草科）

Mussaenda esquirolii H. Lév.

药 材 名　大叶白纸扇、贵州玉叶金花。

药用部位　茎叶、根。

功效主治　清热解毒，利湿；治烧伤，疥疮，咽喉炎，痢疾。

广东玉叶金花（茜草科）

Mussaenda kwangtungensis H. L. Li

药 材 名　广东玉叶金花。

药用部位　根。

功效主治　散热解表；治外感，发热。

大叶玉叶金花（茜草科）

Mussaenda macrophylla Wall.

药 材 名　大叶玉叶金花。

药用部位　叶。

功效主治　清热解暑，凉血；治黄水疮，皮肤溃疡。

玉叶金花（茜草科）

Mussaenda pubescens W. T. Aiton

药 材 名　玉叶金花、白纸扇、山甘草。

药用部位　藤、根。

功效主治　清热解暑，凉血解毒；治中暑，感冒，支气管炎，扁桃体炎。

化学成分　阿江酸、苏索酸、咖啡酸、桂皮酸、阿魏酸、山栀子苷甲酯等。

红毛玉叶金花（茜草科）

Mussaenda sanderiana Ridl.

药 材 名　蝴蝶藤、仙甘藤、伯嘿亮（傣药）。

药用部位　根。

功效主治　清热解毒，抗疟；治感冒，喉炎，疟疾。

毛腺萼木（茜草科）

Mycetia hirta Hutch.

药 材 名　毛腺萼木、解锅干（傣药）。

药用部位　根。

功效主治　清热解毒，杀虫止痒，祛风止痛，除湿利水；治月子病，皮肤瘙痒，疥疮。

华腺萼木（茜草科）

Mycetia sinensis (Hemsl.) Craib

药 材 名　华腺萼木。

药用部位　根、叶。

功效主治　除湿利水；治小便不利。

乌檀（茜草科）

Nauclea officinalis (Pierrc ex Pit) Merr. et Chun

药 材 名　乌檀、胆木、山熊胆。

药用部位　枝、树皮。

功效主治　清热解毒，消肿止痛；治感冒发热，急性扁桃体炎，咽喉炎，支气管炎，肺炎，尿路感染，肠炎，胆囊炎。

化学成分　乌檀费新碱、乌檀费丁碱、乌檀福林碱、乌檀费林碱等。

薄叶新耳草（茜草科）

Neanotis hirsuta (L. f.) W. H. Lewis

药 材 名　薄叶新耳草。

药用部位　全草。

功效主治　清热明目，祛痰利尿，清热解毒；治目赤肿痛，尿频尿痛。

团花（茜草科）

Neolamarckia cadamba (Roxb.) Bosser

药 材 名　团花、黄梁木。

药用部位　根、叶、树枝、树皮。

功效主治　退热消炎。树皮：做退热药、补药。叶：可做含漱剂。

化学成分　马钱素、马钱酸、生松素、柚皮素、山柰酚、苦杏仁苷等。

薄柱草（茜草科）

Nertera sinensis Hemsl.

药 材 名　薄柱草。

药用部位　全草。

功效主治　清热解毒；治烧烫伤，感冒咳嗽。

广州蛇根草（茜草科）

Ophiorrhiza cantoniensis Hance

药 材 名　广州蛇根草。

药用部位　全草。

功效主治　清肺止咳，镇静安神，消肿止痛；治劳伤咳嗽，霍乱吐泻，神志不安，月经不调，跌打损伤。

化学成分　β-谷甾醇、β-胡萝卜苷等。

蛇根草（茜草科）

Ophiorrhiza japonica Blume

药 材 名　蛇根草、血和散、雪里梅。

药用部位　全草。

功效主治　止咳祛咳，活血调经；治肺结核咯血，气管炎，月经不调。

化学成分　蛇根草酸、蛇根草苷等。

短小蛇根草（茜草科）

Ophiorrhiza pumila Champ. ex Benth.

药 材 名　短小蛇根草、小蛇根草。

药用部位　全草。

功效主治　清热消炎，润肠通便，和血平肝；治气管炎，百日咳，溺血，痔疮出血，痢疾，咽喉肿痛，扁桃体炎，疳积，疖痈。

化学成分　查包苷、伊那莫苷等。

臭鸡矢藤（茜草科）

Paederia cruddasiana Prain

药 材 名　鸡矢藤、鸡屎藤、狗屁藤。

药用部位　地上部分。

功效主治　祛风利湿，消食化积，止咳，止痛；治风湿筋骨痛，跌打损伤，肝胆、胃肠绞痛，黄疸性肝炎，肠炎，痢疾，支气管炎。

化学成分　鸡矢藤苷、β-谷甾醇等。

鸡矢藤（茜草科）

Paederia foetida L.

药 材 名　鸡矢藤、鸡屎藤、牛皮冻。

药用部位　根、全草。

功效主治　祛风利湿，消食化积，止咳，止痛；治风湿筋骨痛，跌打损伤，肝胆胃肠绞痛，黄疸性肝炎，肠炎，痢疾，支气管炎。

化学成分　鸡矢藤苷、鸡矢藤次苷等。

香港大沙叶（茜草科）

Pavetta hongkongensis Bremek.

药 材 名　大沙叶、茜木、广东大沙叶。

药用部位　茎叶。

功效主治　清热解暑，活血祛瘀；治中暑，感冒发热，肝炎，跌打损伤。

化学成分　β-谷甾醇、槲皮醇等。

南山花（茜草科）

Prismatomeris tetrandra (Roxb.) K. Schum.

药 材 名　黄根、三角瓣花。

药用部位　根。

功效主治　祛瘀生新，强壮筋骨；治风湿性关节炎，肝炎，地中海贫血，再生障碍性贫血，硅肺。

化学成分　十八碳6烯酸、棕榈酸等。

九节（茜草科）

Psychotria asiatica L.

药 材 名　山大颜、九节木、山大刀。

药用部位　根、叶。

功效主治　清热解毒，消肿拔毒；治白喉，扁桃体炎，咽喉炎，痢疾，肠伤寒，胃痛，风湿骨痛。

化学成分　白桦脂醇、腺苷等。

美果九节（茜草科）

Psychotria calocarpa Kurz

药 材 名　花叶九节木、小功劳、牙齿硬。

药用部位　全株。

功效主治　清热解毒，祛风止痛；治细菌性痢疾，肠炎，感冒，咳嗽，肾炎，膀胱炎，风湿腰腿痛，跌打损伤，骨折，蛇咬伤。

滇南九节（茜草科）

Psychotria henryi H. Lév.

药 材 名　滇南九节。

药用部位　根。

功效主治　健脾除湿，理气止痛。

毛九节（茜草科）

Psychotria pilifera Hutch.

药 材 名　小功劳、花叶九节木、芽摆恩（傣药）。

药用部位　全株。

功效主治　清热解毒，祛风利湿，镇静镇痛；治细菌性痢疾，肠炎腹泻，癫痫，肾炎，膀胱炎，风湿腰腿痛，咳嗽。

驳骨九节（茜草科）

Psychotria prainii H. Lév.

药 材 名　驳骨九节、毛九节、驳骨草。

药用部位　全草。

功效主治　清热解毒，散瘀止血；治跌打，风湿，疮疖，蛇咬伤、细菌性痢疾，肠炎，咯血，内痔出血，月经过多，消化不良。

化学成分　香草酸、间苯二酚等。

蔓九节（茜草科）

Psychotria serpens L.

药 材 名　蔓九节、葡萄九节、穿根藤。

药用部位　全草。

功效主治　祛风止痛，舒筋活络；治风湿性关节炎，腰骨痛，四肢腹痛，腰肌劳损，跌打损伤后功能障碍。

化学成分　白杨素、刺槐素等。

茜草（茜草科）

Rubia cordifolia L.

药 材 名　茜草。

药用部位　根、根茎。

功效主治　凉血，止血，活血，祛瘀，通经；治吐血，衄血，便血，尿血，崩漏，闭经，跌打损伤。

化学成分　大叶茜草素、茜草素等。

柄花茜草（茜草科）

Rubia podantha Diels

药 材 名　大茜草、逆刺、红花茜草。

药用部位　根、根茎。

功效主治　清热解毒，凉血止血，活血祛瘀，祛风除湿；治痢疾，腹痛，泄泻，吐血，崩漏下血，风湿骨痛，跌打肿痛，外伤出血。

大叶茜草（茜草科）

Rubia schumanniana Pritz.

药 材 名　茜草、锯锯藤。

药用部位　全草。

功效主治　止血化瘀，消炎解毒；治血热引起的各种出血，月经过多，肿瘤，经闭，水肿，血崩，肝炎，痈肿疔毒，蛇咬伤。

化学成分　大叶茜草素、蒽醌、糖苷类、环己肽类、多聚糖类、萜类等。

多花茜草（茜草科）

Rubia wallichiana Decne.

药 材 名　多花茜草。

药用部位　全草。

功效主治　凉血止血，活血祛瘀；治衄血，吐血，便血，崩漏，月经不调，经闭腹痛，风湿性关节痛，肝炎。

化学成分　Rubiawallin A、rubiawallin B等。

紫参（茜草科）

Rubia yunnanensis Diels

药 材 名　滇茜草、小红参、大理茜草。

药用部位　根。

功效主治　活血舒筋，祛瘀生新，调养气血；治风湿疼痛，跌打损伤，月经不调，闭经，带下，产后关节痛，肺痨咳血，头晕失眠，贫血。

化学成分　Rubiawallin A、rubiawallin B等。

裂果金花（茜草科）

Schizomussaenda dehiscens (Craib) H. L. Li

药 材 名　大树甘草、当娜（傣药）。

药用部位　茎。

功效主治　清热解毒，止咳化痰，利尿消肿；治肺热咳嗽，咳痰咯血，咽喉肿痛，水肿，尿急尿痛，赤白下痢。

六月雪（茜草科）

Serissa japonica (Thunb.) Thunb.

药 材 名　六月雪、白马骨。

药用部位　全草。

功效主治　疏风解表，清热除湿，舒筋活络；治感冒，咳嗽，牙痛，急性扁桃体炎，咽喉炎，急慢性肝炎，肠炎，痢疾。

化学成分　大黄素、松脂素等。

白马骨（茜草科）

Serissa serissoides (DC.) Druce

药 材 名　白马骨、满天星、路边姜、天星木、路边荆、鸡骨柴。

药用部位　全草。

功效主治　疏风解表，清热除湿，舒筋活络；治感冒，咳嗽，牙痛，急性扁桃体炎，咽喉炎，急慢性肝炎，肠炎，痢疾。

化学成分　熊果酸、β-谷甾醇等。

鸡仔木（茜草科）

Sinoadina racemosa (Siebold et Zucc.) Ridsdale

药 材 名　鸡仔木。

药用部位　全草。

功效主治　清热解毒，利尿，消肿，散瘀止痛；治普通感冒，流行性感冒，腮腺炎，咽喉炎，痢疾，跌打损伤。

假桂乌口树（茜草科）

Tarenna attenuata (Hook. f.) Hutch.

药 材 名　乌口树、树节。

药用部位　全草。

功效主治　祛风消肿，散瘀止痛；治跌打损伤，风湿痛，蜂窝组织炎，脓肿，胃肠绞痛。

化学成分　Tarenninosides A、tarenninosides G等。

白皮乌口树（茜草科）

Tarenna depauperata Hutch.

药 材 名　白皮乌口树、白骨木、雅解沙多（傣药）。

药用部位　全草。

功效主治　调补气血；治妇女产后虚弱。

白花苦灯笼（茜草科）

Tarenna mollissima (Hook. et Arn.) B. L. Rob.

药 材 名　麻糖风、密毛乌口树、毛达仑木。

药用部位　根、叶。

功效主治　清热解毒，滋阴降火；治肺结核咯血，潮热，急性扁桃体炎，感冒发热，咳嗽，热性胃痛，疝气痛。

毛钩藤（茜草科）

Uncaria hirsuta Havil.

药 材 名　毛钩藤、倒吊风藤、台湾风藤。

药用部位　带钩枝条。

功效主治　清热平肝，息风定惊，镇静，镇痉；治小儿高热抽搐，成年人高血压，神经性头痛。

化学成分　钩藤碱、去氢钩藤碱等。

平滑钩藤（茜草科）

Uncaria laevigata Wall. ex G. Don

药 材 名　平滑钩藤。

药用部位　藤茎、叶。

功效主治　除火毒，消肿，祛风，通气血；治肢体关节红肿疼痛，活动受限，腰部疼痛，肢体关节酸痛重着，屈伸不利，热风所致的头目胀痛。

大叶钩藤（茜草科）

Uncaria macrophylla Wall.

药 材 名　大叶钩藤、大钩丁、双钩藤。

药用部位　带钩枝条。

功效主治　清热，平肝，息风，止痉；治小儿高热，惊厥，抽搐，小儿夜啼，风热头痛，高血压，神经性头痛。

化学成分　异钩藤碱、钩藤碱等。

钩藤（茜草科）

Uncaria rhynchophylla (Miq.) Miq. ex Havil.

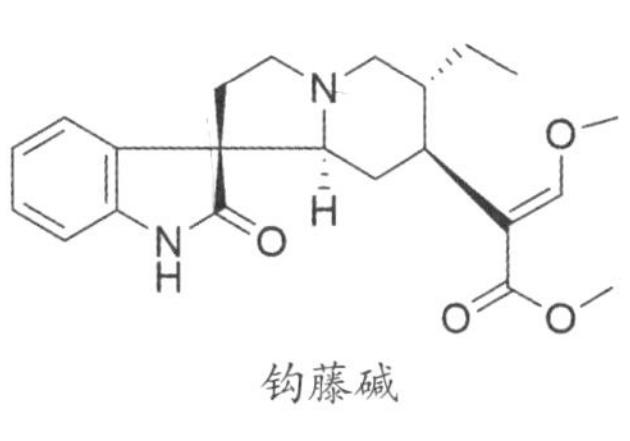

钩藤碱

药 材 名　钩藤、鹰爪风、吊风根、金钩草、倒挂刺。

药用部位　带钩茎枝。

生　　境　常生于山谷溪边的疏林或灌丛中。

采收加工　秋冬二季采收，去叶，切段，晒干。

药材性状　带钩茎枝，茎枝略呈方柱形，以双钩形如锚状、茎细、钩结实、光滑、色红褐或紫褐者为佳。

性味归经　甘、凉。归肝、心包经。

功效主治　息风定惊，清热平肝；治肝风内动，惊痫抽搐，高热惊厥，感冒夹惊，小儿惊啼，妊娠子痫，头痛眩晕。

化学成分　钩藤碱、异钩藤碱、柯诺辛因碱、异柯诺辛因碱、柯楠因碱、二氢柯楠因碱、硬毛帽柱木碱等。

核心产区　浙江、江西、福建、湖南、广东、广西、四川、贵州、云南等地。

用法用量　3～12克，后下。

本草溯源　《名医别录》《日华子本草》《本草纲目》《本草新编》《中华本草》《中药大辞典》。

附　　注　钩藤具有一定的肝毒性与神经系统毒性（生物碱如钩藤碱）。

侯钩藤（茜草科）

Uncaria rhynchophylloides F. C. How

药 材 名　侯钩藤、假钩藤。

药用部位　带钩枝条。

功效主治　祛风，清热，镇痉；治小儿高热，惊厥，抽搐，小儿夜啼，风热头痛，高血压，神经性头痛。

化学成分　Howlumine、agrocybenine等。

攀茎钩藤（茜草科）

Uncaria scandens (Sm.) Hutch.

药 材 名　攀茎钩藤、怀咪王昏（傣药）。

药用部位　带钩茎枝。

功效主治　祛风，清热，镇痉；治小儿高热，惊厥，抽搐，小儿夜啼，风热头痛，高血压，神经性头痛。

化学成分　乌索酸、奎诺酸、β-谷甾醇、环桉烯醇、东莨菪亭、香草酸甲酯等。

白钩藤（茜草科）

Uncaria sessilifructus Roxb.

药 材 名　白钩藤、耿马钩藤、双钩藤、双钩。

药用部位　带钩枝条。

功效主治　祛风，清热，镇痉；治小儿高热，惊厥，抽搐，小儿夜啼，风热头痛，高血压，神经性头痛。

化学成分　β-谷甾醇、β-胡萝卜苷、白桦脂醇等。

尖叶木（茜草科）

Urophyllum chinense Merr. et Chun

药 材 名　尖叶木、扁少火囡（傣药）。

药用部位　枝叶。

功效主治　散结止痛；治疮疖。

红皮水锦树（茜草科）

Wendlandia tinctoria (Roxb.) DC. subsp. **intermedia** (F. C. How) W. C. Chen

药 材 名　红皮水锦树、染色水锦树。

药用部位　叶。

功效主治　散瘀消肿；治跌打损伤。

水锦树（茜草科）

Wendlandia uvariifolia Hance

药 材 名　水锦树、猪血木、饭汤木。

药用部位　根、叶。

功效主治　祛风除湿，散瘀消肿，止血生肌。根：治风湿性关节炎，跌打损伤。叶：外用治外伤出血，疮疡溃烂久不收口。

糯米条（忍冬科）

Abelia chinensis R. Br.

药 材 名　糯米条、大叶白骨马。

药用部位　茎、叶。

功效主治　清热解毒，凉血止血；治痢疾，对口疮，腮腺炎，龋齿，衄血，咳血，吐血，便血，流行性感冒，跌打损伤。

淡红忍冬（忍冬科）

Lonicera acuminata Wall.

药 材 名　淡红忍冬、巴东忍冬。

药用部位　花。

功效主治　清热解毒，疏散风热，凉血止痢；治痈肿疔疮，咽喉肿痛，乳痈肠痈，感冒，血痢。

化学成分　槲皮素-3-*O*-吡喃葡萄糖苷、灰毡毛忍冬素F等。

华南忍冬（忍冬科）

Lonicera confusa DC.

绿原酸

药 材 名 山银花、山金银花、土银花。

药用部位 花蕾或待初开的花。

生　　境 野生或栽培，生于丘陵、灌丛及平原旷野、路旁或河岸边。

采收加工 夏初花开放前采收，干燥。

药材性状 呈棒状而稍弯曲，长1.6～3.5厘米，直径0.5～2毫米。萼筒和花冠密被灰白色毛。质稍硬，手捏之稍有弹性。气清香，味微苦甘。

性味归经 甘，寒。归肺、心、胃经。

功效主治 清热解毒，疏散风热；治痈肿疔疮，喉痹，丹毒，热毒血痢，风热感冒，温病发热。

化学成分 绿原酸、灰毡毛忍冬皂苷乙、川续断皂苷乙、新绿原酸、异绿原酸A等。

核心产区 广东、海南、广西。

用法用量 煎汤，6～15克。

本草溯源 《中华本草》。

附　　注 为药食同源品种。金银花有金银花与山银花之分，1963年版的《中国药典》首次收载金银花为忍冬科植物忍冬，2005年版的《中国药典》增加了山银花，明确山银花为忍冬科植物华南忍冬、灰毡毛忍冬*L. macran-thoides*和红腺忍冬*L. hypoglauca*。山银花除供临床药用和制剂生产以外，还广泛用于凉茶、保健品等的生产，在华南地区，该植物也常作为庭院绿化的观赏植物。

锈毛忍冬（忍冬科）

Lonicera ferruginea Rehder

药 材 名　老虎合藤。

药用部位　花、花茎。

功效主治　祛风除湿，利尿通淋；治风湿热痹，小便不利。

菰腺忍冬（忍冬科）

Lonicera hypoglauca Miq.

药 材 名　金银花、红腺忍冬。

药用部位　花蕾。

功效主治　清热解毒，疏散风热，凉血止痢；治痈肿疔疮，喉痹，丹毒，热毒血痢，风热感冒，温热发病。

化学成分　绿原酸、异绿原酸等。

金银花（忍冬科）

Lonicera japonica Thunb.

药 材 名　金银花、忍冬藤、土银花。

药用部位　花蕾或待初开的花、藤茎。

功效主治　清热解毒，疏散风热，凉血止痢；治流行性感冒，扁桃体炎，肺脓肿，细菌性痢疾，急性阑尾炎，痈疖脓肿。

化学成分　绿原酸、异绿原酸等。

灰毡毛忍冬（忍冬科）

Lonicera macranthoides Hand.-Mazz.

药材名 山银花。

药用部位 花蕾或待初开的花蕾。

功效主治 清热解毒，疏散风热；治痈肿疔疮，喉痹，丹毒，热毒血痢，风热感冒，温热发病。

化学成分 7,3′,4′-三甲氧基槲皮素-3-*O*-芸香糖苷、灰毡毛忍冬次皂苷甲、灰毡毛忍冬次皂苷乙、槲皮素-3-*O*-*β*-D-吡喃葡萄糖苷等。

大花忍冬（忍冬科）

Lonicera macrantha (D. Don) Spreng.

药材名 大花忍冬、大花金银花。

药用部位 花。

功效主治 清热解毒，疏散风热；治痈肿疔疮，喉痹，丹毒，热毒血痢，风热感冒，温热发病。

化学成分 绿原酸等。

短柄忍冬（忍冬科）

Lonicera pampaninii H. Lév.

药材名 短柄忍冬、贵州忍冬。

药用部位 花。

功效主治 清热解毒；治感冒，咳嗽，咽喉炎。

化学成分 绿原酸、异绿原酸等。

皱叶忍冬（忍冬科）

Lonicera reticulata Champ. ex Benth.

药材名 金银花。

药用部位 花。

功效主治 清热解毒；治痈肿疔疮，喉痹，丹毒，热毒血痢，风热感冒，温热发病。

接骨草（忍冬科）

Sambucus javanica Reinw. ex Blume

药 材 名　接骨草、陆英、走马箭。

药用部位　果实。

功效主治　散瘀消肿，祛风活络；治跌打损伤，扭伤肿痛，骨折疼痛，风湿性关节痛。

化学成分　陆英甲素、陆英甲苷等。

接骨木（忍冬科）

Sambucus williamsii Hance

药 材 名　接骨木、木蒴藋、续骨草。

药用部位　茎枝。

功效主治　祛风利湿，活血止血；治风湿痹痛，痛风，大骨节病，急、慢性肾炎，风疹，跌打损伤，骨折肿痛。

化学成分　接骨木花色素苷、花色素葡萄糖苷等。

短序荚蒾（忍冬科）

Viburnum brachybotryum Hemsl.

药 材 名　短序荚蒾、短球荚蒾、球花荚蒾。

药用部位　根、叶、花。

功效主治　清热，祛风除湿，收敛止泻；治肠炎，痢疾。

水红木（忍冬科）

Viburnum cylindricum Buch.-Ham. ex D. Don

药 材 名　水红木、狗肋巴、斑鸠石。

药用部位　根、叶、花。

功效主治　祛风除湿，活血通络，解毒；治跌打损伤，风湿筋骨痛，胃痛肝炎，尿道感染，小儿肺炎，支气管炎。

化学成分　羽扇豆醇、乌苏酸等。

荚蒾（忍冬科）

Viburnum dilatatum Thunb.

药 材 名　荚蒾、酸汤杆、苦柴子。

药用部位　茎叶。

功效主治　清热解毒，疏风解表；治疔疮发热，风热感冒，过敏性皮炎。

化学成分　荚蒾螺内酯、β-谷甾醇等。

宜昌荚蒾（忍冬科）

Viburnum erosum Thunb.

药 材 名　宜昌荚蒾、野绣球、糯米条子。

药用部位　茎叶。

功效主治　祛风，除湿；治风湿痹痛。

化学成分　β-谷甾醇、熊果酸等。

臭荚蒾（忍冬科）

Viburnum foetidum Wall.

药 材 名　臭荚蒾、芽卧命（傣药）。

药用部位　根。

功效主治　清热解毒，健胃止痛；治痢疾，腹痛，牙痛，火眼。

化学成分　丙烯酚、乙酰丁香油酚、丁香油酚和冬青油等。

珍珠荚蒾（忍冬科）

Viburnum foetidum Wall. var. **ceanothoides** (C. H. Wright) Hand.-Mazz.

药 材 名　珍珠花、冷饭果、莲粉果。

药用部位　根、叶。

功效主治　清热解毒，止咳，止血。

化学成分　白桦醇、熊果醇、β-谷甾醇、白桦脂醇、熊果酸、对羟基苯甲酸等。

南方荚蒾（忍冬科）

Viburnum fordiae Hance

药 材 名　南方荚蒾、火柴树、火斋。

药用部位　根、茎、叶。

功效主治　祛风清热，散瘀活血；治感冒，发热，月经不调，肥大性脊椎炎，风湿痹痛，跌打骨折，湿疹。

化学成分　熊果醇、古柯二醇等。

淡黄荚蒾（忍冬科）

Viburnum lutescens Blume

药 材 名　罗盖叶、黄荚蒾。

药用部位　叶。

功效主治　祛瘀生新，消肿止痛；治刀伤出血。

吕宋荚蒾（忍冬科）

Viburnum luzonicum Rolfe

药 材 名　牛伴木、罗盖荚蒾。

药用部位　茎叶。

功效主治　祛风除湿，活血；治跌打损伤，骨折，枪伤。

化学成分　Luzonoside A、luzonoside B等。

琼花（忍冬科）

Viburnum macrocephalum Fortune f. **keteleeri** (Carrière) Rehder

药 材 名　木绣球茎、聚八仙、八仙花。

药用部位　茎。

功效主治　燥湿止痒；治疥癣，湿疹。

化学成分　日柳穿鱼苷A、胡萝卜甾醇等。

珊瑚树（忍冬科）

Viburnum odoratissimum Ker Gawl.

药 材 名　沙塘木、香柄树、枫饭树。

药用部位　树皮、根、叶。

功效主治　清热祛湿，通经活络，拔毒生肌；治感冒，风湿，跌打肿痛，骨折。

化学成分　Vibsansuspenside A、vibsansuspenside B等。

蝴蝶戏珠花（忍冬科）

Viburnum plicatum Thunb. var. **tomentosum** Miq.

药 材 名　蝴蝶戏珠花、蝴蝶花、蝴蝶树。

药用部位　根、茎。

功效主治　清热解毒，健脾消积，祛风除湿；治疮毒，淋巴结炎，小儿疳积，风湿痹痛，跌打损伤。

化学成分　异乙酰糖苷、它乔糖苷等。

球核荚蒾（忍冬科）

Viburnum propinquum Hemsl.

药 材 名　球核荚蒾、兴山绣球、兴山荚蒾。

药用部位　叶。

功效主治　散瘀止血，续筋接骨；治骨折，跌打损伤。

化学成分　3,4,2′,4′-四羟基-查耳酮、蒲公英赛醇等。

常绿荚蒾（忍冬科）

Viburnum sempervirens K. Koch

药 材 名　坚荚蒾、常绿荚蒾、冬红果。

药用部位　叶。

功效主治　消肿止痛，活血散瘀；治跌打外伤。

具毛常绿荚蒾（忍冬科）

Viburnum sempervirens K. Koch var. **trichophorum** Hand. -Mazz.

药 材 名　常绿荚蒾、坚荚蒾、埋昂亮（傣药）。

药用部位　根茎、叶。

功效主治　除湿利尿；治小便热涩疼痛，尿血，子宫脱垂，脱肛。

茶荚蒾（忍冬科）

Viburnum setigerum Hance

药 材 名　鸡公柴、垂果荚蒾、糯米树。

药用部位　根。

功效主治　清热，利湿，活血化瘀；治小便淋浊，肺痈，咳吐脓血，热瘀经闭。

化学成分　Alashinol G、alashinol F等。

半边月（忍冬科）

Weigela japonica Thunb. var. **sinica** (Rehder) L. H. Bailey

药 材 名　水马桑。

药用部位　根。

功效主治　理气健脾，滋阴补虚；治食少气虚，消化不良，体质虚弱。

化学成分　东莨菪内酯、秦皮素等。

败酱（败酱科）

Patrinia scabiosifolia Link

药 材 名　败酱草、黄花龙芽、龙芽败酱。

药用部位　根、根茎、全草。

功效主治　清热利湿，解毒排脓，活血祛瘀；治阑尾炎，痢疾，肠炎，肝炎，结膜炎，产后瘀血腹痛，痈肿疔疮。

化学成分　4-羟基-3-甲氧基苯甲醛、2,6-二甲氧基苯醌等。

攀倒甑（败酱科）

Patrinia villosa (Thunb.) Dufr.

药 材 名　败酱草。

药用部位　根、根茎、全草。

功效主治　清热利湿，解毒排脓，活血祛瘀；治阑尾炎，痢疾，肠炎，肝炎，结膜炎，产后瘀血腹痛，痈肿疔疮。

化学成分　绿原酸丁酯、3,4-*O*-双咖啡酰奎尼酸甲酯等。

蜘蛛香（败酱科）

Valeriana jatamansi Jones

药 材 名　马蹄香、臭药、芽季马（傣药）。

药用部位　全株。

功效主治　有小毒。温中行气，消食健胃；治胃痛，消化不良，腹泻，胃肠炎，痢疾。

化学成分　挥发油、环烯醚萜类等。

川续断（川续断科）

Dipsacus asper Wall.

药 材 名　川续断、刺芹儿。

药用部位　根。

功效主治　补肝肾，续筋骨，行气消肿，止痛；治腰膝软痛，胎漏，带下，遗精，金疮，跌打损伤，疮疖肿毒。

化学成分　马钱子苷、茶茱萸苷等。

和尚菜（菊科）

Adenocaulon himalaicum Edgew.

药 材 名　葫芦叶、腺梗菜。

药用部位　根茎。

功效主治　宣肺平喘，利水消肿，散瘀止痛；治咳嗽气喘，水肿，小便不利，产后瘀血腹痛，跌打损伤。

化学成分　Adenocaulone、adenocaulolide等。

下田菊（菊科）

Adenostemma lavenia (L.) O. Kuntze

药 材 名　下田菊、白龙须、水胡椒。

药用部位　全草。

功效主治　清热利湿，解毒消肿；治感冒高热，支气管炎，咽喉炎，扁桃体炎，黄疸性肝炎。

化学成分　α-荜澄茄油烯、石竹烯等。

藿香蓟（菊科）

Ageratum conyzoides L.

药 材 名　胜红蓟、咸虾花、白花草。

药用部位　全草、叶及嫩茎。

功效主治　祛风清热，止痛，止血，排石；治扁桃体炎，咽喉炎，急性胃肠炎，胃痛，腹痛，崩漏，肾结石，膀胱结石，湿疹。

化学成分　5,7-二羟基色原酮、阿亚黄素等。

心叶兔儿风（菊科）

Ainsliaea bonatii Beauverd

药 材 名　双股箭、大俄火把、大一支箭、小接骨丹。

药用部位　根。

功效主治　祛风除湿，通经活络；治风湿筋骨疼痛，跌打损伤；外用治关节脱臼。

化学成分　蒲公英甾醇、β-谷甾醇、紫花前胡苷元、对二苯酚、瑞香内酯、芹菜素、熊果苷等。

杏香兔耳风（菊科）

Ainsliaea fragrans Champ. ex Benth.

药 材 名　杏香兔耳风、白走马胎、金边兔耳草。

药用部位　全草。

功效主治　清热解毒，消积散结，止咳，止血；治上呼吸道感染，肺脓肿，肺结核咯血，黄疸，小儿疳积，消化不良，乳腺炎。

化学成分　原儿茶酸、咖啡酸等。

纤枝兔耳风（菊科）

Ainsliaea gracilis Franch.

药 材 名　纤枝兔耳风。

药用部位　全草。

功效主治　止血；治咳血。

阿里山兔耳风（菊科）

Ainsliaea macroclinidioides Hayata

药 材 名　铁灯兔耳风。

药用部位　全草。

功效主治　清热解毒；治鹅口疮。

白背兔儿风（菊科）

Ainsliaea pertyoides Franch. var. **albotomentosa** Beauverd

药 材 名　叶下花、兔耳风、芽乎摆（傣药）。

药用部位　根。

功效主治　有小毒。祛风湿，止痹痛；治骨折，跌打损伤，淋巴结结核，淋巴结炎，风湿骨痛。

莲沱兔耳风（菊科）

Ainsliaea ramosa Hemsl.

药 材 名　莲沱兔耳风。

药用部位　全草。

功效主治　清热解毒，润肺止咳；治痢疾，喉痛，吐血，小儿哮喘。

细穗兔儿风（菊科）

Ainsliaea spicata Vaniot

药 材 名　肾炎草、兔耳风、芽呼混（傣药）。

药用部位　全草。

功效主治　消炎利尿，清热解毒；治急慢性肾炎，肾盂肾炎，尿路感染，膀胱炎。

化学成分　三萜类、倍半萜内酯类、甾体类、脂肪酸和联苯类等。

珠光香青（菊科）

Anaphalis margaritacea (L.) Benth. et Hook. f.

药 材 名　大叶白头翁、大火青、毛女儿草。

药用部位　带根全草。

功效主治　清热解毒，祛风通络，驱虫；治感冒，牙痛，痢疾，风湿性关节痛，蛔虫病。

化学成分　十三炭五炔烯、反式去氢母菊酯等。

香青（菊科）

Anaphalis sinica Hance

药 材 名　通肠香、萩、籁箫。

药用部位　全草。

功效主治　祛风解表，宣肺止咳；治感冒，气管炎，肠炎，痢疾。

化学成分　α-葎草烯、环氧化葎草烯等。

山黄菊（菊科）

Anisopappus chinensis Hook. et Arn.

药 材 名　山黄菊、金菊花、旱山菊。

药用部位　花。

功效主治　清热化痰；治感冒头痛，慢性支气管炎。

牛蒡（菊科）

Arctium lappa L.

药 材 名　牛蒡、恶实、大力子。

药用部位　果实、根。

功效主治　果实：疏散风热，宣肺透疹，散结解毒；治风热感冒，头痛，咽喉肿痛，痈疖疮疡。根：清热解毒，疏风利咽；治风热感冒，咳嗽，咽喉肿痛。

化学成分　1,5-二咖啡酰-3-苹果酰奎尼酸、3,5-二咖啡酰-1-(2-咖啡酰-4-苹果酰)-奎尼酸等。

黄花蒿（菊科）

Artemisia annua L.

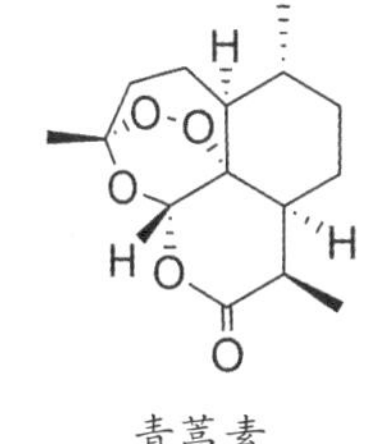
青蒿素

药材名　青蒿。

药用部位　地上部分。

生　境　野生或栽培，生于旷野、山坡、路边、河岸等处。

采收加工　秋季花盛开时采割，除去老茎，阴干。

药材性状　茎呈圆柱形，上部多分枝，表面黄绿色或棕黄色，具纵棱线，质略硬，易折断，断面中部有髓；叶呈暗绿色或棕绿色，卷缩易碎。气香特异，味微苦。

性味归经　苦、辛，寒。归肝、胆经。

功效主治　清虚热，除骨蒸，解暑热，截疟，退黄；治温邪伤阴，夜热早凉，阴虚发热，骨蒸劳热，暑邪发热，疟疾寒热，湿热黄疸。

化学成分　青蒿素、青蒿素Ⅰ-Ⅲ、9-epi-artemisine、青蒿烯、二氢青蒿酸、青蒿酸、双氢青蒿素B、1β-hydroxy-4(15),5-eudesmadiene等。

核心产区　华南各省均有分布。

用法用量　煎汤，6～12克，后下。

本草溯源　《神农本草经》《新修本草》《本草纲目》。

附　注　中国药学家屠呦呦研究员从葛洪的《肘后备急方》得到启发，研发出新型抗疟药青蒿素，青蒿素等的发现，从根本上改变了寄生虫疾病的治疗，她由此获得2015年诺贝尔生理学或医学奖，这是中国科学家首次在本土开展科学研究而获诺贝尔奖。

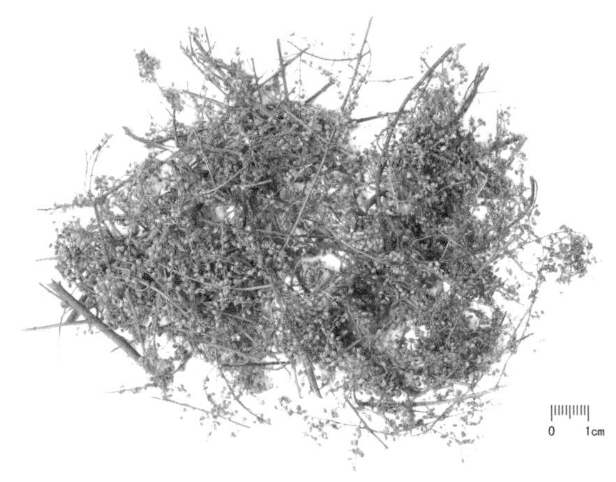

奇蒿（菊科）

Artemisia anomala S. Moore

药 材 名　奇蒿、刘寄奴、南刘寄奴。

药用部位　带花全草。

功效主治　清暑利湿，活血行瘀，通经止痛；治中暑，头痛，肠炎，痢疾，经闭腹痛，风湿疼痛，跌打损伤。

化学成分　槲皮素、柚皮素等。

艾（菊科）

Artemisia argyi H. Lév. et Vaniot

药 材 名　艾叶、艾蒿。

药用部位　叶。

功效主治　散寒除湿，温经止血；治功能性子宫出血，先兆流产，痛经，月经不调。

化学成分　2-甲基丁醇、2-己烯醛等。

茵陈蒿（菊科）

Artemisia capillaris Thunb.

药 材 名　茵陈蒿、茵陈、绵茵陈。

药用部位　幼苗。

功效主治　清湿热，退黄疸；治黄疸，小便不利，湿疹瘙痒，疔疮火毒。

化学成分　6,7-二甲基七叶树内酯、茵陈二炔酮等。

青蒿（菊科）

Artemisia carvifolia Buch.-Ham. ex Roxb.

药 材 名　青蒿。

药用部位　地上部分。

功效主治　散风火，解暑热，止盗汗；治外感暑热，阴虚潮热，盗汗，疟疾。

化学成分　艾蒿碱、苦味素等。

五月艾（菊科）

Artemisia indica Willd.

药 材 名　艾叶、小野艾、大艾。

药用部位　叶。

功效主治　有小毒。散寒除湿，温经止血；治偏头痛，崩漏下血，风湿痹痛，疟疾，痈肿，功能性子宫出血，先兆流产，痛经。

化学成分　青蒿酮、牻牛儿烯等。

牡蒿（菊科）

Artemisia japonica Thunb.

药 材 名　牡蒿根、齐头蒿、土柴胡。

药用部位　根。

功效主治　清热，凉血，解暑；治感冒发热，中暑，疟疾，肺结核潮热，高血压。

化学成分　环己酮、氧化石竹烯等。

白苞蒿（菊科）

Artemisia lactiflora Wall. ex DC.

药 材 名　白苞蒿、鸭脚艾、四季菜。

药用部位　全草或根。

功效主治　理气，活血，调经，利湿，解毒，消肿；治月经不调，慢性肝炎，肾炎水肿，带下，荨麻疹，疝气。

化学成分　7-甲氧基香豆精、白花蒿素等。

野艾蒿（菊科）

Artemisia lavandulifolia DC.

药 材 名　野艾蒿、荫地蒿、野艾。

药用部位　全草。

功效主治　温经止血，散寒止痛，祛湿止痒；治吐血，痛经，疥癣。

化学成分　桉树脑素、樟脑等。

多花蒿（菊科）

Artemisia myriantha Wall. ex Besser

药 材 名　蒿枝、苦蒿、黑蒿。

药用部位　全草。

功效主治　有毒。清热祛暑，凉血止血；治夏季感冒，中暑发热，骨蒸，潮热，吐血，衄血。

化学成分　绿原酸、黄酮类、倍半萜内酯类等。

魁蒿（菊科）

Artemisia princeps Pamp.

药 材 名　魁蒿、艾蒿、野蓬头。

药用部位　全草。

功效主治　有毒。祛风消肿，止痛止痒，调经止血；治偏头痛，月经不调。

化学成分　1,8-桉叶素、侧柏酮等。

猪毛蒿（菊科）

Artemisia scoparia Waldst. et Kit.

药 材 名 猪毛蒿、茵陈蒿、绵茵陈。

药用部位 全草。

功效主治 清热利湿，利胆退黄；治黄疸，小便不利，湿疮瘙痒。

化学成分 蒿属香豆素、绿原酸、咖啡酸等。

三脉紫菀（菊科）

Aster ageratoides Turcz.

药 材 名 山白菊。

药用部位 全草。

功效主治 清热解毒，止咳去痰；治感冒发热，扁桃体炎，支气管炎。

化学成分 山柰酚、槲皮素、槲皮素鼠李糖苷等。

白舌紫菀（菊科）

Aster baccharoides (Benth.) Steetz.

药 材 名 白舌紫菀。

药用部位 全草。

功效主治 清热解毒，凉血止血；治感冒发热，牙龈出血，疮疖，癞疮。

琴叶紫菀（菊科）

Aster panduratus Nees ex Walp.

药 材 名　岗边菊、福氏紫菀。

药用部位　全草。

功效主治　温中散寒，止咳，止痛；治肺寒咳嗽，慢性胃痛。

短舌紫菀（菊科）

Aster sampsonii (Hance) Hemsl.

药 材 名　短舌紫菀、福氏紫菀。

药用部位　根或全草。

功效主治　理气活血，消积，止汗；治小儿疳积，气虚自汗，月经不调。

化学成分　地芰普内酯、蓝花楹酮、*β*-谷甾醇、木栓酮等。

钻叶紫菀（菊科）

Aster subulatus Michx.

药 材 名　瑞连草。

药用部位　全草。

功效主治　清热解毒；治痈肿，湿疹。

化学成分　芹菜素-7-*O*-*β*-D葡萄糖苷芹菜素、木犀草素、槲皮素等。

三基脉紫菀（菊科）

Aster trinervius Roxb. ex D. Don

药 材 名　三脉山白菊。

药用部位　全草。

功效主治　清热化湿，祛风止痛；治感冒，跌打损伤，蛇咬伤。

云木香（菊科）

Aucklandia costus Falc.

木香烃内酯

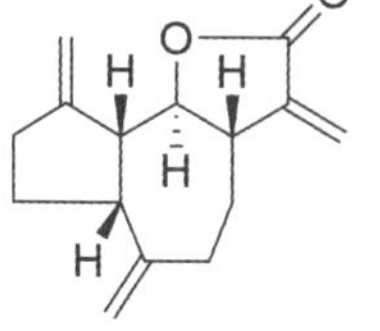

去氢木香内酯

药 材 名　木香、云木香。

药用部位　根。

生　　境　栽培，生于海拔2 500～4 000米的高山地区。

采收加工　秋、冬二季采挖，除去泥沙和须根，切段，大的再纵剖成瓣，干燥后撞去粗皮。

药材性状　外表皮黄棕色至灰褐色，有纵皱纹。切面棕黄色至棕褐色，中部有明显菊花心状的放射纹理，形成层环棕色，气香特异，味微苦。

性味归经　辛、苦，温。归脾、胃、大肠、三焦、胆经。

功效主治　行气止痛，健脾消食；治胸胁、脘腹胀痛，泻痢后重，食积不消，不思饮食。

化学成分　木香烃内酯、去氢木香内酯等。

核心产区　云南（大理、丽江）。

用法用量　煎汤，1.5～6克。

本草溯源　《神农本草经》《本草纲目》《神农本草经疏》《得配本草》《本草求真》。

附　　注　为可用于保健食品的中药。

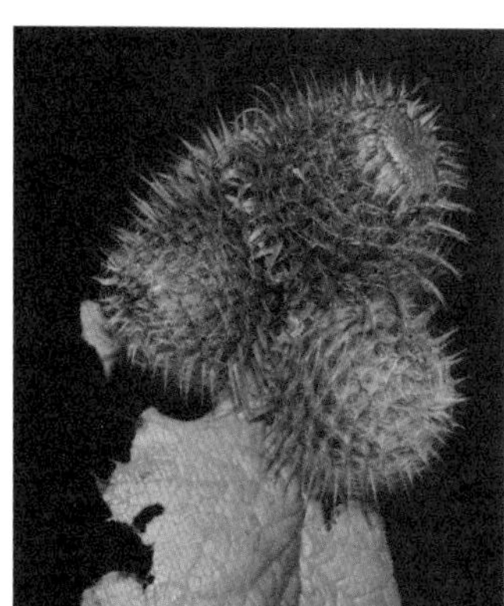

婆婆针（菊科）

Bidens bipinnata L.

药 材 名　鬼针草、刺针草。

药用部位　全草。

功效主治　有毒。清热解毒，祛风活血；治上呼吸道感染，咽喉肿痛，急性阑尾炎。

化学成分　金丝桃苷、异奥卡宁-7-*O*-葡萄糖苷、奥卡宁等。

金盏银盘（菊科）

Bidens biternata (Lour.) Merr. et Sherff

药 材 名　金盏银盘。

药用部位　全草。

功效主治　清热解毒，祛风活血；治上呼吸道感染，咽喉肿痛，急性阑尾炎。

化学成分　蒽醌苷、金丝桃苷、异奥卡宁-7-*O*-葡萄糖苷、奥卡宁等。

鬼针草（菊科）

Bidens pilosa L.

药 材 名　鬼针草、刺针草、盲肠草。

药用部位　全草。

功效主治　清热解毒，祛风活血；治流行性感冒，流行性乙型脑炎，上呼吸道感染。

化学成分　苯基庚三炔、亚油酸、亚麻酸、无羁萜等。

三叶鬼针草（菊科）

Bidens pilosa L. var. **radiata** (Sch. Bip.) J. A. Schmidt

药 材 名　白花鬼针草。

药用部位　全草。

功效主治　清热解毒，祛风活血；治流行性感冒，流行性乙型脑炎，上呼吸道感染，肺炎，小儿疳积，急性阑尾炎。

化学成分　木栓酮、正十三烷等。

狼耙草（菊科）

Bidens tripartita L.

药 材 名　狼把草。

药用部位　全草。

功效主治　有毒。清热解毒，养阴敛汗；治感冒，肝肠炎，痢疾，尿路感染。

化学成分　棕榈酸、石竹烯氧化物、正十七烷等。

百能葳（菊科）

Blainvillea acmella (L.) Phillipson

药 材 名　鱼鳞菜、异芒菊、假麦菜草。

药用部位　全草。

功效主治　祛风解表，润肺止咳，活血化瘀；治外感风热，肺痨久嗽，咯血。

化学成分　大牻牛儿内酯、卵南美菊素、豆甾醇等。

馥芳艾纳香（菊科）

Blumea aromatica DC.

药 材 名　香艾。

药用部位　全草。

功效主治　祛风消肿，活血止痒；治风湿性关节痛，湿疹，皮肤瘙痒。

化学成分　艾纳香素、花椒油素、豆甾醇、柚皮素等。

艾纳香（菊科）

Blumea balsamifera (L.) DC.

左旋龙脑

药 材 名　艾片、左旋龙脑。

药用部位　鲜叶经提取加工制成的结晶。

生　　境　野生或栽培，生于海拔600～1 000米的林缘、林下、河床谷地或草地上。

采收加工　9—10月间，取艾纳香叶，入蒸器中加热使之升华，升华所得的结晶为灰白色之粉状物，即称“艾粉”。经压榨去油，炼成块状结晶，再劈削成颗粒状或片状，即为艾片。

药材性状　白色半透明片状、块状或颗粒状结晶，质稍硬而脆，手捻不易碎。具清香气，味辛、凉，具挥发性，点燃时有黑烟，火焰呈黄色，无残迹遗留。

性味归经　辛、苦，微寒。归心、脾、肺经。

功效主治　治热病神昏、痉厥，中风痰厥，气郁暴厥，中恶昏迷，目赤，口疮，咽喉肿痛，耳道流脓。

化学成分　左旋龙脑。

核心产区　贵州（罗甸），华南各省均有分布与栽培。

用法用量　内服：煎汤，9～18克。外用：煎水洗或研末调敷。

本草溯源　《开宝本草》《本草拾遗》《岭南采药录》《中华本草》。

附　　注　孕妇慎用。

台北艾纳香（菊科）

Blumea formosana Kitam.

药 材 名　台北艾纳香。

药用部位　全草。

功效主治　清热解毒，利尿消肿；治肺热咳嗽，湿热痢疾，痈疽疮疡。

毛毡草（菊科）

Blumea hieraciifolia (Spreng.) DC.

药 材 名　毛毡草、臭草、臭毛毡草。

药用部位　全草。

功效主治　清热解毒；治肠炎腹泻，毒虫咬伤。

见霜黄（菊科）

Blumea lacera (Burm. f.) DC.

药 材 名　红头草、黄花地胆头。

药用部位　全草。

功效主治　清热解毒，消肿止痛；治扁桃体炎，口腔炎，牙龈脓肿。

化学成分　菜油甾醇、见霜黄素、5, 3, 4-三羟基-3, 6, 7-三甲氧基黄酮等。

六耳铃（菊科）

Blumea laciniata DC.

药 材 名　走马风。

药用部位　全草。

功效主治　祛风除湿，通经活络；治风湿骨痛，头痛，跌打肿痛，湿疹。

化学成分　木栓酮、1, 3, 5-三甲氧基苯、α-菠甾醇、α-香树脂醇等。

千头艾纳香（菊科）

Blumea lanceolaria (Roxb.) Druce

药 材 名　千头艾纳香、大叶艾纳香、火油草。

药用部位　叶。

功效主治　祛风除湿，消肿止痛；治风湿骨痛，头痛，跌打损伤。

裂苞艾纳香（菊科）

Blumea martiniana Vaniot

药 材 名　尖苞艾纳香、芽娜龙（傣药）。

药用部位　根。

功效主治　清热解毒，利尿消肿；治急性气管炎，痢疾，肠炎，急性肾小球肾炎，尿路感染，多发性疖肿。

东风草（菊科）

Blumea megacephala (Randeria) C. C. Chang et Y. Q. Tseng

药 材 名　东风草、华艾纳香。

药用部位　全草。

功效主治　祛风除湿，活血调经；治风湿骨痛，跌打肿痛，产后血崩。

化学成分　黄酮类等。

柔毛艾纳香（菊科）

Blumea mollis (D. Don) Merr.

药 材 名　柔毛艾纳香、红头小仙、紫背倒提壶。

药用部位　全草。

功效主治　有毒。消炎，清热解毒；治肺炎，咳喘，口腔炎，胸膜炎，乳腺炎。

化学成分　正三十烷、正三十一烷、菊油环酮等。

长圆叶艾纳香（菊科）

Blumea oblongifolia Kitam.

药 材 名　长圆叶艾纳香。

药用部位　全草。

功效主治　消炎，清热解毒；治急性气管炎，痢疾，肠炎，尿路感染。

化学成分　生物碱类、甾醇类、黄酮类等。

假东风草（菊科）

Blumea riparia DC.

药 材 名　白花九里明、管芽、青羊藤。

药用部位　全草。

功效主治　祛风除湿，散瘀止血；治风湿痹痛，血瘀崩漏，跌打肿痛，痈疖疥疮。

化学成分　圣草素-7,4′-二甲醚、圣草素-7,3′-二甲醚、小麦黄素、小麦黄素7-*O*-*β*-D-吡喃葡萄糖苷等。

金盏花（菊科）

Calendula officinalis L.

药 材 名　金盏菊、盏盏菊。

药用部位　全草。

功效主治　清热解毒，行气活血；治脓耳，月经不调。

化学成分　豆甾醇、β-谷甾醇、菜油甾醇、胆甾醇、金盏菊苷等。

丝毛飞廉（菊科）

Carduus crispus L.

药 材 名　飞廉。

药用部位　全草。

功效主治　清热，祛风，利湿，凉血止血，活血消肿；治感冒咳嗽，头目晕眩，乳糜尿，带下，黄疸，风湿痹痛，吐血，痔疮，烧伤。

化学成分　去氢飞廉碱、去氢飞廉定等。

天名精（菊科）

Carpesium abrotanoides L.

药 材 名　天名精、北鹤虱、天蔓青。

药用部位　全草。

功效主治　有毒。消炎杀虫；治蛔虫病，蛲虫病，绦虫病，虫积腹痛。

化学成分　天名精内酯酮、鹤虱内酯、大叶土木香内酯、依瓦菊素等。

烟管头草（菊科）

Carpesium cernuum L.

药 材 名　烟管头草、烟袋草。

药用部位　全草。

功效主治　清热解毒，消炎退肿；治感冒，腹痛，急性肠炎，乳腺炎。

化学成分　特勒内酯、天名精内酯酮、天名精内酯醇等。

金挖草（菊科）

Carpesium divaricatum Siebold et Zucc.

药 材 名　金挖草。

药用部位　全草。

功效主治　清热解毒；治感冒发热，咽喉肿痛，牙痛，蛔虫病。

化学成分　金挖卫素A-C等。

石胡荽（菊科）

Centipeda minima (L.) A. Braun et Asch.

药 材 名　石胡荽、鹅不食草、球子草。

药用部位　全草。

功效主治　通窍散寒，祛风利湿，散瘀消肿；治感冒鼻塞，急慢性鼻炎，过敏性鼻炎，百日咳，慢性支气管炎，蛔虫病，跌打损伤。

化学成分　棕榈酸、蒲公英甾醇酯、乙酸蒲公英甾醇酯等。

茼蒿（菊科）

Chrysanthemum coronarium L.

药 材 名　茼蒿。

药用部位　茎叶。

功效主治　安心气，健脾胃，消痰饮，利肠胃；治消化不良，痰饮，便秘。

化学成分　伞形花内酯、东莨菪素、7-甲氧基香豆精等。

南茼蒿（菊科）

Chrysanthemum segetum L.

药 材 名　南茼蒿。

药用部位　茎叶。

功效主治　安心气，健脾胃，消痰饮，利肠胃；治消化不良，痰饮，便秘。

化学成分　伞形花内酯、东莨菪素、7-甲氧基香豆精等。

灰蓟（菊科）

Cirsium botryodes Petr.

药 材 名 小蓟、芽辛朵囡（傣药）。

药用部位 全草。

功效主治 凉血止血，祛瘀消肿；治各种出血，水肿，黄疸，痈肿疮毒。

蓟（菊科）

Cirsium japonicum DC.

药 材 名 大蓟、蓟、刺蓟菜。

药用部位 地上部分。

功效主治 凉血止血，散瘀解毒消痈；治衄血，咯血，吐血，尿血，跌打损伤。

化学成分 柳穿鱼苷、丁香苷、蒙花苷、田蓟苷等。

线叶蓟（菊科）

Cirsium lineare (Thunb.) Sch. Bip.

药 材 名　线叶蓟、小蓟、条叶蓟。

药用部位　根或全草。

功效主治　凉血散瘀，解毒生肌，止血；治跌打损伤，疮疖，尿血，衄血。

化学成分　中国蓟醇、3-去甲中国蓟醇等。

刺儿菜（菊科）

Cirsium setosum (Willd.) M. Bieb.

药 材 名　小蓟。

药用部位　全草或根。

功效主治　凉血，行瘀，止血；治衄血，尿血，传染性肝炎，外伤出血。

化学成分　芸香苷、原儿茶酸、绿原酸、咖啡酸等。

牛口刺（菊科）

Cirsium shansiense Petr.

药 材 名　牛口刺。

药用部位　根。

功效主治　凉血，行瘀，止血；治吐血，衄血，尿血，血淋，血崩。

岩穴千里光（菊科）

Cissampelopsis spelaeicola (Vaniot.) C. Jeffrey et Y. L. Chen

药 材 名 芦山藤。

药用部位 茎、叶。

功效主治 祛风除湿，活血止痛；治风湿骨痛，跌打损伤。

化学成分 β-谷甾醇、对羟基苯甲酸、β-胡萝卜苷、6β-羟基-艾里莫芬-7(11)-烯-12,8β-内酯、槲皮素-3-O-洋槐糖苷等。

藤菊（菊科）

Cissampelopsis volubilis (Blume) Miq.

药 材 名 大叶千里光。

药用部位 藤茎。

功效主治 舒筋活络，祛风除湿；治风湿痹痛，肌腱挛缩。

熊胆草（菊科）

Conyza blinii H. Lév.

药 材 名 熊胆草、鱼胆草、芽比咪（傣药）。

药用部位 全草。

功效主治 驱虫，止血；治绦虫病，外伤出血，中耳炎。

化学成分 二萜类等。

香丝草（菊科）

Conyza bonariensis (L.) Cronquist

药 材 名　野塘蒿、小山艾、火草苗。

药用部位　全草。

功效主治　清热祛湿，行气止痛；治感冒，疟疾，急性风湿性关节炎。

化学成分　咖啡酸、芹菜素、金圣草素、木犀草素等。

小蓬草（菊科）

Conyza canadensis (L.) Cronquist

药 材 名　小蓬草、小飞蓬、加拿大蓬。

药用部位　全草。

功效主治　清热利湿，散瘀消肿；治肠炎，痢疾，传染性肝炎，胆囊炎。

化学成分　柠檬烯、芳樟醇、乙酸亚油醇酯、*β*-檀香萜烯等。

白酒草（菊科）

Conyza japonica (Thunb.) Less.

药 材 名　白酒草、假蓬、山地菊。

药用部位　根。

功效主治　消肿镇痛，祛风化痰；治胸膜炎，肺炎，咽喉肿痛，小儿惊风。

化学成分　劲直假酸、白酒草皂苷U、白酒草皂苷M、槲皮素等。

剑叶金鸡菊（菊科）

Coreopsis lanceolata L.

药 材 名　线叶金鸡菊、大金鸡菊。

药用部位　全草。

功效主治　清热解毒，消肿；治疮疡肿毒。

化学成分　线叶金鸡菊苷、大花金鸡菊噢弄苷等。

两色金鸡菊（菊科）

Coreopsis tinctoria Nutt.

药 材 名　两色金鸡菊、铁菊、孔雀菊。

药用部位　全草。

功效主治　清热解毒，化湿；治急、慢性痢疾，目赤肿痛。

化学成分　十三碳-11-烯-3,5,7,9-四炔、黄诺马苷等。

秋英（菊科）

Cosmos bipinnatus Cav.

药 材 名　波斯菊、秋英、秋樱。

药用部位　花序、种子或全草。

功效主治　清热解毒，化湿；治痢疾，目赤肿痛。

野茼蒿（菊科）

Crassocephalum crepidioides (Benth.) S. Moore

药 材 名　野茼蒿。

药用部位　全草。

功效主治　健脾消肿；治消化不良，脾虚浮肿。

黄秋英（菊科）

Cosmos sulphureus Cav.

药 材 名　黄秋英、硫磺菊、波斯菊。

药用部位　全草。

功效主治　清热解毒；治痢疾。

蓝花野茼蒿（菊科）

Crassocephalum rubens (B. Juss. ex Jacq.) S. Moore

药 材 名　蓝花野茼蒿。

药用部位　全草。

功效主治　行气利尿，健脾消肿，清热解毒。

果山还阳参（菊科）

Crepis bodinieri H. Lév.

药 材 名　果山还阳参。

药用部位　全草。

功效主治　止咳，化痰，平喘；治咳嗽。

绿茎还阳参（菊科）

Crepis lignea (Vaniot) Babc.

药 材 名　万丈深、马尾参、芽哈留（傣药）。

药用部位　根。

功效主治　清热除风，解毒敛疮；治黄水疮。

化学成分　三萜类、倍半萜类、酚类等。

万丈深（菊科）

Crepis phoenix Dunn

药 材 名　奶浆柴胡、细防风、芽哈楞（傣药）。

药用部位　全草。

功效主治　祛风散寒，消炎解毒；治感冒，上呼吸道感染，气管炎，支气管炎。

化学成分　三萜类等。

芙蓉菊（菊科）

Crossostephium chinense (L.) Makino

药 材 名　芙蓉菊、千年艾、蜂草。

药用部位　叶。

功效主治　祛风除湿，解毒消肿，止咳化痰；治风寒感冒，麻疹，乳腺炎。

化学成分　蒲公英赛醇乙酸酯、蒲公英赛酮等。

杯菊（菊科）

Cyathocline purpurea (Buch.-Ham. ex D. Don) Kuntze

药 材 名　小红蒿、红蒿枝、芽罗说（傣药）。

药用部位　全草。

功效主治　清热解毒，消炎止血，除湿利尿；治急慢性胃肠炎，痧症，膀胱炎，尿道炎，咽喉炎，口腔炎，吐血，衄血。

化学成分　倍半萜内酯、挥发油等。

大丽花（菊科）

Dahlia pinnata Cav.

药 材 名　大理菊、土芍药。

药用部位　块根。

功效主治　清热解毒，消炎止痛；治牙痛，腮腺炎，无名肿毒。

化学成分　芹菜素、芹菜素7-*O*-葡萄糖苷、芹菜素7-*O*-鼠李糖葡萄糖苷等。

野菊（菊科）

Dendranthema indicum (L.) Des Moul.

药 材 名　野菊花、路边菊。

药用部位　头状花序。

功效主治　清热解毒，泻火平肝；治疔疮痈肿，目赤肿痛，头痛眩晕。

化学成分　野菊花内酯、野菊花醇、野菊花三醇等。

菊花（菊科）

Dendranthema morifolium (Ramat.) Tzvelev

药 材 名　菊花、甘菊花、白菊花。

药用部位　头状花序。

功效主治　散风清热，平肝明目，清热解毒；治风热感冒，头痛眩晕，目赤肿痛，眼目昏花，疮痈肿毒。

化学成分　龙脑、樟脑、菊油环酮等。

小鱼眼草（菊科）

Dichrocephala benthamii C. B. Clarke

药 材 名　鱼眼草、帕滚母（傣药）。

药用部位　全草。

功效主治　清热解毒，收敛；治小儿消化不良，腹泻，肝炎，子宫脱垂，脱肛。

化学成分　三萜类、黄酮类、生物碱类等。

菊叶鱼眼草（菊科）

Dichrocephala chrysanthemifolia (Blume) DC.

药 材 名　小馒头草、白顶草。

药用部位　全草。

功效主治　有毒。清热解毒，祛风明目；治肺炎，肝炎，痢疾，消化不良，疟疾，夜盲，带下，疮疡。

化学成分　挥发油（柠檬烯、β-蒎烯）等。

鱼眼草（菊科）

Dichrocephala integrifolia (L. f.) Kuntze

药 材 名　鱼眼菊、鱼眼草、胡椒草。

药用部位　全草。

功效主治　活血调经，解毒消肿；治月经不调，扭伤肿痛，毒蛇咬伤。

短冠东风菜（菊科）

Doellingeria marchandii (H. Lév.) Y. Ling

药 材 名　短冠东风菜、穿山狗、天狗胆。

药用部位　根茎及全草。

功效主治　消肿止痛；治跌打肿痛，胃痛，咽喉肿痛。

化学成分　刺囊酸型三萜皂苷、反式-β-金合欢烯等。

东风菜（菊科）

Doellingeria scaber (Thunb.) Nees

药 材 名　东风菜、盘龙草、山蛤芦。

药用部位　根茎、全草。

功效主治　清热解毒，祛风止痛；治毒蛇咬伤，风湿性关节炎，跌打损伤。

化学成分　刺囊酸型三萜皂苷、反式-β-金合欢烯等。

显脉羊耳菊（菊科）

Duhaldea nervosa (Wall. ex DC.) Anderb.

药 材 名　黑威灵、铁脚威灵、芽落晚蒿（傣药）。

药用部位　根。

功效主治　通经络，利水除湿，止咳祛痰；治感冒，痰嗽，高热，风湿骨痛，脚气水肿。

化学成分　黄酮类、挥发油、倍半萜类等。

鳢肠（菊科）

Eclipta prostrata (L.) L.

药 材 名　墨旱莲、旱莲草、水旱莲。

药用部位　地上部分。

功效主治　凉血止血，滋补肝肾，清热解毒；治肝肾阴虚，牙齿松动，须发早白，眩晕耳鸣，腰膝酸软，阴虚血热。

化学成分　鳢肠素、蟛蜞菊内酯等。

地胆草（菊科）

Elephantopus scaber L.

药 材 名　苦地胆、地胆头。

药用部位　全草。

功效主治　清热解毒，利尿消肿；治感冒，结膜炎，流行性乙型脑炎，百日咳，肝硬化。

化学成分　去酰洋蓟苦素、葡萄糖中美菊素、还阳参属苷等。

白花地胆草（菊科）

Elephantopus tomentosus L.

药 材 名　苦地胆、毛地胆草、高地胆草。

药用部位　全草。

功效主治　清热解毒，利尿消肿，抗癌；治产后头痛，痛经，喉痛。

化学成分　白花地胆草内酯、地胆草内酯、地胆草新内酯等。

小一点红（菊科）

Emilia prenanthoidea DC.

药 材 名　小一点红、细红背草。

药用部位　全株。

功效主治　抗菌消肿，活血祛瘀；治呼吸道炎症，扁桃体炎，乳腺炎，痢疾。

一点红（菊科）

Emilia sonchifolia (L.) DC.

药 材 名　羊蹄草、红背叶、叶下红。

药用部位　全草。

功效主治　清热利尿，散瘀消肿；治咽喉肿痛，口腔溃疡，肺炎，急性肠炎，细菌性痢疾，尿路感染，皮肤湿疹。

化学成分　克氏千里光碱、多榔菊碱、金丝桃苷等。

沼菊（菊科）

Enydra fluctuans Lour.

药 材 名　沼菊、帕蚌扁（傣药）。

药用部位　全草。

功效主治　清热解毒，除湿利尿；治水肿，风湿麻木，关节疼痛。

梁子菜（菊科）

Erechtites hieraciifolius (L.) Raf. ex DC.

药 材 名　梁子菜、菊芹、饥荒草。

药用部位　全株。

功效主治　清肝明目，清热解毒；治疮毒，火眼。

一年蓬（菊科）

Erigeron annuus (L.) Pers.

药 材 名　一年蓬、田边菊、路边青。

药用部位　全草。

功效主治　消食止泻，清热解毒，抗疟散结；治食后腹胀，腹痛吐泻，齿龈肿痛，疟疾，湿热黄疸，瘰疬，毒蛇咬伤，痈毒。

化学成分　焦迈康酸、槲皮素、芹菜素-7-葡萄糖酣酸苷等。

短葶飞蓬（菊科）

Erigeron breviscapus (Vaniot) Hand.-Mazz.

药 材 名　灯盏花、灯盏细辛。

药用部位　全草。

生　　境　野生与栽培，自然分布于海拔1 200～3 500米的中山和高山开阔山坡草地、林缘或疏林下。适宜种植在光照充足的缓坡地或山涧盆地。

采收加工　夏秋二季采挖，除去杂质，晒干。

药材性状　根茎表面凹凸不平，着生多数圆柱形细根。茎圆柱形；质脆，断面黄白色，有髓或中空；茎生叶互生，基部抱茎。气微香，味微苦。

性味归经　辛、微苦，温。归肺、胃、肝经。

功效主治　活血通络，止痛，祛风散寒；治中风偏瘫，胸痹心痛，风湿痹痛，头痛，牙痛。

化学成分　灯盏花甲素、灯盏花乙素等。

核心产区　我国西部和西南部，如云南、四川、贵州、广西、西藏和湖南，其中云南主要分布于文山、红河、玉溪、楚雄、大理、曲靖等地，产量约占全国的90%。

用法用量　内服：煎汤，9～15克。外用：适量，捣敷。

本草溯源　《滇南本草》《晶珠本草》《中华本草》。

附　　注　灯盏花为多年生草本植物，其所含灯盏花素是治疗心脑血管疾病的天然产品，生产上约90%的灯盏花药材用于工业提取活性成分。目前含灯盏花的中药制剂全国共有18种，如注射用灯盏花素、灯盏花素注射液、灯盏花素片、灯盏细辛注射液、灯盏生脉胶囊、灯盏细辛胶囊、益脉康胶囊等。

灯盏花甲素

多须公（菊科）

Eupatorium chinense L.

药 材 名　广东土牛膝、大泽兰、华泽兰。

药用部位　全草。

功效主治　有毒。清热解毒，利咽化痰；治白喉，扁桃体炎，咽喉炎，感冒高热，麻疹，肺炎，支气管炎，风湿性关节炎。

化学成分　α-香树脂醇、α-香树脂醇乙酸酯、无羁萜等。

紫茎泽兰（菊科）

Eupatorium coelestinum L.

药 材 名　解放草、破坏草、马鹿草。

药用部位　全草。

功效主治　有毒。疏风解表，调经活血，解毒消肿；治风热感冒，温病初起之发热，月经不调，闭经，崩漏，无名肿毒，热毒疮疡，风疹瘙痒。

化学成分　对羟基苯甲酸乙酯、咖啡酸乙酯、丁香酸、木栓醇、阿魏酸等。

佩兰（菊科）

Eupatorium fortunei Turcz.

药 材 名　佩兰、兰草、泽兰。

药用部位　地上部分。

功效主治　芳香化湿，醒脾开胃，发表解暑；治夏季伤暑，发热头重，胸闷腹胀，食欲不振，口中发黏，急性胃肠炎，胃腹胀痛。

化学成分　乙酸橙醇酯、百里香酚甲醚等。

异叶泽兰（菊科）

Eupatorium heterophyllum DC.

药 材 名 红梗草、土细辛、接骨丹。

药用部位 全草。

功效主治 活血祛瘀，除湿止痛，消肿利水；治产后瘀血不行，月经不调，水肿，跌打损伤。

白头婆（菊科）

Eupatorium japonicum Thunb.

药 材 名 山佩兰、单叶佩兰、圆梗泽兰。

药用部位 全草。

功效主治 活血祛瘀，消肿止痛；治跌打瘀肿，闭经，产后腹痛，胃痛，尿路感染。

化学成分 己醛、2-己烯醛、香豆精、兰草素等。

林泽兰（菊科）

Eupatorium lindleyanum DC.

药 材 名 野马追、尖佩兰、毛泽兰。

药用部位 地上部分。

功效主治 化痰，止咳，平喘；治支气管炎，咳喘痰多，高血压。

化学成分 金丝桃苷等黄酮苷类、倍半萜内酯类、尖佩兰内酯类等。

飞机草（菊科）

Eupatorium odoratum L.

药 材 名　飞机草、香泽兰。

药用部位　全草。

功效主治　有小毒。散瘀消肿，止血，杀虫；治跌打损伤，外伤出血，旱蚂蟥叮咬后出血不止，疮疡肿毒。

化学成分　香豆素、乙酸龙脑酯、芳樟醇、泽兰醇等。

大吴风草（菊科）

Farfugium japonicum (L.) Kitam.

药 材 名　莲蓬草、八角乌、活血莲。

药用部位　全株。

功效主治　有毒。清热解毒，凉血止血，消肿散结；治感冒，咽喉肿痛，咳嗽咳血，便血，尿血，月经不调，乳腺炎，瘰疬，痈疖肿毒。

化学成分　克氏千里光碱等。

牛膝菊（菊科）

Galinsoga parviflora Cav.

药 材 名　牛膝菊、向阳花、珍珠草。

药用部位　全草。

功效主治　止血，消炎；治扁桃体炎，咽喉炎，急性黄疸性肝炎，外伤出血。

化学成分　对映-贝壳杉-16-烯-19-酸、对映-15-当归酰氧基-16-贝壳杉烯-19-酸等。

大丁草（菊科）

Gerbera anandria (L.) Sch. Bip.

药 材 名　大丁草、小火草。

药用部位　全草。

功效主治　有小毒。清热利湿，解毒消肿；治肺热咳嗽，肠炎，痢疾，尿路感染，风湿性关节痛；外用治乳腺炎，痈疖肿毒。

化学成分　大丁纤维二糖苷、大丁龙胆二糖苷、大丁双香豆素、大丁苷元等。

兔耳一支箭（菊科）

Gerbera piloselloides (L.) Cass.

药 材 名　毛大丁草、白薇、一炷香。

药用部位　全草。

功效主治　清热解毒，止咳化痰，活血散瘀；治感冒发热，咳嗽痰多，痢疾，小儿疳积；外用治跌打损伤，毒蛇咬伤。

化学成分　熊果苷、瑞香素-8-*O*-葡萄糖苷、丁香酸葡萄糖苷等。

鹿角草（菊科）

Glossocardia bidens (Retz.) Veldkamp

药 材 名　鹿角草、小号一包针、落地柏。

药用部位　全草。

功效主治　清热利湿，解毒消肿，活血止血；治急性扁桃体炎，齿龈炎，支气管炎，肠炎，尿道炎，浮肿；外用治跌打损伤。

宽叶鼠麴草（菊科）

Gnaphalium adnatum (DC.) Wall. ex Thwaites

药 材 名　宽叶鼠曲草、地膏药、宽叶鼠麴草。

药用部位　全草、叶。

功效主治　清热燥湿，解毒散结；治湿热痢疾，痈疽肿毒，瘰疬，外伤出血。

鼠麴草（菊科）

Gnaphalium affine D. Don

药 材 名　鼠曲草。

药用部位　全草。

功效主治　化痰止咳，祛风除湿；治感冒咳嗽，支气管炎，哮喘，高血压，蚕豆病，风湿腰腿痛；外用治跌打损伤。

化学成分　原儿茶酸、绿原酸、咖啡酸、1,5-二咖啡酰奎宁等。

秋鼠麴草（菊科）

Gnaphalium hypoleucum DC.

药 材 名　秋鼠曲草、白头翁。

药用部位　全草。

功效主治　祛风止咳，清热利湿；治感冒，肺热咳嗽，痢疾，淋巴结结核；外用治下肢溃疡。

化学成分　金色酰胺醇酯、5-羟基-3,6,7,8-四甲氧基黄酮等。

细叶鼠麹草（菊科）

Gnaphalium japonicum Thunb.

药 材 名　细叶鼠曲草、白背鼠麹草、天青地白草。

药用部位　全草。

功效主治　清热利湿，解毒消肿；治结膜炎，角膜白斑，感冒，咳嗽，咽喉肿痛，尿道炎；外用治乳腺炎。

化学成分　黄酮类、二萜类等。

多茎鼠麹草（菊科）

Gnaphalium polycaulon Pers.

药 材 名　多茎鼠麹草。

药用部位　地上部分。

功效主治　止咳化痰，散风；治久咳痰多，咽喉肿痛，风湿痹痛，泄泻，水肿，蚕豆病，疔疮痈肿，阴囊湿痒，荨麻疹，风疹，高血压，小儿食滞。

化学成分　3-羟基二氢苯并呋喃糖苷、烷基糖苷、核苷等。

田基黄（菊科）

Grangea maderaspatana (L.) Poir.

药 材 名　田基黄。

药用部位　全草。

功效主治　清热利湿，解毒，散瘀消肿；治湿热黄疸，痢疾，耳痛，肺结核，跌打损伤。

化学成分　槲皮苷、田基黄灵素、地耳草素等。

红凤菜（菊科）

Gynura bicolor (Roxb. ex Willd.) DC.

药 材 名　紫背菜、紫背三七、红番苋。

药用部位　全草、茎、叶。

功效主治　凉血止血，清热消肿；治咳血，血崩，痛经，血气痛，支气管炎，盆腔炎，中暑，阿米巴痢疾。

化学成分　粗脂肪、粗蛋白、粗纤维、各种维生素、黄酮类等。

木耳菜（菊科）

Gynura cusimbua (D. Don) S. Moore

药 材 名　青跌打、石头菜、芽滇栽（傣药）。

药用部位　全株。

功效主治　接筋续骨，消肿散瘀；治骨折，跌打扭伤，风湿性关节炎。

化学成分　挥发油、脂溶性化合物等。

白子菜（菊科）

Gynura divaricata (L.) DC.

药 材 名　白背三七。

药用部位　全草。

功效主治　有小毒。清热，活血，止血；治支气管肺炎，小儿高热，百日咳，目赤肿痛，风湿性关节痛，崩漏；外用治跌打损伤，骨折。

化学成分　山柰酚、紫云英苷、山柰酚-3,7-*O*-双-*β*-D-吡喃葡萄糖苷等。

菊三七（菊科）

Gynura japonica (Thunb.) Juel.

药 材 名　菊叶三七、土三七。

药用部位　根、全草。

功效主治　有毒。破血，消肿，止血，止痛；治吐血，衄血，尿血，便血，功能失调性子宫出血，产后瘀血腹痛，大骨节病。

化学成分　石竹烯氧化物、匙叶桉油烯醇、石竹烯等。

平卧菊三七（菊科）

Gynura procumbens (Lour.) Merr.

药 材 名　平卧土三七。

药用部位　全草。

功效主治　有小毒。清热解毒，消肿止痛，祛风利水；治跌打损伤，软组织挫伤，支气管炎，肺结核。

化学成分　槲皮素、芹菜素、木犀草素、山柰酚、紫云英苷等。

狗头七（菊科）

Gynura pseudochina (L.) DC.

药 材 名　紫背天葵、见肿消、萝卜母、帕点说（傣药）。

药用部位　块根。

功效主治　有小毒。祛瘀活血，调经；治风湿骨痛，疮疖，乳腺炎，扁桃体炎，皮炎湿疹。

化学成分　肾形千里光碱、千里光宁吡咯里西啶生物碱等。

向日葵（菊科）

Helianthus annuus L.

药 材 名　向日葵、葵花、向阳花。

药用部位　花序托（花盘）、叶、种子。

功效主治　花盘：养肝补肾，降压，止痛；治高血压，肾虚耳鸣，牙痛，胃痛，腹痛，痛经。根、茎髓：清热利尿，止咳平喘。叶：清热解毒，截疟。种子：滋阴，止痢，透疹；治食欲不振。

化学成分　向日葵皂苷A-C、柠檬烯、反式-金合欢烯等。

菊芋（菊科）

Helianthus tuberosus L.

药 材 名　菊芋、星草、洋羌。

药用部位　块茎、茎叶。

功效主治　清热凉血，接骨；治热病，肠热出血，骨折肿痛，跌打损伤。

化学成分　菊糖、对映-17-氧代贝壳杉烷-15(16)-烯-19-酸等。

泥胡菜（菊科）

Hemisteptia lyrata (Bunge) Fisch. et C. A. Mey.

药 材 名　泥胡菜。

药用部位　全草、根。

功效主治　清热解毒，散结消肿；治乳腺炎，颈部淋巴结炎，痈肿疔疮，风疹瘙痒。

化学成分　对羟基苯甲醛、黑麦草内酯、阿古林B、金合欢素等。

羊耳菊（菊科）

Inula cappa (Buch.-Ham. ex D. Don) DC.

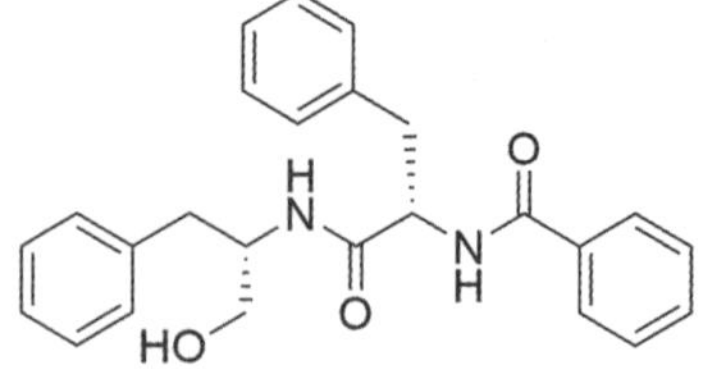

橙黄胡椒酰胺乙酸酯

药 材 名 羊耳菊。

药用部位 根或全草。

生　　境 野生，生于海拔500～3 200米的亚热带和热带的低山和亚高山的湿润或干燥丘陵地、荒地、灌丛或草地，在酸性土、砂土和黏土上都很常见。

采收加工 夏秋采割全草，春秋挖根，洗净鲜用或晒干。

药材性状 茎圆柱形，表面灰褐色至暗褐色。质硬，易折断，断面不平坦。偶带有顶生或腋生的头状花序组成的伞房花丛。气香，味辛微苦。

性味归经 辛、微苦，温。归肝、肺、脾、胃经。

功效主治 散寒解表，祛风消肿，行气止痛；治风寒感冒，咳嗽，神经性头痛，胃痛，风湿腰腿痛，跌打肿痛，月经不调，带下，血吸虫病。

化学成分 橙黄胡椒酰胺乙酸酯等。

核心产区 云南、四川。

用法用量 煎汤，鲜全草30～60克，根3～6克。

本草溯源 《全国中草药汇编》。

旋覆花（菊科）

Inula japonica Thunb.

药 材 名　旋覆花。

药用部位　头状花序。

功效主治　有小毒。消痰行水，降气止呕；治痰多咳喘，胸痞胁痛，呃逆，嗳气，呕吐。

化学成分　阿里二醇、木犀草素、花旗松素、蒲公英醇乙酸酯等。

细叶小苦荬（菊科）

Ixeridium gracile (DC.) Pak et Kawano

药 材 名　纤细苦荬菜。

药用部位　全草。

功效主治　清热解毒，止痛；治黄疸性肝炎，结膜炎，疖肿。

窄叶小苦荬（菊科）

Ixeris chinensis (Thunb.) Kitag subsp. **versicolor** (Fisch. ex Link) Kitam.

药 材 名　窄叶小苦荬。

药用部位　全草。

功效主治　清热泻火，解毒消肿；治黄疸，胆囊炎，脉病，结膜炎。

化学成分　蒲公英甾醇、蒲公英甾醇乙酸酯、伪蒲公英甾醇等。

剪刀股（菊科）

Ixeris japonica (Burm. f.) Nakai

药 材 名　剪刀股、鸭舌草、鹅公英。

药用部位　全草。

功效主治　清热凉血，利尿消肿；治肺热咳嗽，喉痛，口腔溃疡，火眼，阑尾炎，水肿，小便不利；外用治乳腺炎，疮疖肿毒，皮肤瘙痒。

马兰（菊科）

Kalimeris indica (L.) Sch. Bip.

药 材 名　马兰。

药用部位　全草、根。

功效主治　凉血清热，利湿解毒；治感冒发热，咳嗽，急性咽炎，扁桃体炎，肝炎，肠炎，痢疾，吐血，衄血，崩漏。

化学成分　3,7-二甲基-1,3,7-辛三烯、γ-榄香烯、羽扇豆酮、表木栓醇等。

莴苣（菊科）

Lactuca sativa L.

药 材 名　莴苣、莴笋。

药用部位　茎、叶。

功效主治　利尿，通乳，清热解毒；治乳汁不通，跌打损伤，扭伤腰痛，骨折。

化学成分　槲皮素、山柰酚、莴苣苦素、莴苣苷A、莴苣苷C等。

六棱菊（菊科）

Laggera alata (D. Don) Sch. Bip. ex Oliv.

药 材 名　六棱菊。

药用部位　全草。

功效主治　祛风利湿，活血解毒；治闭经，风湿性关节炎，跌打损伤，蛇咬伤，湿疹，感冒发热，口腔炎，子宫脱垂。

化学成分　3,4-*O*-二咖啡酰奎宁酸甲酯、4,5-*O*-二咖啡酰奎宁酸甲酯等。

翼齿六棱菊（菊科）

Laggera crispata (Vahl) Hepper et J. R. I. Wood

药 材 名　臭灵丹、齿翼臭牡丹、娜妞（傣药）。

药用部位　全草。

功效主治　有毒。清火解毒，消肿排脓，通气止痛；治伤风感冒，腮腺炎，下颌淋巴结肿痛，疔疮脓肿。

化学成分　黄酮类、倍半萜类等。

稻槎菜（菊科）

Lapsana apogonoides Maxim.

药 材 名　稻槎菜。

药用部位　全草。

功效主治　清热解毒，透疹；治咽喉肿痛，疮疡肿毒，蛇咬伤，麻疹透发不畅。

化学成分　菊糖等。

狭苞橐吾（菊科）

Ligularia intermedia Nakai

药 材 名　山紫菀。

药用部位　根、根茎。

功效主治　祛痰，止咳，理气活血，止痛；治肺虚痨咳，咳痰带血，外感咳嗽，咳痰不爽。

化学成分　蜂斗菜素、蒲公英甾醇等。

大头橐吾（菊科）

Ligularia japonica (Thunb.) Less.

药 材 名　大头橐吾。

药用部位　根、全草。

功效主治　舒筋活血，解毒消肿；治跌打损伤，无名肿毒，毒蛇咬伤，痈疖，湿疹。

化学成分　三阔叶狗舌草碱、千里光宁、山冈橐吾碱、neopetasitenine等。

小舌菊（菊科）

Microglossa pyrifolia (Lam.) Kuntze

药 材 名 小舌菊、九里明、梨叶小舌菊。

药用部位 根。

功效主治 解毒生肌，清肝明目；治头痛，腹痛，腹泻，麻风，癫痫，不育。

化学成分 甲基-2-(5-乙酰基-2,3-二氢苯并呋喃-2-基)-丙烯酯等。

圆舌粘冠草（菊科）

Myriactis nepalensis Less.

药 材 名 圆舌粘冠草、油头草。

药用部位 根、全草。

功效主治 消炎，止痛；治痢疾，肠炎，中耳炎，麻疹透发不畅，牙痛，关节肿痛。

黄瓜菜（菊科）

Paraixeris denticulata (Houtt.) Nakai

药 材 名 黄瓜菜、苦荬菜。

药用部位 全草、根。

功效主治 清热解毒，散瘀止痛，止血，止带；治带下过多，子宫出血，下肢淋巴管炎，跌打损伤，无名肿毒，乳痈疖肿，烧烫伤，阴道滴虫病。

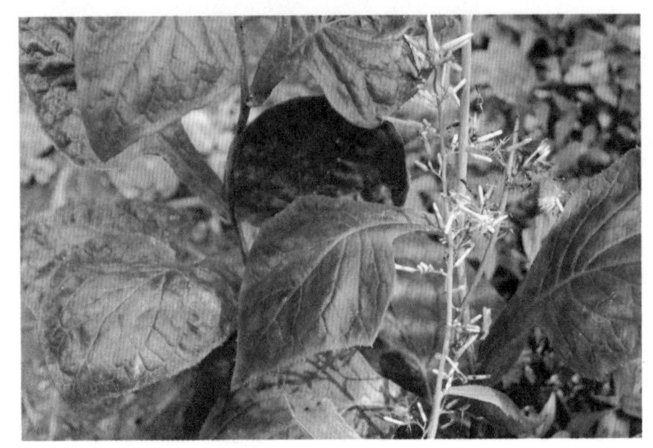

假福王草（菊科）

Paraprenanthes sororia (Miq.) C. Shih

药 材 名　假福王草、堆莴苣。

药用部位　根、全草。

功效主治　清热解毒，止血；治乳痈，疮疖肿毒，毒蛇咬伤，痔疮出血，外伤出血。

银胶菊（菊科）

Parthenium hysterophorus L.

药 材 名　银胶菊、银色橡胶菊。

药用部位　全草。

功效主治　调经止痛；治月经不调，崩漏，经期腹痛，小腹胀满。

化学成分　月桂烯、莰烯、β-蒎烯、α-蒎烯等。

长叶阔苞菊（菊科）

Pluchea eupatorioides Kurz

药 材 名　小风艾。

药用部位　全草。

功效主治　祛风止痛，活血调经；治风寒湿痹，跌打肿痛，月经不调，痛经。

阔苞菊（菊科）

Pluchea indica (L.) Less.

药 材 名　阔苞菊、栾樨。

药用部位　茎叶、根。

功效主治　暖胃去积，软坚散结，祛风除湿；治小儿食积，风湿骨痛。

化学成分　槲皮素-3-*O*-*β*-D-葡萄糖苷、槲皮素-3-*O*-*β*-D-半乳糖苷等。

翅果菊（菊科）

Pterocypsela indica (L.) C. Shih

药 材 名　山莴苣、翅果菊、苦菜。

药用部位　全草、根。

功效主治　有小毒。清热解毒，活血止血；治咽喉肿痛，肠痈，子宫颈炎，痔疮出血。

化学成分　莴苣苷B、线蓟素、槲皮素-3-*O*-葡萄糖苷等。

毛脉翅果菊（菊科）

Pterocypsela raddeana (Maxim.) C. Shih

药 材 名　山莴苣、翅果菊、苦菜。

药用部位　全草、根。

功效主治　有小毒。解毒，祛风湿；治风湿性关节痛，发痧，腹痛，风寒咳嗽，疮疡肿毒，蛇咬伤。

除虫菊（菊科）

Pyrethrum cinerariifolium Trevir.

药 材 名 除虫菊。

药用部位 头状花序、全草。

功效主治 有毒。治疥癣，灭蚊、蝇、蚤、虱、臭虫。

化学成分 7,11-二甲基-3-甲基烯-1,6,10-十二碳烯、匙叶桉油烯醇等。

金光菊（菊科）

Rudbeckia laciniata L.

药 材 名 金光菊。

药用部位 叶。

功效主治 清热解毒；治急性胃肠炎，痈疮。

化学成分 槲皮素3-*O*-*β*-D-吡喃葡萄糖苷、柔毛含光菊素等。

心叶风毛菊（菊科）

Saussurea cordifolia Hemsl.

药 材 名 心叶风毛菊。

药用部位 根。

功效主治 散寒，镇痛；治风湿痹痛，跌打损伤，关节痛，劳伤，恶寒头痛。

化学成分 4,6-decadiyne-1-*O*-*β*-D-apiofuranosyl-(1→6)-*β*-D-glucopyranoside等。

三角叶风毛菊（菊科）

Saussurea deltoidea (DC.) Sch. Bip.

药 材 名 三角叶风毛菊。

药用部位 根。

功效主治 祛风湿，通经络，健脾消疳；治风湿痹痛，带下过多，泄泻，痢疾，小儿疳积，胃寒疼痛。

化学成分 丁香醛、3-吲哚甲醛、地芰普内酯等。

风毛菊（菊科）

Saussurea japonica (Thunb.) DC.

药 材 名 风毛菊、八棱麻、八楞麻。

药用部位 全草。

功效主治 祛风活络，散瘀止痛；治风湿性关节痛，腰腿痛，跌打损伤。

化学成分 丁香苷甲醚、山柰素-3-*O*-*β*-D-葡萄糖苷、丁香苷等。

千里光（菊科）

Senecio scandens Buch.-Ham. ex D. Don

药 材 名 千里光。

药用部位 全草。

功效主治 有小毒。清热解毒，退翳杀虫；治上呼吸道感染，扁桃体炎，咽喉炎，肺炎，结膜炎，痢疾，肠炎，阑尾炎。

化学成分 槲皮素、金丝桃苷、山柰酚、咖啡酸、咖啡酸乙酯等。

闽粤千里光（菊科）

Senecio stauntonii DC.

药 材 名 闽粤千里光、马铃柴、冰条。

药用部位 全草。

功效主治 清热解毒，消肿，止痒；治风火头痛，咽喉肿痛，麻疹透发不畅，久泻脱肛，子宫脱垂。

华麻花头（菊科）

Serratula chinensis S. Moore

药 材 名 华麻花头、广东升麻。

药用部位 根。

功效主治 透疹解毒，升阳举陷；治风火头痛，咽喉肿痛，麻疹透发不畅，久泻脱肛，子宫脱垂。

化学成分 (2*S*,3*S*,4*R*,8*E*)-8,9-二脱氢植物鞘氨醇(2*R*)-2-羟基脂肪酰胺等。

虾须草（菊科）

Sheareria nana S. Moore

药 材 名　虾须草。

药用部位　全草。

功效主治　清热解毒，利水消肿，疏风；治水肿，无名肿毒，风热头痛。

化学成分　15,16,17-Trihydroxyneo-clerodan-3,13-(*Z*)-dien-4-formyl等。

豨莶（菊科）

Sigesbeckia orientalis L.

药 材 名　豨莶。

药用部位　地上部分。

功效主治　有小毒。祛风湿，通经络，清热毒；治风湿性关节痛，腰膝无力，四肢麻木，半身不遂，高血压，神经衰弱，疟疾。

化学成分　奇壬醇、豨莶苷、豨莶精醇、黄芩素、腺苷、水苏碱等。

腺梗豨莶（菊科）

Sigesbeckia pubescens Makino

药 材 名　豨莶。

药用部位　地上部分。

功效主治　祛风湿，通经络，清热解毒；治风湿性关节痛，腰膝无力，四肢麻木，半身不遂，高血压，神经衰弱，疟疾。

水飞蓟（菊科）

Silybum marianum (L.) Gaertn.

药 材 名　水飞蓟。

药用部位　瘦果。

功效主治　有毒。清热解毒，保肝，利胆，保脑；治急慢性肝炎，肝硬化，脂肪肝，胆石症，胆管炎。

化学成分　5,7-二羟基色酮、多羟基苯并二氢吡喃-4-酮、芹菜素等。

加拿大一枝黄花（菊科）

Solidago canadensis L.

药 材 名　加拿大一枝黄花、黄莺、麒麟草。

药用部位　全草。

功效主治　疏风散热，解毒消肿；治风热感冒，头痛，咽喉肿痛，痈疽肿毒。

化学成分　异大香叶烯D、*β*-侧柏烯等。

一枝黄花（菊科）

Solidago decurrens Lour.

药 材 名　一枝黄花。

药用部位　根、全草。

功效主治　有小毒。疏风清热，解毒消肿；治扁桃体炎，咽喉肿痛，支气管炎，肺炎，肺结核咯血，急、慢性肾炎，小儿疳积。

化学成分　(-)-斯巴醇、石竹素、*δ*-榄香烯等。

裸柱菊（菊科）

Soliva anthemifolia (Juss.) Sweet

药 材 名　裸柱菊。

药用部位　全草。

功效主治　有小毒。化气散结，消肿解毒；治瘰疬，风毒流注，痔疮发炎。

苣荬菜（菊科）

Sonchus arvensis L.

药 材 名　苣荬菜。

药用部位　全草。

功效主治　清热解毒，凉血利湿；治咽喉炎，吐血，尿血，急性细菌性痢疾，阑尾炎，乳腺炎，遗精，白浊，吐泻。

化学成分　羽扇豆醇、蒲公英甾醇、假蒲公英甾醇等。

续断菊（菊科）

Sonchus asper (L.) Hill

药 材 名　续断菊、大叶苣荬菜。

药用部位　全草、根。

功效主治　消肿止痛，祛瘀解毒；治疮疡肿毒，小儿咳喘，肺痨咳血。

化学成分　表-木栓醇乙酸酯、豆甾醇、芹菜素、木犀草素等。

南苦苣菜（菊科）

Sonchus lingianus C. Shih

药 材 名　南苦苣菜。

药用部位　全草。

功效主治　清热利湿，凉血解毒，行气止痛；治咽喉炎，吐血，尿血，急性细菌性痢疾，阑尾炎，乳腺炎，遗精，白浊，吐泻；外用治疮疖肿毒。

苦苣菜（菊科）

Sonchus oleraceus L.

药 材 名　苦苣菜、滇苦菜。

药用部位　全草。

功效主治　清热解毒，凉血止血；治肠炎，痢疾，阑尾炎，乳腺炎，口腔炎，咽炎，扁桃体炎，吐血，衄血，咯血。

化学成分　异地芰普内酯、bluemenol A、5-甲氧基异落叶松树脂酚等。

戴星草（菊科）

Sphaeranthus africanus L.

药 材 名　戴星草。

药用部位　全草。

功效主治　健胃，利尿，止痛；治消化不良，胃痛，小便不利。

绒毛戴星草（菊科）

Sphaeranthus indicus L.

药 材 名　绒毛戴星草、麻腊干（傣药）。

药用部位　全草。

功效主治　有毒。清火解毒，祛风止痒，消肿止痛；治皮癣，疔疮脓肿，麻风病，脘腹胀痛，风湿性关节痛。

化学成分　内酯类等。

美形金钮扣（菊科）

Spilanthes callimorpha A. H. Moore

药 材 名　小铜锤、小麻药。

药用部位　全草。

功效主治　有小毒。消炎，消肿，止血，止痛；治外伤出血，风湿性关节痛，腰痛，跌打损伤。

金钮扣（菊科）

Spilanthes paniculata Wall. ex DC.

药 材 名　金扣。

药用部位　全草。

功效主治　有毒。止咳平喘，消肿止痛；治腹泻，疟疾，龋齿痛，蛇咬伤，狗咬伤，痈疮肿毒，感冒风寒，气管炎，咳嗽，哮喘。

化学成分　β-谷甾醇、水杨酸、异香草酸、金色酰胺醇酯等。

甜叶菊（菊科）

Stevia rebaudiana (Bertoni) Bertoni

药 材 名 甜叶菊。

药用部位 叶。

功效主治 生津止渴，利尿降压；治消渴，高血压。

化学成分 甜菊双糖苷A、甜菊双糖苷B等。

金腰箭（菊科）

Synedrella nodiflora (L.) Gaertn.

药 材 名 金腰箭。

药用部位 全草。

功效主治 清热透疹，解毒消肿；治感冒发热，疮痈肿毒。

化学成分 齐墩果酸3-*O*-*β*-D-吡喃葡萄糖醛酸甲酯、金腰箭苷甲、扶桑甾醇等。

兔儿伞（菊科）

Syneilesis aconitifolia (Bunge) Maxim.

药 材 名 兔儿伞。

药用部位 根、全草。

功效主治 有毒。祛风除湿，活血解毒；治风湿麻木，腰膝酸痛，跌打损伤。

化学成分 槲皮素-3-*O*-*α*-L-鼠李糖苷、3,4-二羟基苯甲酸等。

锯叶合耳菊（菊科）

Synotis nagensium (C. B. Clarke) C. Jeffrey et Y. L. Chen

药 材 名 白叶火草、大白叶子火草、娜嗨（傣药）。

药用部位 根。

功效主治 清热发散，定喘，驱虫；治感冒高热，尿赤尿闭，肾炎性水肿，气管炎，支气管炎，哮喘，蛔虫病。

万寿菊（菊科）

Tagetes erecta L.

药 材 名 万寿菊。

药用部位 花、根。

功效主治 花：清热解毒，化痰止咳；治上呼吸道感染，百日咳，气管炎，结膜炎，咽炎，口腔炎，牙痛。根：解毒消肿。鲜草外用，捣烂敷治乳腺炎，无名肿毒，疔疮。

化学成分 叶黄素、棕榈酸叶黄素单酯等。

孔雀草（菊科）

Tagetes patula L.

药 材 名 孔雀草。

药用部位 全草。

功效主治 清热利湿，止咳，止痛；治上呼吸道感染，痢疾，咳嗽，百日咳，牙痛，风火眼痛。

化学成分 丁香脂素-4′-*O*-*β*-D-葡萄糖苷、2-甲氧基-4-(2-丙烯基)苯基-*β*-D-葡萄糖苷等。

蒲公英（菊科）

Taraxacum mongolicum Hand.-Mazz.

药 材 名　蒲公英、黄花地丁、婆婆丁。

药用部位　全草。

功效主治　清热解毒，消痈散结；治扁桃体炎，结膜炎，腮腺炎，乳腺炎，胃炎，肠炎，痢疾，肝炎，胆囊炎。

化学成分　蒲公英醇、蒲公英赛醇、蒲公英甾醇等。

肿柄菊（菊科）

Tithonia diversifolia (Hemsl.) A. Gray

药 材 名　肿柄菊、假向日葵。

药用部位　叶。

功效主治　清热解毒；治急性胃肠炎，疮疡肿毒。

化学成分　β-石竹烯、双环大香烯、香桧烯、斯巴醇等。

扁桃斑鸠菊（菊科）

Vernonia amygdalina Delile

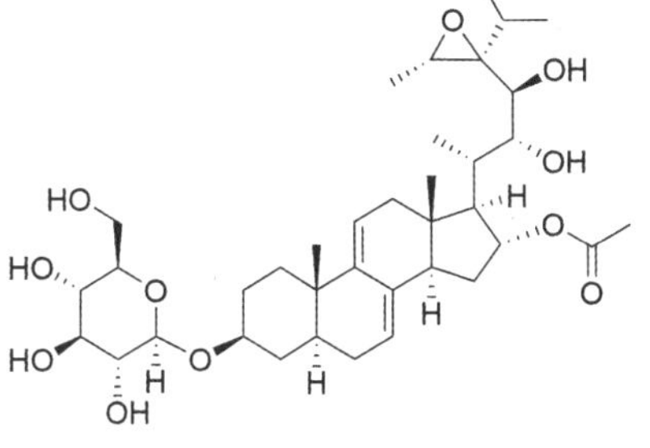

药 材 名 南非叶、蒋军叶、苦叶、苦茶。

药用部位 叶。

生　　境 海边沙滩地、山坡地、农地、荒地或者废耕地，在雨水充沛气候条件下，生长茂盛，尤其适合潮湿、阴凉、阳光直射的地方，但它不耐水淹，并易发生烂根现象。

生活习性 南非叶为菊科斑鸠菊属旱生型灌木或小乔木，高可达6米，属于菊科植物唯一的乔木类树种。生长能力强，四季皆宜种，花期7—9月，果期8—10月。

采收加工 全年均可采收，鲜用或干燥储藏备用。

药材性状 叶互生，长卵形，先端尖，叶面亮灰绿色，背面灰白色，通常具柄或无柄，不下延，全缘或具齿，羽状脉，新鲜的叶子具有独特的气味和苦涩感。

栽培技术 无性繁殖或种子繁殖，地下根蔓延或简单的扦插法，盆栽也可，采用一年生的枝条直接扦插即可，还可以把南非叶根茎放到水中，等到根部长出根之后再移种到土壤中，这样可提高成活率。对于南非叶规模化种植，田间抚育管理是必要的，对光照、水分、养分、病虫害的管理尤为重要。

药理药效 南非叶提取物具有抗疟与抗炎活性，可抑制机体炎症因子释放，对免疫系统具有双向调节作用；含有降血糖、降血脂与降压成分，并在解热、镇痛、抗炎、止痢及抗氧化、神经细胞保护等方面有效。

主要价值 南非叶药用价值高，在亚热带非洲民间用于治疗多种疾病，临床研究证实本品可用于治疗疟疾、糖尿病、皮炎湿疹等疾病，并可增强免疫力，有助于HIV治疗。

化学成分 倍半萜和甾体苷类，如vernonioside A、vernonioside B、vernonioside D、vernonioside E等。

核心产区 海南（五指山）、广东（广州、珠海、清远）、云南（昆明）、广西（玉林、钦州、来宾）、福建和贵州。

用法用量 内服：干燥叶5～10克，外用：取鲜叶适量捣敷于患处。

附　　注 南非叶因原产于南非故而得名“南非叶”，广泛分布在非洲亚热带地区，非洲西部的加纳、喀麦隆、尼日利亚至东部的坦桑尼亚和埃塞俄比亚。

糙叶斑鸠菊（菊科）

Vernonia aspera Buch.-Ham.

药 材 名　糙叶斑鸠菊。

药用部位　根。

功效主治　发表散寒；治风寒感冒。

夜香牛（菊科）

Vernonia cinerea (L.) Less.

药 材 名　夜香牛。

药用部位　全草。

功效主治　疏风散热，凉血解毒，安神；治感冒发热，咳嗽，痢疾，黄疸性肝炎，神经衰弱；外用治痈疖肿毒，蛇咬伤。

化学成分　α-醋酸香树精、β-醋酸香树精、α-香树精等。

毒根斑鸠菊（菊科）

Vernonia cumingiana Benth.

药 材 名　发痧藤、大木菊、细脉斑鸠菊。

药用部位　藤茎、根。

功效主治　有小毒。祛风解表，舒筋活络，截疟；治风湿性关节痛，腰腿痛。

化学成分　3,5-二咖啡酰基奎尼酸甲酯、3,4-二咖啡酰基奎尼酸甲酯等。

斑鸠菊（菊科）

Vernonia esculenta Hemsl.

药 材 名　鸡菊花、火炭树、火炭叶。

药用部位　根、叶。

功效主治　清热解毒，生肌敛疮。

化学成分　倍半萜内酯类、黄酮类等。

咸虾花（菊科）

Vernonia patula (Aiton) Merr.

药 材 名　咸虾花。

药用部位　全草。

功效主治　疏风清热，利湿消肿；治感冒发热，头痛，乳腺炎，急性胃肠炎，痢疾；外用治疮疖，湿疹，荨麻疹。

化学成分　咖啡酸、咖啡酸甲酯、3,4-二咖啡酰奎宁酸甲酯等。

滇缅斑鸠菊（菊科）

Vernonia parishii Hook. f.

药 材 名　滇缅斑鸠菊、大发散、娜帕龙（傣药）。

药用部位　根。

功效主治　通气活血，利胆退黄；治感冒发热，肝炎，心慌心悸，风湿骨痛。

化学成分　α-姜黄烯、芳樟醇丙酸酯、芳樟醇等。

茄叶斑鸠菊（菊科）

Vernonia solanifolia Benth.

药 材 名 茄叶斑鸠菊、斑鸠木。

药用部位 根、茎、叶。

功效主治 润肺止咳，祛风止痒。根：治咽喉肿痛，肺结核咳嗽，咯血。叶：外用治外伤出血。

化学成分 大豆脑苷Ⅰ、(2*S*,3*S*,4*R*,8*E*)-2-[(2′*R*)-2-hydroxy tetracosanoyl amino]-8-octadecene-1,3,4-triol等。

大叶斑鸠菊（菊科）

Vernonia volkameriifolia DC.

药 材 名 大叶斑鸠菊、那帕龙（傣药）。

药用部位 根、茎、叶。

功效主治 利水化石，祛风止痛；治尿路结石，产后体弱，头晕头痛，风湿痹热所致关节红肿疼痛。

化学成分 α-香树脂醇乙酸酯、羽扇豆醇乙酸酯、木栓酮、表木栓醇、α-香树脂醇和豆甾醇等。

孪花蟛蜞菊（菊科）

Wedelia biflora (L.) DC.

药 材 名 孪花蟛蜞菊、双花蟛蜞菊、岭南野菊。

药用部位 全草。

功效主治 散瘀消肿；治风湿骨痛，跌打损伤，疮疡肿毒。

化学成分 α-蒎烯、马鞭草酮等。

蟛蜞菊（菊科）

Wedelia chinensis (Osbeck) Merr.

药 材 名　蟛蜞菊。

药用部位　全草。

功效主治　清热解毒，凉血散瘀；治感冒发热，白喉，咽喉炎，扁桃体炎，支气管炎，肺炎，百日咳，咯血，高血压。

化学成分　Ent-kaura-9(11),16-en-19-oic acid、ent-kaura-16-en-19-oic acid等。

卤地菊（菊科）

Wedelia prostrata Hemsl.

药 材 名　卤地菊。

药用部位　全草。

功效主治　清热凉血，祛痰止咳；治流行性感冒，白喉，咽喉炎，急性扁桃体炎，肺炎，支气管炎，百日咳，齿龈炎，高血压。

化学成分　Prostrolide A-C、wedelolide A、wedelolide C、wedelolide D等。

麻叶蟛蜞菊（菊科）

Wedelia urticifolia DC.

药 材 名　麻叶蟛蜞菊、滴血根。

药用部位　根。

功效主治　补肾，养血，通络；治肾虚腰痛，气血虚弱，跌打损伤。

化学成分　α-蒎烯、柠檬烯、香芹酚、石竹烯、匙叶桉油烯醇等。

山蟛蜞菊（菊科）

Wedelia wallichii Less.

药 材 名　血参。

药用部位　全草。

功效主治　补血，活血，止痛；治贫血、产后大流血，子宫肌瘤，闭经，神经衰弱，风湿痹痛，跌打损伤。

苍耳（菊科）

Xanthium strumarium L.

药 材 名　苍耳子。

药用部位　果实、全草。

功效主治　有小毒。散风寒，通鼻窍，祛风湿。苍耳子：治感冒头痛，慢性鼻窦炎，疟疾。苍耳草：治异常子宫出血，皮肤湿疹。

化学成分　吲哚-3-甲醛、吲哚-3-甲酸、2′-*O*-甲氧基尿苷等。

黄鹌菜（菊科）

Youngia japonica (L.) DC.

药 材 名　黄鹌菜。

药用部位　根、全草。

功效主治　清热解毒，利尿消肿；治咽炎，乳腺炎，牙痛，小便不利，肝硬化腹水，结膜炎，风湿性关节炎。

化学成分　二十二烷酸、蒲公英甾醇乙酸酯、*β*-胡萝卜苷等。

百日菊（菊科）

Zinnia elegans Jacq.

药 材 名　百日菊。

药用部位　全草。

功效主治　清热，利湿，解毒；治湿热痢疾，淋证，乳痈，疖肿。

化学成分　哈阿格百日菊内酯、山柰酚-3-*O*-*β*-D-葡萄糖苷等。